江西森林景观珍贵树种及其生态文化

欧阳天林　赖建斌　刘平　刘良源　　主编

中国林业出版社
China Forestry Publishing House

内容提要

为服务国家生态文明试验区和美丽中国“江西样板”建设，本书编纂了江西森林景观珍贵树种148种。这是一本江西珍贵树种的图鉴，也是一本有关中华树木生态文化的读物，既传播了自然科学知识，也科普了生态文化知识，可供从事农业、林业、生态保护、生态修复、旅游和历史文化等行业的人士借鉴，也可供相关专业的师生参考。

图书在版编目(CIP)数据

江西森林景观珍贵树种及其生态文化 / 欧阳天林等主编. -- 北京 : 中国林业出版社, 2021.11

ISBN 978-7-5219-1388-0

Ⅰ. ①江… Ⅱ. ①欧… Ⅲ. ①森林景观—珍贵树种—文化生态学—江西 Ⅳ. ①S79

中国版本图书馆CIP数据核（2021）第209384号

策划编辑： 肖静

责任编辑： 肖静　荆鸿宇

封面设计： 八度出版服务机构

出版发行　中国林业出版社（100009，北京市西城区刘海胡同7号，电话：010-83143577）

电子邮箱　forestryxj@126.com

网址　http://www.forestry.gov.cn/lycb.html

印刷　北京雅昌艺术印刷有限公司

版次　2021年11月第1版

印次　2021年11月第1次印刷

开本　889mm × 1194mm　1/16

印张　27

字数　842千字

定价　380.00元

编辑委员会

序 言

FOREWORD

《江西森林景观珍贵树种及其生态文化》是作者为积极响应、认真贯彻落实《江西省人民政府关于在重点区域开展森林绿化美化彩化珍贵化建设的意见》的指示，使江西省主要高速公路、高铁、长江岸线等通道和生态廊道两侧、重要风景名胜区周围及重点乡村风景林等区域的森林，全面达到生态优良、林相优化、景观优美的效果，促进江西省森林质量提升和乡村旅游发展，实现江西省绿水青山更秀美、金山银山更丰厚的目标，建设国家生态文明试验区和美丽中国“江西样板”而编撰的一部力作。

该书选取《国家珍贵树种名录（第一批）》（1992）和江西省公布的珍贵稀有濒危树种中的148种，突出树种的珍贵性、稀有性及某些树种的濒危状况，向社会展示了江西丰富的植物资源及其珍贵价值，以及保护这些珍贵树种的历史意义。进入新时代的我们理应更加珍惜且更加科学地保护、培育，使其能够充分发挥生态价值和文化价值。

该书的一个显明特点是突出树木生态文化属性。为挖掘和展现树木生态和民俗文化的内涵，满足人们对森林和树木生态文化的知识需求，书中对树种增加了“树木生态文化”条目。譬如，全国最美乡村婺源县是全省古树资源最丰富的县，这个县的一个显著生态特征就是每个村村口都有“水口林”，遵照“树养人丁水养财”的古训，在水口筑坝引水，植树造林。这种用现代生态学观点，把建设和保护的“水口林”称为“自然保护小区”的做法还获得了联合国的肯定和奖励。又如，井冈山上有一棵槲树（银木荷）是1928年朱德挑粮上井冈途中卸担休息的地方，现在这棵槲树周边已成为游客特别赞赏和停留瞻仰的景点。还有朱德率红军途经明月山洪江镇时宿营布星村，红军战士在苦槠树上印写标语“打土豪分田地是革命正确之意”，至今90多年，该苦槠树上还清晰可见一个“正”字。所有这些，既反映了广大民众朴素的树木和森林生态文化情感，又体现了江西这片红土地上红色基因的传承和发扬，从而使江西人更加爱树、护树，自觉形成以精神文明、社会文明、生态文明为核心的朴素民俗风尚和传统。所有这些也是江西省生态文明试验区和美丽中国“江西样板”建设的悠久渊源和牢固基础。

该书是树木学术研究和自然科普相结合、自然科学与社会科学相结合的著作，对从事农、林、水、旅游、生态、矿山、环保相关专业的人员有工作借鉴及参考作用，对相关院校师生也有阅读启示作用，是一部可读性强、读者面广的科普读物。

第一主编欧阳天林高级工程师是江西省林业科技实验中心主任，一位年轻的林业科技工作者，他在工作之余，充分利用实验中心丰富的树种资源，开展珍稀濒危树种和优良乡土树种种质资源调查、引种繁育、造林栽培，并详细观察记录各树种分布生境、开花结实习性和引种栽培表现，掌握各树种的生物、生态、栽培等习性。这种对林业工作的热爱和不断总结进取的精神值得称颂，也是青年学者科学素养的体现。

另一位主编刘良源教授级高级工程师是一位年近八十的老学者，将多年参与“五河一湖”等流域古树名木调查的素材经过归纳总结、补充调查，终于成作，付出了非同寻常的辛劳和一生的科学积累。该书凝聚了他对江西山川无尽的心血和深厚的情结。我和他有几十年的同行之交，他六十年矢志不渝地从事林业工作，退休后近二十年仍然不辞辛劳，奔波在山林之中，完成了许多科学考察任务，科学专著和科普读物丰硕，是一位林业领域的不老松，值得敬佩。

应作者之邀，是为序，以表示对作者的祝贺，并把该著作介绍给读者。

国家级教学名师
江西农业大学教授
博士生导师
杜天真
2021年10月

前 言

PREFACE

林业既是一项产业，又是一项公益性事业，不仅具有经济效益，还具有生态和社会效益，它肩负着向人类提供丰富的林产品，以及维护与改善人类赖以生存的生态环境的重要任务。随着社会的发展，人们享受的物质生活条件已大为改善，人们对森林的生态效益、社会效益普遍关注，森林生态旅游、森林康养、森林保健、森林碳汇已成为林业现代化建设重要内容。森林要向多样化发展，才能满足人们精神层面的需求。我们编纂的这部著作，其主要内容有二。

一是分门别类地推荐适合中国亚热带、长江中下游各地强势生长又符合营造森林景观要求的木本植物树种。目前，全省造林树种仍然集中于几个速生树种，如杉木、湿地松等，造成森林生态效能较低。为此，今后要在考虑树种速生、丰产、优质的基础上，鼓励种植珍贵乡土阔叶树，以提升森林的生态防护和生态景观功能，更好地发挥森林的三大效益。推荐的各个树种主要内容为形态特征、资源分布、生物生态特性、景观价值与开发利用、树木生态文化、保护建议和繁殖方法等，可以让读者系统全面地了解各个树种。

二是挖掘传承每个树种的生态文化内涵。森林生态文化，是一个民族在长期的发展中形成的对树木及环境与自然的保护、利用等一系列问题的认识，是一个民族总文化涵养中的树木部分。它不是植物学，不是树木学，也不是造林学，而是有关树木的物质文明和精神文明的总体反映，是人们对待树木所表现出的社会风尚、行为准则、道德法律等方面的社会意识。我国的树木生态文化有着特有的禀赋优势，有悠久的历史传统和众彩纷呈的当代杰作。

我国森林资源比较贫乏，但树种丰富多彩。第四纪冰川后，许多树种在世界广大地区灭绝，在中国却幸存下来。20世纪，在我国先后发现祖源地在浙江天目山的银杏、浙江庆源的百山祖冷杉、湖南张家界的“活化石”珙桐树、1.2亿年前的水杉、湖北神农架的铁杉、江西弋阳1亿年前的水松等“活化石树”，每一次发现都震惊世界。中国的这些国宝树在世界树木生态文化中占据着独特的重要地位。

中国是世界四大文明古国之一，有着五千年的文明发展史，树木生态文化成为五千年文明发展史的重要组成部分，众多古树名木成为树木生态文化传承的重要载体。黄帝是中华民族的始祖，相传他手植的一棵柏树迄今已有5000余年。祖国5000年的文明史，便可由这株柏树充当见证人，这在世界上是独一无二的奇迹。在我国，历代帝王将相、社会贤达、经学人士，大都亲自栽种树木、爱护树木，还有不少诗文伴随问世，构成了我国树木生态文化的重要组成部分。

人们对古树名木有先天的崇拜，喜欢称它们为“树王”。人们给树封“王”是没有指标限制的，“王”者之间也从不争夺地盘，动刀动枪，只要能得到一方群众拥护就行。任何树一经当了“王”，必定会得到重视和保护，待遇要上升很多级，对树木王国有百利而无一害。西方人爱树，却不会给树封“王”，他们的树木文化中便少了这个特点，这就是中西树木生态文化的差异所在。

这些珍贵名木见证了各个历史阶段的兴衰过程。无声的古树名木变成了有“声”的树木生态文化，让人们了解、知悉、敬畏古树名木，并从中得到熏陶，启迪心灵。

今天，编纂这本书，一方面是对大众进行树木科学普及，另一方面是将中华传统文化中的树木生态文化展现给大家，唤起大家对森林生态和珍贵树种的保护和关爱。

2021年11月

PREFACE

Forestry is both an industry and a public welfare undertaking. It has not only economic benefits, but also ecological and social benefits. It undererertakes the important task of providing abundant forest products to human beings, maintaining and improving the ecological environment on which human beings depend. As the development of society, people's living conditions have been greatly improved. People pay more attention to the ecological and social benefits of forests. Forest ecotourism, forest health care and forest carbon sequestration have become important parts of forestry modernization. Forestry should be diversified to meet people's spiritual needs. The book we compiled has two main contents.

The first is to recommend tree species which are suitable for the subtropical China, and can grow fast in all parts of the middle and lower reaches of the Yangtze River, and meet the requirements of forest landscape. At present, afforestation tree species in Jiangxi are still concentrated on several fast growing tree species, such as *Cunninghamia lanceolata*, *Pinus elliottii*, *etc*. It has resulted in low forest ecological efficiency. Therefore, on the basis of considering the rapid growth, high yield and high quality of tree species, we should also encourage the development of precious native broad-leaved tree.Thus, the stability and disaster resistance of forests can be improved, and the three benefits of forests can be better played.The main contents of the recommended tree species are morphological characteristics, biological and ecological characteristics, resource distribution, landscape application and development value, tree ecological culture, protection suggestions and breeding methods, which can make readers understand each tree species systematically and comprehensively.

The second is to inherit and promote the ecological cultural connotation of each tree species. Forest ecological culture is formed in a nation's long history. It is the integrated understanding of trees, the protection of the environment and nature, the utilization of trees, *etc*. It is part of a nation's culture regarding trees. It is neither botany, nor silviculture, but a general reflection of the material and spiritual civilization of trees. It is the social awareness of the social customs, codes of conduct, moral laws, and other aspects that people show about trees. The Chinese tree ecological culture has unique endowment advantages, with a long historical tradition and typical contemporary masterpieces.

Forest resources in China are relatively not rich, but the tree species are abundant. After the Quaternary glaciation, many tree species became extinct in the world, but they survived in China. In the 20th century, the ancestral source of *Ginkgo biloba* was discovered in China's Tianmu Mountain. *Abies beshanzuensis* was discovered in Qingyuan, Zhejiang. The "living fossil" *Davidia involucrata* Baillon was discovered in Zhangjiajie, Hunan. Every discovery has been shocking the world, for example, these "living fossil trees" species include *Metasequoia glyptostroboides* 120 million years ago, *Tsuga chinensis* from Shennongjia, Hubei, and *Glyptostrobus pensilis* 100 million years ago in Yiyang, Jiangxi. These national treasures of China occupy a unique and important position in the world's tree ecological culture.

China is one of the four ancient civilizations in the world. It has a history of five thousand years of civilization development, and the tree ecological culture has become an important part of the history. Many ancient and famous trees have become an important carrier of tree ecological culture inheritance. The Huangdi is the ancestor of the Chinese nation. The cypress tree he planted is more than 5000 years old, which witnessed the 5000-year history of civilization. In China, most emperors and generals, social sages, and scholars had planted trees and cared for trees. Many poems and articles about trees have been published, which constitute an important part of China's tree ecological culture.

In China, people have innate worship ancient and famous trees, and like to call them the tree king. People used to grant the title of "king" to a tree which is the biggest or oldest in a place. There is no limit to the number of king trees. The "kings" never compete for land with guns or knives. All they need is support by the local residents. Once any tree becomes a "king", it will definitely be valued and protected. Westerners love trees, but they do not grant them the title of "king". This is one of the differences between Chinese and Western ecological cultures.

These precious and famous trees have witnessed the rise and fall of various historical stages. By turning silent famous trees into "sound" tree ecological culture, it has been nurtured, enlightened the soul.

The purpose of this book is to popularize the science of trees for the public, and also to show the ecological culture of trees in traditional Chinese culture to everyone, and arouse the protection and care of forest ecology and precious tree species.

Editors

2021.11

编撰说明

SPECIFICATIONS

1. 本书树种以《中国植物志》和《江西植物志》为基础，参考《中国生物物种名录》(植物卷)、植物科学数据中心数据、《国家重点保护野生植物名录》(2021)和目前的分类学、系统学研究成果，采用裸子植物和被子植物分类系统进行分类。书中前言进行了英译，便于国际交流。

2. 本书收录树种为《国家珍贵树种名录(第一批)》(1992)，《国家重点保护野生植物名录》(2021)、《中华人民共和国濒危物种进出口管理办公室、海关总署关于调整〈进出口野生动植物种商品目录〉通知》中的附表4至附表8及《江西省重点保护植物名录》(1994)中的江西有野生(引种)分布的木本植物148种。

3. 全书共分总论、各论、参考文献和索引四大主要内容。总论概述江西的自然地理、资源与环境、森林景观植物、树木生态文化四部分内容。各论分别阐述江西野生(引种)分布的148种木本植物的保护级别和形态特征、资源分布、生物生态特性、景观价值与开发利用、树木生态文化、保护建议、繁殖方法等。参考文献列出了本书参考的主要文献资料，便于查阅。索引包含中文名索引和学名索引，便于检索。

目　录

CONTENTS

I 总论

（一）自然地理

江西省地处中国东南偏中部长江中下游南岸，古称“吴头楚尾，粤户闽庭”，乃“形胜之区”。东邻浙江、福建，南连广东，西靠湖南，北毗湖北、安徽而共接长江；上源武汉三镇，下贯南京、上海，南仰梅关、岭南而达广州。全省东南西三面环山，北部临江。土地总面积16.69万km^2。辖南昌、景德镇、九江、萍乡、新余、上饶、鹰潭、吉安、赣州、抚州、宜春11个设区市，省会南昌市。

江西地势由外及里，自南而北，渐次向鄱阳湖倾斜，构成一个向北开口的巨大盆地。全境以山地、丘陵为主，占江西省总面积的78%，拥有武夷山、怀玉山、罗霄山、幕阜山、大庾岭、九连山、南岭等山脉，山峰一般海拔1000m左右。武夷山主峰黄岗山海拔2160.8m，为华东最高峰。全境有大小河流2400余条，赣江、抚河、信江、饶河、修河为五大河流，其中，赣江为长江第二大支流，自南向北流贯江西省，通航里程5000km。鄱阳湖是全国最大的淡水湖、江西最大的聚水盆、长江水量的巨大调节器、世界上最大的候鸟栖息地，也是沟通省内外各地航道的中转站。

（二）资源与环境

江西省处于中亚热带附近，气候四季变化分明，具有亚热带东部季风湿润气候特色。春季温暖多雨，夏季炎热湿润，秋季凉爽少雨，冬季寒冷干燥。年平均气温16.3~19.5℃，正常年景日照时数为1600~2100h，降水量1341~1943mm，无霜期为240~307天，十分有利于动植物生长繁衍。

江西全省种子植物有4200余种，蕨类植物约有470种，苔藓类植物有563种以上。低等植物中的大型真菌可达500余种，有标本依据的就有300余种，其中，可食用者有100余种。植物系统演化中各个阶段的代表植物江西均有分布，同时发现不少原始性状的古老植物，如水松等。这些丰富的植物资源充分表明，包括江西省在内的中国亚热带地区是近代植物区系的起源中心之一。由于得天独厚的水热条件，许多特有植物在江西省有分布。全国198个特有属中64属为木本植物，江西省有19属，其中11属为单种属。江西共有木本植物119科，其中56科是向北延伸到赣地为止的热带性科。

江西动物资源丰富。历年调查表明，全省现有脊椎动物851余种。其中，鱼类203余种，约占全国的21.4%（淡水鱼）；两栖类40余种，约占全国的20.4%；爬行类77余种，约占全国的23.5%；鸟类426种，约占全国的23.2%；哺乳类105余种，约占全国的13.3%。全省有昆虫30个目7100余种，蜘蛛559种。鱼类和鸟类种类较多，经济价值较大，成为全省开发利用和资源保护的重点。

江西生态良好。截至2021年，全省共有5处世界遗产，包括世界自然遗产三清山、龙虎山、龟峰，世界文化遗产庐山，世界文化与自然双遗产武夷山，3处世界地质公园，庐山、龙虎山—龟峰、三清山；18个国家级风景名胜区，26个省级风景名胜区；累计创建各类自然保护区536个，林业系统自然保护区190个，其中，16个国家级自然保护区，38个省级自然保护区，保护区面积占国土面积达6.58%左右；50个国家级森林公园，120个省级森林公园；湿地公园106处，划定湿地保护面积91.01万hm^2，占国土面积的5.45%；国有林场425个，经营面积174.57万hm^2；江西有全国最大的淡水湖鄱阳湖、风景如画的庐山西海（柘林湖）、浓淡相宜的仙女湖、知行合一的阳明湖等。林地面积1073.4万hm^2，占国土面积的64.2%，其中，森林面积1020万hm^2，活立木蓄积量50666万m^3。11个设区市及武宁、崇义县成为“国家森林城市”，69个县（市）进入“省级森林城市”，建设乡村风景林27.97万亩[①]，有32个村被授予“国家生态文化村”称号。全省森林覆盖率63.35%，居全国前列，率先实现国家森林城市、国家园林城市设区市全覆盖。全省古树名木群落达3000余个，有13万株古树名木，其中，分布在山区、林区和农村的达12万多株。典型的有铜鼓的南方红豆杉群落、黎川的香榧群落、乐安的古樟树群落、泰和的楠木群落，涉及的树种主要有樟、南方红豆杉、枫香、苦槠、木荷、马尾松、椤木石楠、柏木、闽楠、银杏等500余种，尤以樟树为多，近6万株，占据古树名木的半壁江山。这些古树名木非常珍贵，具有不可再生性，被誉为“活的文物”“绿色的化石”，并以其独特的生态、科研、科普、历史、人文和旅游价值日益被人们所重视，成为当地的绿色名片。

从2018年始，江西省绿化委员会、江西省林业局在全省开展了“江西树王”评选活动，评选树种包括樟、杉、马尾松、银杏、南方红豆杉、罗汉松、楠木、桂花、柏树、枫香10个江西省乡土古树名木树种，同时要求参评的树必须是原生态自然生长的并满足树龄最老、树木最高、胸径（胸围）最粗、冠幅最大、树形奇特、保护价值最高等“六最”中一个以上条件。

经过征集推荐、考察复核、公众投票、专家评审、媒体公示等环节，有10棵古树成为“江西树王”（表1）。

表 1　十大“江西树王”

树种	树高（m）	树龄（年）	胸围（m）	位置
樟	约33	约2000	13.04	安福县严田镇严田村
杉	约30	约600	4.87	广昌县尖峰乡沙背村
马尾松	约41	约450	4.10	修水县溪口镇下庄村
银杏	约32	约2500	8.50	铅山县葛仙山镇南湖村
南方红豆杉	约27	约1600	5.10	铜鼓县棋枰镇棋枰村
罗汉松	约20	约1600	6.06	庐山市白鹿镇万杉村
楠木	约37	约1100	5.45	遂川县衙前镇溪口村
桂花	约18	约660	4.00	鄱阳县莲花山乡潘村
柏树	约25	约1500	6.60	遂川县新江乡横石村
枫香	约32	约1400	5.15	大余县南安镇梅山村

丰富的地表水资源为江西省的一大潜在优势，河川多年平均径流总量1468亿m^3（根据全国水资源调查评价统一规定计算），折合平均径流深905mm，径流总量居全国第七位，人口平均值居全国第五位，耕地平均值居全国第六位，相当于全国亩均占有水量的2倍。

江西环境优美。2020年，全省空气质量历史性达到二级标准。全省$PM_{2.5}$年平均浓度下降到30μg/m^3，比2019年下降14.3%，全省$PM_{2.5}$、PM_{10}、二氧化硫（SO_2）、二氧化氮（NO_2）、一氧化碳（CO）、臭氧（O_3）等6项空气质量指标全面达到或优于二级标准，继续名列中部省份第一，实现历史性突破。10个设区市达到或优于空气质量二级标准。全省优良天数比率为94.7%，高于全国平均水平5.0个百分点。水环境质量稳中趋优，2020年全省地表水断面水质优良比率96%，同比上升2.7个百分点，高于国家目标值10.7个百分点，无Ⅴ类及劣Ⅴ类水质断面；长江干流江西段所有水质断面全部达到Ⅱ类标准；设区城市集中式生活饮用水水源地水质达标率为100%，水环境质量继续保持全国前列。

全省城市环境质量较好，2020年全省设区城市区域昼间噪声平均值为53.6分贝，声环境质量为二级（较好），

① 1亩≈666.67m^2。以下同。

11个设区城市中新余市和鹰潭市质量为三级（一般），其余9个城市均为二级（较好）。2020年，生态优势巩固提升，新增1个国家级“绿水青山就是金山银山”实践创新基地，新增5个“国家生态文明建设示范县”，现有“绿水青山就是金山银山”实践创新基地5个，国家生态文明建设示范市（县）16个，位居全国第一梯队。

2020年，完成植树造林7.65万hm^2，靖安、婺源、铜鼓、浮梁、湾里获“国家生态县”。创建了228个国家生态乡镇、9个国家生态村、831个省级生态乡镇、1031个省级生态村。国家六部委批复《江西省生态文明先行示范区建设实施方案》，江西省成为全国首批全境纳入生态文明先行示范区建设的省份。2016年，中共中央办公厅、国务院办公厅印发了《关于设立统一规范的国家生态文明试验区的意见》，首批选择生态基础较好，资源环境承载力较强的福建、江西、贵州省作为试验区，江西因此又巩固了在全国生态文明建设的地位和作用。

（三）森林景观植物

森林是由树木为主体所组成的生物群落。森林景观是在某一时空点上视野范围内以森林植被为主体的一种自然景色，是森林与周围环境所构成的视觉映射。营造森林景观的关键要素为树木，树木的根、干、枝、叶、花、果都有其姿、形、色、香、韵，这些天然属性构成了森林景观自然美的物质基础。树木种类繁多，每个树种都有其独具的形态、色彩、风韵、芳香。这些特色又能随季节及年份的变化而有所丰富和发展，如春季梢头嫩绿、花团锦簇，夏季绿叶成荫、山峦叠翠，秋季绚丽多彩、果实累累，冬季白雪挂枝、银装素裹。

在森林景观配植中，树形是构景的基本因素之一。不同形状的树木经过合理的配植，可以产生韵律感、层次感等艺术组景的效果。树形由树冠及树干组成，树冠由一部分主干、主枝、侧枝及叶幕组成。不同的树种各有其独特的树形，主要由树种的遗传物质决定，但也受外界环境因子的影响。在乔木方面，尖塔状及圆锥状树形者多有严肃端庄的效果，柱状狭窄树冠者多有高耸静谧的效果，圆钝、钟形树冠者多有雄伟浑厚的效果，而一些垂枝类型者常形成优雅、和平的气氛。在灌木、丛木方面，呈团簇丛生的多有朴素、浑厚之感，最宜用在树木群丛的外缘，或装点草坪、路缘及屋基；呈拱形及悬崖状的，多有潇洒的姿态，宜供点景使用，或在自然山石旁适当配植；一些匍匐生长的，常形成平面或坡面的绿色被覆物，宜作地被植物。各种树形因其别具风格，常有特定的情趣，须认真对待，用在恰当的地方，使之充分发挥独特的景观作用。

观花树木以花朵为主要的观赏部位，以花大、花多、花艳或花香取胜。就单棵树木而言，人们不仅要欣赏单朵花的形态，有时更多的是欣赏植株上全部花朵所表现出来的综合形貌，也就是花相。如杜鹃花，花色鲜艳、花量大，盛花时整个树冠几乎被花覆盖，盛极一时，远距离花感强烈，气势壮观。又如桂花，单花较小，形态平庸，单花的效益微弱，但若在开花盛期，大量的单花于枝节聚生成团，形体增大，在绿叶陪衬下，“金粟万点”，格外诱人，观赏效果倍增。

观叶植物是以观赏叶形、叶色为主的植物，或叶色光亮、色彩鲜艳，或者叶形奇特、引人注目，主要是由于气候季节变化，或来自自然界的变异，或经人工育种、栽培选育而来。观叶类植物大致可分为全彩叶植物、春色叶植物和秋色叶植物。全彩叶植物是指整个生长期内都呈现彩色叶色，常见的植物有红花檵木、紫叶李、金边黄杨、洒金柏、紫叶桃等。春色叶植物是指春季新发生的嫩叶呈现显著不同叶色的植物，有些常绿树的新叶不限于春季发生，一般称为新叶有色类，也统称为春色叶植物，如香樟、刨花楠、闽楠、石楠等春叶呈红色，青冈春叶为紫色。秋色叶植物叶片在秋季呈现黄色、橙色、红色、褐色等，常见的秋色叶植物有鸡爪槭、元宝枫、鹅掌楸、银杏、水杉、漆树、山乌桕等。由于秋色期较长，秋色叶植物为营造森林景观色彩的重要植物。秋天秋高气爽，也是吸引人们赏秋观色最佳时机。毛泽东著名的《沁园春 · 长沙》一词中有“独立寒秋，湘江北去，橘子洲头。看万山红遍，层林尽染……”从字面上讲，“万山红遍”是指岳麓山的枫香、山乌桕、槭树之类秋季的林相图。

观果植物主要是以果实供观赏的植物，这类植物有的果实色泽美丽、经久不落，有的形状奇特，有的香气浓郁，有的着果丰硕，有的则兼具多种观赏性能。观果植物以其奇异的果实备受人们喜爱，它们能够丰富四季森林景观。比如，南方红豆杉果实成熟时，满枝红色果实逗人喜爱；铁冬青果熟时红若丹珠，赏心悦目；柿子成熟后呈橘红色，在叶片脱落后，果实还挂在枝头，非常漂亮。

观茎干类植物因树干色泽或形状异于其他植物，而具有独特的观赏价值；树干的开裂与树皮剥落的形态，同样有较显著的美学价值。例如，悬铃木、榔榆、豹皮樟、光皮树等树皮常块状剥落，颜色深浅相间，显得光坦润滑，斑驳可爱，惹人注目；刺槐、板栗等树皮沟状深裂，刚劲有力，给人以强健的感受。

另外，树木的根系同样具有观赏价值。虽然多数树木的根完全埋于地下，难以看到，但一些老年期树木以及生长在浅薄土壤或水湿地的树木，常悬根露爪，以示生命苍古、顽强，生机盎然。那些产于热带、亚热带地区的树木，如榕树，具强壮的板根以及发达的悬垂状气生根，能形成树中洞穴、树枝连地、绵延如绳的奇特景象，则更为壮观。水松、落羽杉、池杉等湿地树种的呼吸根也是别具一格。

（四）树木生态文化

树木学是研究树木的形态、分类、地理分布、生物学特性、生态学特性、资源利用及其在林业生态工程、经济开发中的定位与作用的一门学科。对于21世纪新时代树木学家而言，除了要接触野生树种之外，还要了解这些树种在它们所构成的游憩林或风景林中所起的作用，因此，研究树木的这种作用，便是树木生态文化研究的内容。树木有狭义和广义之分，狭义的树木是指单株树木，广义的树木包括乔木、灌木和木质藤本。我国现有树木种类172科1271属11083种和2063种下单位。树木学研究内容日渐丰富，现今应包括树木生态文化在内，而树木生态文化又涉及以下几个方面。

1. 古树名木的文化遗产价值。古树名木一般是指生长年代久远、外貌古老苍劲，具有重要的历史价值和纪念意义的树木。《国家城市建设总局关于印发〈关于加强城市和风景名胜区古树名木保护管理的意见〉的通知》（[1982]城发园字第81号）中规定，古树一般是指百年以上的大树，其中树龄在300年以上和特别珍贵稀有或具有重要历史价值和纪念意义的古树名木定为一级，其档案材料抄报国家和省、自治区、直辖市城建部门备案；其余古树名木为二级，其档案材料抄报省、自治区、直辖市城建部门备案。中国300年以上的古树大约有10万株。很多地方把古树作为“神木”“树魂”等文化符号，上升为文化遗产加以保护。

2. 栽植禁忌。栽植禁忌一般是基于园林学、民俗学和文化人类学的角度加以研究和论述。

3. 物候应用。树木物候是研究树木的生活现象和季节周期性变化的关系。实质上是研究树木生长发育与环境条件的关系。

4. 宗教信仰。几乎每一个宗教都有自己的圣树，如佛教的菩提树，基督教的圣诞树。菩提树的叶呈心形，相传佛祖释迦牟尼就是在菩提树下静默七天七夜才顿悟成佛的。据传古罗马人在新年用绿树枝装饰屋子，基督教徒沿用这种习惯，于是出现了圣诞树。

5. 民族植物学。民族植物学研究一定地区的人群与植物界的全面关系，包括在经济、文化上有重要作用的植物。主要研究内容有土著民族植物产品、栽培植物考源、考古现场、植物遗骸、鉴定、命名和植物环境对人类活动、习惯、意识和日常生活的影响等。

事实上，每一个树种的背后都有一段鲜活的故事。通过挖掘这些素材，让游人成为故事的叙述者，因而树木作为被叙述的对象在人为活动中起着很重要的作用。树木本身就是人们的吸引物，其背后的故事应该更加吸引人。如珙桐，又称“中国鸽子树”，是地球上第四纪冰川后孑遗存于我国西南局部地区的高大乔木树种，是植物界中“活化石”之一，已被列为国家一级保护树种。珙桐是珙桐科中独一无二的树种，鸽子树是它的别名。珙桐为落叶乔木，叶在长枝上互生，在短枝上簇生。花杂性，同株，由一朵两性花和多数雄花组成头状花序，雄花无花被，基部具两枚白色的叶状大苞片，似鸟展翅，故名鸽子树。1869年，法国一位名叫大卫的神父，在四川首次发现了它。这个神父的文章发表以后，一时“洛阳纸贵”，引起世界范围的轰动。许多国家的人纷纷来到中国，采集标本和种子。现在瑞士日内瓦街头、美国白宫门前的鸽子树依旧生机盎然，每逢开花时节，一对对大苞片好似展翅的白鸽，给人一种纯洁、高雅的美的享受。许多欧美人士把中国鸽子树能在他们国土繁衍生息视为一种骄傲。据说，在日内瓦几乎家家都栽种鸽子树，可见人们对它珍视的程度。还有“昭君树”“白鸽公主”的传说，都是与珙桐树相关，这就是珙桐树的生态文化。

江西省林业科技实验中心认真贯彻落实习近平生态文明思想，在省林业局党组坚强领导下，通过数年保护收集国家、省级特色珍贵树种的积累，群策群力，编撰《江西森林景观珍贵树种及其生态文化》一书，以期在营造森林景观实践中，达到“生态优良、林相优化、景观优美”的效果，全力推进江西国家生态文明试验区和美丽中国“江西样板”建设。

II 各论

一、裸子植物亚门

GYMNOSPERMAE

（一）银杏科 Ginkgoaceae

1 银杏 Ginkgo biloba L.

别名：白果、公孙树、鸭脚子、贝叶树、鸭掌树。银杏科银杏属植物。国家二级重点保护野生植物；国家二级珍稀濒危保护植物；中国主要栽培珍贵树种。江西I级珍贵稀有濒危树种。1771年命名。

［形态特征］

落叶乔木，高达40m，胸径可达4m。幼树树皮浅纵裂，大树树皮灰褐色，深纵裂。树冠广卵形，枝近轮生，斜上伸展。叶扇形，具波状缺刻，有多数叉状并列细脉，上缘宽5~8cm，叶柄长，秋季落叶前变为黄色。球花雌雄异株，单性，生于短枝顶端的鳞片状叶的腋内，呈簇生状。种子核果状，熟时淡黄色或橙黄色，外被白粉，外种皮肉质，中果皮骨质，内种皮膜质，胚乳肉质，味甜略苦。花期3月下旬至4月中旬，果期9至10月。

主要识别特征：叶片扇形。

［资源分布］

中生代白垩纪孑遗树种。中国特有，仅浙江天目山有野生状态的树木。全省各地广为栽培，有数百年甚至千年以上的老树，其中，彭泽有小片半自然林，庐山黄龙寺有1600多年古树，树高30m，胸径5.53m，冠幅22m^2，长势旺盛。

［生物生态特性］

生于海拔500~1000m排水良好的湿润、肥沃沙质壤土；干燥瘠薄而多山石的山坡则生长不良，过湿或盐分过大的土壤则不能生长。喜光，深根性，生长慢，耐干旱。寿命极长，有公公种树而孙子得食之意，故称公孙树。

［景观价值与开发利用］

银杏树姿雄伟，叶形奇特，秋季变成黄色，颇为美观，是世界级园林观赏树种。在园林绿化中，孤植在空旷的平地或草坪上，可充分表现其雄伟气势，葱茏庄重；植于大型建筑物附近或出入口、石级旁，起烘托主景的作用，使建筑物更显得雄伟庄严；在道路两旁和水域的环绕列植，可显整齐和富有气魄，再点缀些月季、木槿等，雅致得令人欣悦；在广场四周或草坪边缘，如与枫类树种星点搭配混植，深秋时节金黄色的银杏叶与“霜叶红于二月花”的枫树叶交相辉映，格外妖娆；群植或片植，形成小面积的银杏层林主景，并再辅之一定数量的其他树种作陪衬，形成上下、内外分明，错落有致的几个层次。深秋层林尽染，流金溢彩。银杏可作为防护林、护路林、护岸林、护滩林、防沙林树种，落叶量大，可起到涵养水源、保护土壤的作用。通过人工修剪，银杏可作盆栽，其盆景干粗、枝曲、根露，造型独特，苍劲潇洒，妙趣横生，是盆景中一绝；夏天遒劲葱绿，秋季金黄可掬，给人以峻峭雄奇、华贵高雅之感。

[树木生态文化]

1896年，日本学者发现银杏精子是移动的，精子细胞有纤维的鞭毛，证实银杏迥别于松杉类与之近缘的其他高等植物，有可能是现在种子植物中最古老的植物。

银杏雄伟挺拔，刚劲质朴、云冠巍峨、秀甲青翠、生机勃勃、超然洒脱，千百年来被我国人民珍重喜爱，在民间尊为神树，敬若神明。银杏以其固有的色彩、姿态及风韵而博得人们的青睐，它的叶形、叶色、干形、冠形以及内在的奇特性状，都给人以美感。特别是古老苍劲的古银杏，历尽沧桑，给人神秘莫测之感，是千金难求的无价之宝，成为中华民族悠久历史的象征。

银杏叶像鸭掌，故名鸭掌树。北宋文学家欧阳修的朋友梅尧臣，称银杏叶为“鸭脚”，便寄了100个“鸭脚”给欧阳修。欧阳修大为感动，作诗“鹅毛赠千里，所重以其人，鸭脚虽百个，得之诚可珍”（《梅圣俞寄银杏》）。

银杏叶又像扇贝，故又称贝叶树。从宋代始，银杏果作为贡品，年年进贡朝廷，此时，才取名雅号“银杏”。欧

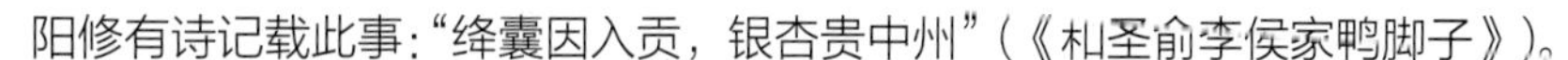

阳修有诗记载此事：“绛囊因入贡，银杏贵中州”（《和圣俞李侯家鸭脚子》）。

银杏叶是健康、长寿、幸福、吉祥的象征，能起到镇宅作用，其叶的扇形对称，被认为是“和谐的象征”，由于叶片的边缘分成两半，叶柄合并成一片，隐含着万物对立统一的和谐特征，如“一与二”“阴与阳”“生与死”“春与秋”。银杏叶呈心形，所以也被喻为爱的象征，指两个相爱的人结合在一起。

1934年8月，中国工农红军红六军团西征后，谭余保奉命留在湘赣边继续斗争，1935年7月被推选为中共湘赣边临时省委书记兼军政委员会主席和湘赣游击司令部政委，1936年率领中共湘赣临时省委机关从宜春西营里陡水湾（今宜春市温汤镇潭下村）转移到宜春洪江的古庙（今古庙村）与中共萍宜安中心县委会合驻扎，并开展革命斗争，发展根据地。古庙旁的两株银杏古树已有1200余年，这两株银杏古树见证着那段为了革命信仰勇于斗争的光辉岁月。今天，虽然古庙已毁，但这两株银杏古树依旧生机盎然、威武雄壮。本条目第二张照片就实拍于此。

1983年，四川省成都市命名银杏为成都市树。成都十大古树，银杏占了8株。都江堰青城山天师洞，一株古银杏树龄达2500年。锦绣街和锦绣巷已打造成成都市首条银杏文化街区。2002年，崇州发现一株胸围达9.84m的千年银杏。

浙江省湖州市长兴县堪称“银杏的故乡”，长兴县小浦镇八都岕12.5km的古银杏路成为一道以原、野、奇为特色的风景线。银杏塑造了湖州古典优雅、清新宁静的气质，代表了湖州人民勤劳朴实、生生不息的精神。

陕西省周至县有1株银杏，相传是老子在楼观台亲手所植，树龄约2500年。湖北省随州市曾都区洛阳镇永兴村周氏祠的5株古银杏，树龄2500余年，树高28m，胸径3.2m，冠幅384m^2，相传是孔子与老子论道之处。庐山市银杏王也有1500多年。安福县武功山南天门古银杏是清乾隆下江南所植，树龄384年。江西银杏树王居上饶市铅山县葛仙山乡南湖村，高约32m，胸围8.5m，树龄约2500年。

在中国银杏之乡山东省郯城县新村银杏产业开发区驻地红石崖地质遗址处，有一株古银杏雄树，该树高41.9m，树围8.2m，树径2.6m，树龄2500年以上。据考证为郯国国君郯子所植，孔子曾在树下向郯子“问官”，被当地人尊称为“老神树”。《北窗琐记》描述：“老树传奇十八围，郯子课农亲手栽。莫道年年结果少，可供祇园清精斋。”山东省胶州市南有一株古银杏，树龄1100年，由母株根部而生的8棵树干由粗到细环绕而列，母株子株同根而生，枝叶相合，状如母子嬉戏同乐图。

江苏省邳州市港上镇，2004年被批准为国家级银杏博览园，是中国唯一的单树种国家级森林公园。

[保护建议]

银杏是国家一级重点保护野生植物，为我国特产，应建立古树保护档案，定期开展监测，实行动态管理；改善土壤条件，透水通气；改善光照条件；定期施肥，加强防治病虫害，一经发现，及时上报、科学防治。

[繁殖方法]

银杏树繁殖方法有种子育苗、嫩枝扦插、分株、嫁接繁殖。

本节作者：刘良源（江西省林业有害生物防治检疫中心）

摄影：谢兵生

（二）罗汉松科 Podocarpaceae

2 竹柏 Nageia nagi（Thunberg）Kuntze

俗名：大果竹柏、猪肝树、铁甲树、宝芳、船家树、糖鸡子、山杉、椤树、罗汉柴、窄叶竹柏、椰树。罗汉松科竹柏属裸子植物。中国主要栽培珍贵树种。江西II级珍贵稀有濒危树种；江西III级重点保护野生植物；江西主要栽培绿化、美化、彩化珍贵树种。1854年命名。

［形态特征］

常绿乔木，高20~25m，胸径50cm。树皮红褐色或暗紫红色，成小块薄片脱落。树冠宽圆形。叶对生，革质，长卵形，长3.5~9cm，宽1.5~2.5cm，光滑无毛，有多数平行细脉，无中脉，顶端渐尖，基部楔形或宽楔形，向下延伸成柄状。雌雄异株，雄球花穗状圆柱形，单生叶腋，呈分枝状。种子圆球形，成熟时假种皮暗紫色，有白粉，外种皮骨质，黄褐色，顶端圆，基部尖，其上密被细小的凹点；内种皮膜质。花期3~4月，种子成熟期10月。

主要识别特征：叶片光亮，手感肉质，先端尖，无中脉，有多数并列的细脉；雄球花穗状圆柱形，单生，常成分枝状。

［资源分布］

竹柏为古老的裸子植物，起源于中生代白垩纪，被人们称为“活化石”。分布于浙江、福建、湖南、广东、广西、四川等地。江西靖安、宜丰、铜鼓以南林区都有天然分布，赣北（九江地区）有栽培。

［生物生态特性］

生于海拔1600m以下河谷溪流两岸或常绿阔叶林内。喜温暖湿润、土壤深厚疏松的环境，以及砂页岩、花岗岩发育的深厚、疏松、湿润肥沃的酸性沙壤土至轻黏土无积水地带。贫瘠干旱、浅薄土壤上生长很慢，石灰岩山地不适宜。耐阴性强，阴坡比阳坡生长快5~6倍，在阳光强烈的阳坡，根茎会发生日灼或枯死的现象。

竹柏初期生长缓慢，4~5年后生长逐渐加快，在良好土壤条件下，天然林30年生，树高可达15m，胸径达18cm。

[景观价值与开发利用]

竹柏树形端直，终年苍翠；树干修长，平滑，紫褐色；枝条开展，树冠广圆锥形，姿态优美；叶色墨绿，富有光泽，四季常青，秀丽浓郁，为优良观赏树种。可在通道、公园、庭院、住宅小区低缓地栽植，孤植、丛植、群植均宜，也可与其他常绿落叶树种混合栽植，还可在绿地和池旁、道路两侧栽植，景观效果颇佳。竹柏喜凉爽气候，属偏阴湿树种，应种植在阴面，切莫当成城市行道树栽植。竹柏还有几个观赏品种，如圆叶竹柏、细叶竹柏、薄雪竹柏、黄纹竹柏等，均为园林之佳品。

竹柏木材质地优良，边材淡黄白色，心材稍暗，纹理直，结构细致，硬度适中，易加工，有光泽，能耐水湿，为优良建筑、装饰乐器、雕刻等器具上等工艺用材。种子含油率30%左右，可供提取工业用油及食用。根、茎、叶、种子含有多种化学成分，可舒筋活血，治疗腰肌劳损、止血接骨、外伤骨折、刀伤、枪伤、精神疾病、狐臭、眼疾、感冒等。新医学研究证实，竹柏富含丰富的黄酮和榄香烯，其中，黄酮有许多美称，如血管清道夫、血糖守护者、抗癌勇士、天然免疫增强剂，而榄香烯是抗肿瘤药。

[树木生态文化]

宋代宋祁《竹柏赞》对“竹柏”二字作了很好的说明：“叶与竹类，致理如柏，以状得名，亭亭修直。”竹柏经冬不凋，因比喻坚贞也。

竹柏还可用作盆栽，在办公室、会议室、客厅、书房等处都可摆放，能影响空气中的能量发挥以及空气的方向，能够有效地帮助室内空气达到平衡，预防角落里空气的沉滞，缓和波动较大的气场；还能与电器辐射相互抵消，净化空气，为人们提供健康的空气来源。竹柏盆栽生性属阴，不适合摆放在阳光下，应摆在半阴的环境中。摆放在东方代表着家庭与健康；摆在东南方代表着财富与成功；摆在南方代表着声誉与学识；摆在北方代表着事业。竹柏盆栽属木，与金相克，并有“发”的寓意，所以竹柏盆栽忌摆在东北、西南、西北方及中间位置。

宜丰县桥西乡有20hm^{2}竹柏针阔叶混交林分布，最大单株胸径125cm，树高18m，其中还有约30亩的小片竹柏纯林。婺源中洲林场境内也发现有小片竹柏混交林，是迄今发现的最高纬度地区的报道。

江西省安福县山庄乡秀水村祇山寺旁有一株竹柏，胸围3.4m，树高24m，为南唐建寺时遗物，树龄

1200年，是我国最古老、最大的竹柏。因它生长在祇山寺旁，人们习称它为“祇树”。

在江西遂川县双镜村上镜有一株古竹柏树，围径达3m，树干高达20m，树冠面积约200m^2；叶形奇异，终年苍翠；树干修直，树态优美，叶茂荫浓；树龄约800年。

在广东省龙门县南昆山有几块天然竹柏林，在海拔900多米的中坪昆村侧，有100多亩的竹柏林分成片，林内树木挺拔，枝密叶稠，有“竹柏凉园”之称。

[保护建议]

竹柏是我国广谱造林、园林绿化树种，其栽培品种繁多，适应性强，寿命长，但生长缓慢，特别是60年后，生长速率极慢，易受外界环境干扰，故应加强监测，发现异常或病虫害，应适时上报，科学防治，对野生种群和古树名木要更加注重保护，强化人员巡护力度，科学改善其生长环境。

[繁殖方法]

竹柏的繁殖方法为种子繁殖和扦插繁殖。

本节作者：李文强（江西省林业科技实验中心）

3 罗汉松 Podocarpus macrophyllus（Thunb.）Sweet

俗名：土杉、罗汉杉。罗汉松科罗汉松属裸子植物。国家二级重点保护野生植物。江西II级珍贵稀有濒危树种；江西II级重点保护野生植物。1824年命名。

[形态特征]

常绿乔木，高达20m，胸径80cm或更粗；树皮灰色或灰褐色，浅纵裂，成薄片状脱落。叶螺旋状排列，条形，长7~12cm，宽7~12mm，先端尖，基部楔形，有短柄，中脉隆起，上面光泽，下面略带灰白色。雌雄异株，单生叶腋，有梗，基部有少数苞片。种子卵圆形，似头状，熟时肉质假种皮紫色或紫黑色，有白粉，着生于红色或紫黑色肥厚肉质的种托上，种托形似和尚袈裟。花期4~5月，种子成熟期9~10月。

主要识别特征：叶螺旋状排列，稀近对生，有明显中脉，仅下面有气孔腺；种托肉质，圆柱形，种子先端有尖头。

其变种有短叶罗汉松（小罗汉松）*Podocarpus macrophyllus* var. *maki* Syn.小乔木或灌木，高1~3m，树皮灰色或灰褐色。幼枝绿色，有沟纹。叶短而密生，长2~7cm，宽3~7mm，先端钝或圆。长江流域以南各地有栽培，供观赏。还有变种狭叶罗汉松*Podocarpus macrophyllus* var. *angustifolius* Bl. Rumphia，此种叶较狭，长5~9cm，宽3~6mm，先端渐狭或长尖头。长江以南各地有栽培，观赏用。

[资源分布]

分布于长江流域以南和西南各省份。江西全省各地多系栽培。婺源、玉山（三清山）、弋阳、贵溪等地有千年以上的古树。其中，抚州市东乡区瑶圩乡吴塘村的1株罗汉松，树龄1500多年，树高15m，胸径1.56m。江西十大树王中的罗汉松居九江市庐山市白鹿乡万杉村，树高约20m，胸围6.06m，约1600年。

[生物生态特性]

多栽培于海拔500m以下的庙宇、宗祠、村庄附近。耐阴，喜温暖湿润气候，不耐严寒。多生长在排水良好和湿润的沙质壤土中。

[景观价值与开发利用]

罗汉松树冠广卵形，枝叶密集浓绿，四季常青，叶色苍翠；种子形状奇特，成熟时绿色种子衬以红色种托缀满树冠，犹如“罗汉袈裟”，极具观赏性。罗汉松寿命较长，耐修剪，可绑扎培育盆景供观赏。老树格外古老苍劲，气势可人，蔚为壮观。可作四旁绿化、庭院绿化树种，孤植、对植或植于建筑物前都相宜。罗汉松能吸尘，抗污染，特别是对二氧化硫、硫化氢、氧化氮等多种污染气体抗性强，可作为厂矿区环境绿化树种。

罗汉松材质细致均匀，坚韧，优良，供各种器具用，尤为细木工、文化体育用具加工的上乘用材。

[树木生态文化]

位于庐山东林寺的罗汉松，树高17m，胸径1.5m，矗立挺拔，气势不凡，旁有石碑，上刻“六朝松”，为高僧慧远所植，树龄1500余年。唐代诗人芦雁赞为“庐山第一松”“独树自成林”。慧远（334—416）山西宁武人，386年在庐山建东林寺，创立佛学的净土宗。唐鉴真和尚东渡日本前，曾来东林寺习佛，后与该寺智恩和尚同去日本传经讲学，把净土宗义传入日本。今日本的东林寺教徒甚多，尊崇慧远为教祖。

安福县严田镇龙云寺一株罗汉松，高16m，胸径1.32m，相传为开创后世中国禅宗（南宗）青原法系的唐代高僧行思（670—738）所植，树龄约1300年。

在遂川县衙前镇塅尾村有一株唐朝时期栽植的罗汉松，高25m，树干围径5.8m，树径最大处184cm，树冠覆盖面积366m^2，树龄1000年以上，有着“江南第一罗汉松”之称。

婺源沱川篁村一株罗汉松，高9.5m，胸径1.53m，冠幅17m^2，树龄800多年。相传，北宋末年，桐庐县主簿余道潜路过婺源，见城北远处高湖山一带重峦叠嶂，景象非凡，于是循径而走，行至沱川篁村，随手在溪边倒插罗汉松一枝，不久插枝长出绿叶，生机勃勃，余认为这里定是“养人宝地”，随即定居于此，又因该地盛长毛竹，故以王维《竹里馆》:“独坐幽篁里，弹琴复长啸，深林人不知，明月来相照”的诗意，取名篁村。

罗汉松是佛教的象征，是佛教的一种常见树木。将其种植在自家庭院，也具有吉祥招财的好寓意，在佛教文化中还有辟邪的作用。古往今来，罗汉松有富贵、健康、吉祥、富足的美德。就其习性而言，它是常绿植物，富有生机；从风水上讲，它寓意蓬勃发展，可增加户主的财富。

著名的十八罗汉，传说是受了佛的嘱咐，不入涅槃，常住人间，弘扬佛法，受世人的供养而为众生作福田。所以说，罗汉松可以趋吉避凶，辟邪化煞。古胜名刹至今仍生长着肃穆静谧的千年古罗汉松，那是当年寺庙中的和尚和名人在乱世中为避凶化吉而亲手所植。今人普遍认为，家宅房前屋后种上几种罗汉松，既可旺宅益主，为家人带来安康吉祥，又可寓意招财开运。“家有罗汉松，世代不受穷”一语道尽罗汉松的风水价值。

十二生肖栽植或盆景摆放罗汉松与风水位：属鸡、猴的应置家宅的正东方或东南方；属牛、龙、羊、狗应置家宅正西方或西北方；属虎、兔者应置家宅的中央位；属蛇、马者应置家宅正南方；属猪、鼠应置家宅正北方。

[保护建议]

罗汉松是国家二级重点野生保护植物，野生种群数量仍然受到人为影响，其生境面临严重破坏和退化，需要继续加强管理，保护其生存环境。人工繁育技术比较成熟，已在造林绿化、园林景观中广泛应用，但要注重生物遗传多样性，以防因为遗传单一导致的病害和虫害发生。

[繁殖方法]

罗汉松繁殖方法为播种和扦插。

本节作者：李文强（江西省林业科技实验中心）

（三）柏科 Cupressaceae

4 柳杉 **Cryptomeria japonica** var. **sinensis** Miquel

俗名：长叶柳杉、榅树、长叶孔雀松。柏科柳杉属植物。中国特有树种，起源于中生代古老孑遗植物。江西Ⅲ级珍贵稀有濒危树种；江西Ⅲ级重点保护野生植物。1853年命名。

［形态特征］

常绿乔木，高达40m，胸径达2m以上。树皮红棕褐色，纤维状裂成长条片脱落。大枝近轮生，平展或斜伸；小枝细长下垂。叶螺旋状着生，钻形，微内弯，长1~1.5cm。雌雄同株，雄球花单生叶腋，近枝顶集生，成短穗状花序状；雌球花单生枝顶。球果近球形，径1.2~2.0cm，种鳞约20枚，楯形，木质，上部肥厚，每种鳞有种子2粒。种子微扁，褐色，边缘有窄翅。花期4月，球果成熟期10~11月。

主要识别特征：叶先端向内弯；球果较小，径1.2~2.0cm；种鳞20枚左右；苞鳞的尖头和种鳞先端的裂齿较短，长2~4mm；每种鳞仅2种子。

同属植物还有一种日本柳杉，【*C. japonica*（L. f.）D. Don】原产日本，该种的叶直伸；种鳞20~30枚，各有种子3~5粒；种鳞先端的缺齿较长。

［资源分布］

浙江天目山、百山祖自然保护区保存了树龄200~800年的较大规模柳杉林。江西庐山、武夷山、铜钹山、五府山等地有天然分布小群落。铜钹山有一株古树被誉为

“华东柳杉之王”，树高达51m，胸径为1.3m。用材树种，全省各地均有栽培。

[生物生态特性]

生于海拔400~1600m山地、山谷、溪边潮湿林中，常与铁杉、杉木等组成混交林。中等喜光，较耐阴，喜山区凉爽气候，尤其是空气湿度大、云雾弥漫之地；在土层深厚而透水性较好、结构疏松的腐殖质酸性土壤上生长良好，以山坡北向或东北向的山谷生长最宜。耐水性差，长期积水或排水不良的土壤，容易烂根，不宜栽培。根系较浅，侧根发达，主根不明显，抗风力差。

[景观价值与开发利用]

柳杉树干通直，纤枝略垂，树形圆整高大，树姿雄伟，树龄可达千余年，被人称为“树王”。最适于列植、对植，或于风景区内大面积群植成林，是一个良好的绿化和环保树种。枝叶密集，性又耐阴，也是适宜的高篱材料，可供荫蔽和防风之用。

柳杉边材白色，心材红色，木材甚轻，收缩小，强度中等，次于杉木，木质较松，纹理通直，结构中等，加工容易，能削刨成薄片，供制建筑、桥梁、造船、造纸、家具、蒸笼材料，是重要的用材树种。

[树木生态文化]

天目山的柳杉在北魏时期郦道元的《水经注》中就有记载。清乾隆年间，天目山一株2000年的柳杉曾被封为“大树王”。中国科学院云南西双版纳热带植物园科研人员在吕合盆地渐新世纪地层中首次发现了柳杉属化石。

庐山黄龙寺的“三宝树”，两株柳杉高41m，胸围585cm以上，相传南朝刘宋僧人昙诜自西域带来，亲手栽植，另一株是银杏，高30m，胸围5.5m，距今1600多年。后来，又有传说是明代僧人在建黄龙寺时所植，距今400多年，明万历四十六年（1618年），徐霞客在《庐山游记》中记载推算是宋末元初所植。此2株柳杉和1株银杏合称为“三宝树”，是庐山生物多样性的重要组成部分，是大自然和前人留给我们的瑰宝、活化石，也是庐山世界文化遗产景观重要的内涵之一，因此成为庐山重要的旅游资源。

浙江省景宁畲族自治县的大漈乡一株柳杉，胸径4.4m，树高28m，9人才能合抱，树龄约1500年，树干上部遭雷击折断，主干下部部分枯朽，形成巨大空洞，可容20人，主干两旁各伸1枝，像张开的双臂，郁郁葱葱，生长茂盛，表现了顽强的生命力。

浙江省龙泉市建新乡五星村有5株巨大柳杉，其中，1号树高52m，胸径2.76m，材积134.9m^3，树龄1000年以上。其躯干褐红，枝叶墨绿，体态庄重，树干笔直，且从小到大，都笔直到底，死了也巍然屹立、纹丝不动，似乎在任何困难面前都绝不低头哈腰，有着百折不挠的坚强性格，值得人们学习、崇敬。

位于福建省政和县澄源乡黄岭村的一株柳杉，树龄1200多年，树高38.8m，胸径3.23m，平均冠幅24m^2，迄今树叶绿色，冠形饱满，长势旺盛，生长状况良好。传说名叫许仕其的后生，梦见银须绿袍长老（柳杉大树），并按梦中指引带领家人，从上洋村迁到黄岭村，成了许氏在该村的开基创业者，从此，许姓人家在黄岭村不断发展壮大。

[保护建议]

柳杉喜中低山地凉爽气候，20世纪50年代江西的井冈山、庐山、明月山、黄龙山（修水）、武夷山（铅山）、云台山（定南）、官山（宜丰）等地林场营造的柳杉林，迄今均长势良好，高大挺拔，说明当时造林是适地适树，符合自然规律的。但也要加强宣传，增强人们的保护意识，减少人为干扰。对于柳杉古树要定期开展监测，建立档案，改善地面通气透水条件，适时增施复合肥，清除枯死枝，改善光照条件等。

[繁殖方法]

柳杉主要采用种子繁殖和扦插繁殖。

本节作者：刘平（南昌市第三职业学校）

5 杉木 **Cunninghamia lanceolata**（Lamb.）Hook.

俗名：杉、刺杉、木头树、正木、正杉、沙树、沙木。柏科杉木属植物。中国主要栽培树种。1827年命名。

［形态特征］

常绿乔木，高达30m，胸径可达3m；树皮灰褐色，纵裂成条片状脱落，内皮淡红色，富含白色乳汁。叶在主枝上呈辐射状伸展，侧枝上叶基部扭转下延成二列状，披针形，革质，坚硬，长2~6cm，宽3~5mm，先端尖，刺手，上面深绿色，光泽，下面淡绿色，中脉两侧有1条白色气孔带。雌雄同株，雄球花圆锥状，簇生植株下部枝顶；雌球花单生，或2~3朵簇生植株上部枝顶。球果卵圆形，种子扁平具翅。花期4月，果期10月。

主要识别特征：叶片线状披针形，常弯曲成镰刀状，坚硬，边缘有细锯齿，背面2条气孔带小；球果苞鳞大，种鳞小，基部合生；种子3粒。

［资源分布］

中国特有树种，为我国长江流域、秦岭以南地区栽培最广、生长快、经济价值高的用材树种。全省各地广为分布和栽培，多为人工林，栽培历史悠久。

［生物生态特性］

典型的亚热带针叶树种，尤以中亚热带多雾山区静风谷地、阴坡、山脚生长最好。喜温湿，怕风，怕旱，最适于温暖多雨、风小、雾大、全年相对湿度80%以上的气候，以酸性基岩发育的土层深厚肥沃、疏松、湿润、排水良好

的山地黄壤为佳。较喜光，幼苗耐阴。浅根性，大多根系集中分布在30~60cm的土层。

[景观价值与开发利用]

杉木树姿端庄，适应性强，抗风力强，耐烟尘，可作行道树及防风林树种。杉木材质优良，纹理直，木材黄白色，有时心材带红褐色（江西安福陈山林场红心杉），结构细致，耐腐防蛀，易加工，有香气，是我国特有的重要用材树种；栽培历史悠久，生长迅速，材质优良，产量很高，是我国主要的建筑用材，也是大受人民喜爱的造林树种。

[树木生态文化]

杉树从文化寓意上说，被称为万子千孙杉树，是不朽、吉祥之物；杉树是一种生命力很顽强的树木，整个植株枝繁叶茂，散发出浓浓的春意；通常杉树寓意人财兴旺、儿孙满堂，一般给新婚房插上杉树枝，希望刚过门的新娘

早生贵子，给整个家庭延绵子嗣。

著名树木学家陈嵘曾赞誉杉木为“万能之木”，在中国南方地区更有“除了杉木不算材”之说。杉木自然成材，其木材纹理清晰细腻，给人一种怡静柔和之感，杉木的颜色色调让人觉得十分温暖并具鲜丽的自然色调，充满自然的情调。用作造船、桥梁、家具、器具、建筑用材时，并不需要人工修饰，始终流露着自然的本色，从各方面都能表现出健康、环保和自然的思想，将原始体态和现代人文思想融为一体。

杉木年轮细密柔润，材质含油量很低，本身的白（边材）、红（心材）颜色分布明显。其材质十分坚韧轻盈，搬运时非常轻松，既经济又实用。著名的长沙马王堆汉墓中贵妇人所葬的棺椁就是用巨杉制作的，在地下埋了2000多年，至今还未腐朽，令人惊奇不已。

江西的杉木树王位于广昌县尖峰乡沙背村，树高30m，胸围4.87m，树龄约600年。

[保护建议]

杉木现已广泛栽植，对野生种群和古树应加强保护，要引导群众对古树尊重和保护。因杉木是浅根性树种，穿透能力差，平日经常观察病虫害发生及雷电袭击，一旦发生及时处理保护。

[繁殖方法]

杉木的繁殖方法为种子繁殖。

本节作者：刘平（南昌市第三职业学校）

6 柏木 Cupressus funebris Endl.

俗名：密密柏、柏树、柏香树、柏木树、扫帚柏、黄柏、垂丝柏、香扁柏。柏科柏木属植物。中国主要栽培珍贵树种。江西主要栽培珍贵树种。1847年命名。

[形态特征]

常绿乔木，高20~35m，胸径2m。树皮淡灰褐色，裂成狭长条片脱落。小枝细长下垂，生鳞叶的小枝扁平，排成一平面。鳞叶扁平，长1~1.5mm，先端尖，中间叶背面有纵腺点，两侧的叶有棱脊，幼苗或萌生枝上的叶为刺形。雌雄同株，球花单生于小枝顶端。球果直径8~12mm，熟时褐色；种鳞4对，木质，盾形，顶部中央有凸尖，能育种鳞有5~6粒种子。种子近圆形。花期4~5月；球果成熟期翌年5~6月。

主要识别特征：生鳞叶的小枝扁平，排成平面，下垂；球果小，径8~12mm，每种鳞具种子5~6粒。

[资源分布]

为中国特有种，分布于华东、中南、西南和甘肃（南部）、陕西（南部）。江西各地均有栽培，修水县清和岩附近有一片柏木成林大树，生长良好。江西十大树王中的柏树王位居遂川县新江乡横石村，树高25m，胸围6.60m，树龄约1500年。

[生物生态特性]

生于海拔120~1100m的山地。喜温湿气候，在中性、微酸性及钙质土上均能生长，耐干旱瘠薄，尤其在钙质紫色土和石灰土上常见人工纯林，在长江以南石灰岩地区多用柏木造林，用以水土保持。亦是中亚热带石灰岩山地钙质土上的指示性植被。喜光，稍耐侧方庇荫，天然下种更新能力好，侧根发达，能生于岩缝中。

[景观价值与开发利用]

柏木树冠浓密，树干通直，枝叶下垂，树姿优美，寿命长，常栽为庭园绿化美化观赏树种。柏木具有“千年松、万年柏”的美称，生长极其缓慢，一般50年后可成材。可孤植、丛植、片植在森林公园、庭院，作风景林和行道树。在森林中种植柏木，也有森林康养的功

效。柏木为有脂材，自然生长情况下会散发出脂类清香，对人有安神补脑、清热解毒的功效，还能起到杀菌消毒的作用，对人体具有松弛精神、稳定情绪的作用。近年来，我国开展森林疗法，让癌症病人到柏树林中去休闲娱乐，多数患者精神状态改善，有的还消除了化疗引起的恶心呕吐反应，特别是柏树林中弥漫的大量负氧离子，能提高人体免疫机能，调节呼吸和中枢神经系统的功能，素有“空气维生素”之称。

柏木分为普通柏木、黄柏和香柏三种，以香柏最名贵，几乎等同于红木。其边材淡褐黄色或黄白色，心材黄棕色，有香气，纹理直，结构细，坚韧，耐腐性很强，供建筑装饰等各种器具用，民间多用作上好的棺木和传统家具。因为木质比较硬，在使用过程中，不容易碰伤，越用越光滑，常作庙宇、殿堂内佛像用材。种子榨油供工业用

和药用。枝叶、根可供提炼柏木油，为出口物资，提炼柏木油后的碎木，经粉碎成粉后作为香料。

[树木生态文化]

甘肃省平凉市崇信县锦屏镇朱家寨村的“三异柏”，树龄1500年，树高11m，胸径3.56m，冠幅16m^2，枝杈上生长着刺叶、鳞叶、扁平叶三种不同形状的叶片，当地人称棉柏、侧柏和刺柏，就像是三国时期刘备、关羽、张飞的“桃园三结义”。传说刘备、关羽、张飞三人志同道合，死后化成柏树融为一体，永不分离，棉柏代表刘备的善良慈祥，侧柏象征关羽的忠心赤诚，刺柏显示张飞的耿直刚勇。每当人们步入柏林，望其九曲多枝的枝干，吸入沁人心脾的幽香，联想柏木耐寒长青的品德，极易给人心灵上的净化。

江西柏树王位于吉安市遂川县新江乡横石村，高25m，胸围6.6m，树龄约1500年。在宜春市车上乡田心村公路旁发现5株连排生长的古柏木，树高18m，胸径80cm，树龄400年。传说是该村一户人家5兄弟种植，象征家庭和睦长久。

[保护建议]

由于人为破坏，成片野生柏木种群较少，对野生种群和古树应加强保护，减少对野生柏木的采伐，保障其生长环境。继续推进柏木良种选育和繁育研究，扩大优良树种种植范围。

[繁殖方法]

柏木繁殖方法常用种子繁殖和扦插繁殖。

本节作者：代丽华（江西省林业科技实验中心）

7 福建柏 Fokienia hodginsii（Dunn）A. Henry et Thomas

俗名：滇福建柏、广柏、滇柏、建柏。柏科福建柏属植物。国家二级重点保护野生植物；国家二级珍稀濒危保护植物；国家二级珍贵树种；中国主要栽培珍贵树种。江西I级珍贵稀有濒危树种；江西主要栽培森林景观树种。1911年命名。

[形态特征]

常绿乔木，高达20m，胸径达80cm。树皮红褐色，平滑。鳞叶2对交叉对生，成节状，二型，小枝上下中央之叶较小，紧贴，两侧之叶较大，对折而互覆于中央之叶的侧边，下面的鳞叶有白色气孔带。雌雄同株，球花单生枝顶。果实球形，熟时褐色，木质；种鳞木质，盾形，表面皱缩稍凹陷，中间有一凸起的小尖头。种子卵圆形，褐色，上部具大小不等的翅。花期3~4月，球果成熟期翌年10~11月。

主要识别特征：本属仅此1种，小枝扁平，排成一平面，两侧的鳞叶对生，较大，长4~7mm，稀10mm，下面具中脉隆起，两侧有凹陷的白色气孔带。

[资源分布]

分布于福建、广西、广东、浙江、湖南、四川、贵州、云南等地，以福建中部最多。江西三清山、武夷山、德兴大茅山、齐云山、武功山等林区有分布。江西上犹县赣南树木园有成片栽培人工林。

[生物生态特性]

在上饶三清山海拔1200~1500m地带，福建柏与黄山松、黄杉、南方铁杉、青冈、鹅耳枥等混生成林。福建柏是中亚热带植物，喜温湿凉爽气候，适生于中等肥力以上的酸性黄壤或红黄壤之上。在有机质较多、腐殖质较厚的疏松、黏壤至轻壤上生长良好，年树高生长量可达1m，胸径达1.5cm。而在干旱瘠薄和半风化的高岭土也能生长，侧根发达，能穿透页岩风化板结黏重的土壤达60~70cm。

[景观价值与开发利用]

福建柏木材纹理通直，结构均匀，材质轻，芳香耐久，是建筑、器具、雕刻的良好用材。四季常青，高大雄

伟，大枝平展，树姿优美，叶片绿色有光泽，球果成熟时红褐色，是优良的观赏树种。

[树木生态文化]

一百多年前，一名英国船长在福建晋江上游戴云山发现了这一中国特有的珍贵树种，取名为“福建柏”，迄今它在安溪县白濑国有林场枝繁叶茂，繁衍生息。2002年林场已建立来自云南、四川、广西、广东等地的优良福建柏种质资源园，包括种子园、种质资源库、母树林、试验林、示范林等各类基地3351亩，每年可提供福建柏良种200kg和优质林木苗200多万株。其种质资源库更是目前全国保留福建柏数量最多的资源库，为保护福建柏这一珍稀树种奠定了坚实的基础。

[保护建议]

福建柏是幼年庇荫的阳性树种。主根不发达，而侧根发达，生长偏缓，更新能力弱，原生态的福建柏群落目前已很难见到，故宜保护好人工林，特别是加强对大径阶、树龄百年以上的古福建柏的保护。加快提升人工繁育技术，营造人工林，减少对野生福建柏的采伐。

[繁殖方法]

福建柏的繁殖一般采用种子育苗和扦插繁殖。

本节作者：代丽华（江西省林业科技实验中心）

8 水松 Glyptostrobus pensilis（Staunton ex D. Don）K. Koch

柏科水松属植物。世界自然保护联盟（IUCN）濒危物种红色名录：极危（CR）。国家一级重点保护野生植物。江西II级珍贵稀有濒危保护树种。第四纪冰川后时期孑遗单属种植物。欧洲、美洲、日本已灭绝，仅存化石。1873年命名。

[形态特征]

半常绿乔木，高10~20m，生于湿生环境者，树干基部膨大成柱槽状，并且有伸出土面或水面的吸收根。树皮褐色或浅灰褐色，纵裂成不规则的长条片。叶3型，鳞形叶较厚或背腹隆起，螺旋状排列于多年生或当年生的主枝上，有白色气孔点，冬季不脱落；条状钻形叶，长6~10mm，两侧扁，先端尖，稍内弯，辐射伸展或排列成三列状，背部隆起，冬季脱落；线形叶两侧扁平，薄，常排成2列，先端尖，长1~3cm，宽1.5~4mm，淡绿色，背面中脉两侧有气孔带。雌雄同株；球花单生于鳞叶的小枝顶。球果倒卵形，种鳞木质，扁平，先端具多刺。种子椭圆形，两下端有长翅。花期2~3月，球果成熟期9~10月。

主要识别特征：本属仅存1种。其树干基部膨大成柱槽状，且生长在水中或沼泽湿地边。

[资源分布]

第四纪冰川后时期孑遗植物，为中国特有单属种。主要分布在珠江三角洲和福建、广东、广西及云南（东南部）等地。在江西主要分布在弋阳、东乡、铅山的小溪边、沼泽等地湿生环境，尤以弋阳龟峰上张村村委会冯家村附近的田埂上生长良好。

[生物生态特性]

多生于1000m以下低海拔地区，为喜光树种，喜温暖湿润气候及水湿环境，耐水湿，不耐低温。对土壤的适应性较强，除盐碱土之外，在其他各种土壤上均能生长，而以水分较多的冲渍土上生长最好。

[景观价值与开发利用]

水松树形优美，枝粗叶茂，高耸挺拔，还可作新农村建设田园化、绿化、美化街道树之用，植于水榭、池塘，景观别具一格。其木材淡红黄色，材质轻软，纹理细，耐水湿，供材用；根部的木质轻松，浮力大，可作救生圈、瓶塞等软木用。根系发达，栽于河边、堤旁，作固堤护岸和防风之用。

[树木生态文化]

水松为国家一级重点保护野生植物，IUCN濒危物种红色名录中为极危物种。现在水松仅存在于中国、越南、老挝3国，而越南得乐省仅存2个群体200株以下，老挝更是稀少，只有中国原生水松保存数量尤多。江西弋阳县龟峰镇上张村村委会冯家村1株水杉生长在田埂边的小路旁，基部柱槽较小，其尖削度比泡在水塘中的小，树干通直饱满，树高36m，胸径2m，树龄约1000年，是我国已发现的最古老的水松。据说，本来生长有18株，一字排列，很是壮观。1940年在日寇占领期间，砍去了16株，后又破坏了1株，现仅存1株。这水松也如中国人民一样，在侵略者面前，傲然挺立，是杀不绝的。在清湖乡陈家塘刘家村，也有18株水松，当地人称为“18罗汉”，现尚存13株，胸径1m左右，树高30m，栽于宋代，树龄800多年。弋阳县的邻县余江县牛童乡艾家村发现11株水松，胸径1.3m，树高21m。每株都长有巨瘤，最多的1株竟有瘤体13个之多，其围径达10m，形成一道奇特景观。据《艾氏家谱》记载，这些水松栽于唐代，已是1000多年高龄了。

广东省韶关市曲江区南华寺内古代水松大都在500年以上。华南很多城市以水松为行道树或风景树，都是21世纪栽培的。第四纪冰川后，水松在世界许多地区灭绝。我国东北地区和北美洲都曾发现它的化石，可见水松原生地在北半球。我国华南地区保存下来的这些水松，显然是幸存者的后代，十分珍贵。

[保护建议]

水松是国家一级重点保护野生植物，在江西弋阳、东乡、铅山水松原生区域，应组建以保护水松为主要物种的自然保护区，逐步提高自然保护区级别，同时要利用科技手段加强种质资源保护和人工繁育，扩大人工种植面积，保护野生资源。

[繁殖方法]

水松繁殖以种子繁殖为主，扦插繁殖为辅。

本节作者：刘平（南昌市第三职业学校）

摄影：奚建伟、徐晔春、徐永福

9 水杉 **Metasequoia glyptostroboides** Hu et W. C. Cheng

水杉为我国特产稀有珍贵树种。柏科水杉属植物。国家一级重点保护野生植物。江西滨湖森林景观主要栽培珍贵树种。1948年命名。

[形态特征]

落叶乔木，高达35m，胸径达2.3m。树干基部膨大，幼树树冠尖塔形，老时幼枝张开上升，呈宽圆形，枝叶稀疏。叶条形，长0.8~3.5cm，沿中脉有2条较边带稍宽的淡黄色气孔带，每带有4~8条气孔线。球果下垂，近四棱状球形或矩圆状球形；种鳞木质，盾形，顶部宽有凹陷，两端尖，熟后深褐色，宿存。种子倒卵形，扁平，周围有翅，先端有凹缺。花期2月下旬，果期11月。

主要识别特征：小枝对生或近对生；叶条形，柔软，对生，冬季连无芽小枝同落；种子扁平，周围有翅。

[资源分布]

中国特有孑遗植物，天然分布于湖北利川市、四川石柱县以及湖南西北部龙山县及桑植县等地。江西各地区均有引种栽培。

[生物生态特性]

喜光性强的速生树种，对气候适应范围广，适生于年平均气温12~20℃，冬季能耐-25℃低温不致受冻。对土壤要求不严，酸性山地黄壤、黄褐土、石灰性土壤、轻度盐碱土（含盐量0.15%以下）均可生长；在深厚、肥沃、排水良好的沙壤土或黄褐土生长迅速。常与杉、茅栗、锥栗、枫香、漆树、灯台树、响叶杨、利川润楠等混生。

[景观价值与开发利用]

水杉树体高大，树形秀丽，枝叶扶疏，既古朴典雅，又静穆端庄。开春时节，嫩叶淡绿色，枝叶婆娑，夏季深绿色，葱翠欲滴，心旷神怡；秋天开始渐渐变成黄色，到了冬天天气寒冷时期，转为棕红色，色彩浓郁，诱人注目。可作为堤岸、河谷、滨湖地区防护林和用材林经营。在园林中最适于列植，栽于建筑物前或用作行道树；也可丛植、片植、成片栽植营造风景林。其木质轻软，纹理直，边材白色，心材褐红色，不耐水湿，可供材用。

[树木生态文化]

1943年，植物学家王战教授在四川万县（现为重庆市万州区）磨刀溪路旁发现了三棵未见过的奇异树木，其中最大1株树高33m，胸围2m。1946年，植物分类学家胡先骕和树木学家郑万钧共同研判，它是亿万年前在地球大陆生存过的水杉。远在1亿多年前，地球气候十分温暖，水杉已在北极地带生长，后渐南移到欧、亚、北美三洲，到第四纪冰川，各洲水杉相继灭绝，只有在我国华中一小块地方幸存下来。1943年前，只在中生代白垩纪的地层中发现过它的化石。自从我国发现仍然生存的水杉后，引起世界的震动，被誉为20世纪40年代的新发现，称为植物界的“活化石”。中国发现水杉的消息，曾使日本昭和天皇激动不已。不久，日本从四川获得了种子，小心翼翼地在皇宫庭院播种、培育，获得引种成功。现长势挺拔、坚实、青翠茂盛，使日本成为在中国以外最早种植水杉成功的国家。

[保护建议]

水杉是我国特有珍稀植物，在野生物种分布地区应加强管理，保护其生长环境，同时加大执法力度，坚决制止人为破坏；对于人工繁育的水杉，要加强日常管理，保持其健康生长。

[繁殖方法]

水杉一般采用种子繁殖和扦插繁殖。

本节作者：赖建斌（江西省林业科技实验中心）

10 侧柏 Platycladus orientalis（L.）Franco

俗名：香柯树、香树、扁桧、香柏、黄柏。柏科侧柏属植物。中国主要栽培珍贵树种。江西主要栽培绿化珍贵树种。1949年命名。

[形态特征]

常绿乔木，高达20m，胸径达1.0m。树皮薄，淡灰褐色，条片纵裂。鳞叶长1~3mm，先端微钝。雌雄同株，雄球花黄色，单生短枝顶；雌球花球形，有4对珠鳞。球果卵圆形，成熟前肉质，蓝绿色，被白粉，成熟后木质，开裂，红褐色；种子卵圆形或长卵形，长约6~8mm，无翅或有棱脊。花期3~4月，果期9~10月。

主要识别特征：叶枝直展，扁平，排成一平面，两面同形；鳞形叶小，背面有腺点，船形叶先端微内曲。

常见栽培变种有①千头柏：丛生灌木，无主干；枝密生，直展。供观赏及绿篱作。②金黄球柏：矮生灌木，树冠球形，叶全年为金黄色，占树丛叶的2/5。③金塔柏：小乔木，树冠窄塔形，叶金黄色，占全树叶的2/5。④窄冠侧柏：树冠窄，枝向上伸展或微斜上伸展，叶翠绿色。

[资源分布]

我国特产，除新疆、青海外，几乎全国有分布，多为栽培种。在江西，生于海拔600m以下，全省各地有栽培。

[生物生态特性]

在平地或悬崖峭壁上都能生长。喜光，幼年稍耐阴，适宜性强，能适应寒冷气候，可在-35℃低温下生长，不被冻死。喜生于湿润肥沃排水良好的钙质土壤，耐寒、耐旱、抗盐碱。在干燥、贫瘠的山地上，生长缓慢，植株细弱。浅根性，但侧根发达，萌芽性强、耐修剪、寿命长，抗烟尘，抗二氧化硫、氯化氢等有害气体，分布广，为中国应用最普遍的观赏树木之一。

[景观价值与开发利用]

侧柏树形端直，鳞叶翠绿，耐修剪，能吸附城市污浊烟气、尘埃等毒性气体，为荒山绿化、景观绿篱和园林观赏树种。

边材浅黄褐色，心材浅橘红褐色，有香味，结构细，易加工，耐腐力强，可供材用。木材、枝叶磨粉后可作香料；种子、根、枝叶、树皮均可供药用。

[树木生态文化]

侧柏是中国应用最广泛的园林绿化树种之一，自古以来常植于寺庙、陵墓和庭院中。如北京天坛，大片的侧柏与皇穹宇、祈年殿的汉白玉栏杆以及青砖石路形成强烈的烘托，充分体现了主体建筑，明确地表达了主题思想；大片的侧柏营造了肃静清幽的气氛，而祈年殿、皇穹宇及天桥等在建筑形式上、色彩上与侧柏相互呼应，巧妙地表达了“大地与天通灵”的主题。山东省泰安市岱庙5株侧柏系汉武帝所植，距今2100多年，其中一株双干相连，同根同生，气宇轩昂，自强不息，树高11.88m，胸径0.7m，冠幅4.8m×4.9m。清代乾隆帝先后10次至泰安，谒岱庙，6次登岱顶，礼碧霞祠，见汉柏青翠葱茏，感叹万分，遂成腹稿，回宫绘制，刻图立碑于树旁，名曰“御制汉柏图赞”，并题诗三首。其中之一：“即成图画复吟诗，汉柏精神哪尽之，碑墙却空留一面，待兹来补岂非奇。”后人评述“泰山上乾隆的画没人比得上”。当代书画大师舒同亲题“汉柏凌寒”；教育家、艺术家刘海粟先生所题的“汉柏”石碑立于树旁。1987年“双干连理”等23株泰山古树名木列入《世界自然与文化遗产名录》。山西太原市晋祠圣母殿后右侧的周柏距今3000多年，相传为周初所植，树高23m，胸径3.3m，冠幅16m^2，虽树干倾斜，但形似卧龙，老干新枝，苍翠挺拔。北京大堡台出土的古代王者墓葬内闻名的“黄肠题凑”即为数千根侧柏枋整洁堆叠而成的椁室。

陕西省黄帝手植侧柏：位于黄陵县桥山黄帝庙中，又称轩辕柏。黄帝生活在5000年前的氏族部落时期，曾率领夏部落（包括以黄帝、炎帝为首的两大氏族）打败了南方的蚩尤部落，统一中原，开辟了氏族定居的疆域。又率领人民植桑养蚕，发展农业，制造弓箭、车轮和衣冠，开创了华夏文化。陵区遍植侧柏树，多时有6.1万株，为古代一项著名的森林工程。今只有0.6万株，最高大一株即轩辕柏，旁有石碑，上书：“此柏高五十八市尺（20m），下围三十一市尺（约10m），上围六市尺（约2m），相传距今5000余年。”轩辕柏饱经50多个世纪的风霜，阅尽了人间的沧桑和变迁，今树身已满布裂纹，似老者脸上的皱纹深沟，又像须发裹身，老态龙钟。但托黄帝的福，其顶部仍枝繁叶茂，充满着生机。这是植物王国里的一个奇迹，高龄且又健在的超级老树，我国仅此一株。每当清明时节，国内外华人均来此瞻仰黄帝陵和轩辕柏，对此赞叹不绝。普天之下，还没有一个国家，一个民族，能像我们这样可以由一株巨侧柏来充当5000年历史的活生生的见证者，这是人类历史上的一个奇迹，也是我国树木生态文化的一项杰作。古人赞誉侧柏树为“百木之农”。孔子曾说：“岁寒，然后知松柏之后凋也。”孔子崇尚松柏，在曲阜孔府、孔林和孔庙院内，至今古侧柏林立。

[保护建议]

侧柏分布广泛，古树名木较多，对野生种群和古树应加强保护，减少人为破坏，保障其生长环境。现在人工繁育技术成熟，人工繁育苗木栽植众多，要做好种质资源的保护和收集工作，维护物种遗传生物多样性。

[繁殖方法]

侧柏繁殖方法有播种育苗和扦插繁殖。

本节作者：赖建斌（江西省林业科技实验中心）

摄影：朱仁斌

11 池杉 **Taxodium distichum** var. **imbricatum** (Nutt.) Croom

俗名：沼落羽松、池柏、沼衫。柏科落羽杉属植物。国家湿地景观营造主要引进树种。江西湖区低洼地田园化主要造林引进树种。1837年命名。

[形态特征]

落叶乔木，在原产地高达25m，胸径达2m。干基部膨大，常有膝状的呼吸气根。树冠狭窄，呈尖塔形。枝向上伸展，嫩枝细长，常向下弯曲。叶钻形，微内曲，长4~10mm，宽约1mm，落叶前变成红褐色。雌雄同株，雄球花多数在花枝上排列成总状花序或圆锥花序，生于小枝顶端；雌球花单生于上年小枝顶端。球果卵圆形，下垂，熟后淡黄褐色，有白粉，种鳞木质，盾形，顶部有沟槽。种子三角形，红褐色。花期4月，果期10月。

主要识别特征：叶钻形，微内曲，在枝上螺旋状伸展，上部近直展，下部贴近大枝向上伸展。有呼吸气根。有垂枝池杉（*T. a.* B.'Nutans'）、锥叶池杉（*T. a.* B.'Zhuiyechisha'）、线叶池杉（*T. a.* B.'Xianyecisha'）、羽叶池杉（*T. a.* B.'Yuyechisha'）4个栽培变种。(《植物分类学报》)

[资源分布]

原产北美洲东南部，生于沼泽地区及水湿地上，耐水湿。古老的孑遗植物。中国于1900年引入，为长江南北水网湿地区重要的绿化景观树种。江西进贤、安义、九江、彭泽、永修、鄱阳等环鄱阳湖和“五河”流域中下游地区的滨湖（河）沼泽地有栽培。

[生物生态特性]

喜生于低海拔平原湖沼地区，喜光，抗风，生长快，适应性广。在年平均气温12~20℃、年降水量1000mm以上的气候条件下均可生长，冬季能耐短时间-17℃的低温。在酸性、中性而湿润的潜育土或沼泽土上生长良好，短期积水亦能适应，不耐盐碱土，土壤pH 7以上则叶片黄化，生长不良，pH 9以上则死亡。

[景观价值与开发利用]

水松树形婆娑、枝叶秀丽，秋季叶片变红褐色，色彩浓郁斑驳，极具观赏性；在水边种植，易生膝状根，也可

形成奇异景观。适生于水滨湿地环境，可在河边和低洼水网地区种植，为长江中下游湖网地区及沼泽地重要绿化彩化造林固岸树种。

木材纹理直，结构略粗，硬度适中，耐腐朽，易加工，供建筑、船舶、车辆、家具等用。

[树木生态文化]

江西进贤、安义、丰城、东乡、高安、上高、宜丰、九江、星子、彭泽、瑞昌、永修、德安、鄱阳、余干、万年等环鄱阳湖和“五河”流域中下游地区的滨湖（河）沼泽地于20世纪90年代，致力开展田园化、园林化工程造林建设，其主要首选树种就是池杉。田园化、园林化迄今保存完好的丰城市的池杉，发挥了巨大的生态效益和经济效益。

[保护建议]

从美国引种，现已广泛栽植，应当做好种质资源的保护和收集工作。

[繁殖方法]

池杉的繁殖方法为种子繁殖。

本节作者：朱天文（莲花县玉壶山生态林场）

（四）红豆杉科 Taxaceae

12 三尖杉 **Cephalotaxus fortunei** Hooker

俗名：小叶三尖杉、头形杉、山榧树、三尖松、狗尾松、桃松、藏杉、绿背三尖杉。红豆杉科三尖杉属。中国特有、起源古老的裸子植物。江西III级珍贵稀有濒危树种；江西III级重点保护野生植物；江西主要栽培珍贵树种。1850年命名。

[形态特征]

常绿乔木，高达20m，胸径达40cm。树皮褐色或灰褐色，裂片状脱落。小枝细长，稍下垂。叶螺旋状着生，披针状条形，微弯，长4~13cm，宽3.5~4.5mm，先端渐尖，基部楔形或宽楔形，下面有2条白粉色气孔带。雌雄异株，雄球花6~9集生成头状，有总柄，腋生；雌球花具长柄，生于小枝基部的苞腋。种子椭圆状卵形，长2.5cm，熟时外种皮紫色或紫红色。花期4月，种子成熟期8~10月。

主要识别特征：叶在枝上排列较疏，叶长4~13cm，先端微急尖或有短尖头，基部渐狭成楔形；背面白粉色带比绿色边带宽3~5倍。

[资源分布]

三尖杉为亚热带树种，分布范围较广，主要在秦岭一淮河流域以南及西南各省份。江西全省各地山区均有生长，生于海拔800~2000m丘陵山地，在山溪、沟谷边有零星散状分布。

[生物生态特性]

生于山坡疏林、溪谷湿润而排水良好的地方，喜温湿凉爽气候，森林棕壤、山地黄壤或山地黄红壤最宜生长，岩石钙质土壤上生长速度缓慢。幼年耐阴，属中性偏喜阴树种。

[景观价值与开发利用]

三尖杉树姿婆娑，嫩枝下垂，宛若飘发，叶背有2条白粉色的气孔带，微风吹拂，银光耀眼，果实成熟时假种皮呈紫色或紫红色，具有观赏性。可引种驯化为园林栽培树种，植于公园庭院阴处或建筑阴面。

木材黄褐色，纹理细致，材质坚，韧性强，有弹性，可作建筑装饰和各种器具用。假种皮、种仁含油脂，出油率50%，供制漆、蜡及硬化油等用。喜温湿凉爽气候，可栽植于溪旁湿润地带及阔叶林林缘。

[树木生态文化]

三尖杉枝繁叶茂，树姿优雅端庄。尤其叶下2条白粉色气孔带，微风吹拂，绿白相映，妙趣横生，招人喜爱。福建省杉岭山脉东南面的峨眉峰，生长着大片野生三尖杉林，数以千计，为世界罕见。江西省井冈山河西垄有一株三尖杉大树，有4个分枝，最大分枝胸围为3m，分枝处胸围4.3m，树龄1000余年。浙江景宁畲族自治县与福建寿宁交界处海拔1200m的山上，生长有三尖杉群落。

[保护建议]

三尖杉是我国特有种，分布相对广泛，建议加强该树种野生种群的保护，减少人为干扰，保护其生长环境，同时加快人工繁育研究，扩大人工林种植面积，减少对野生资源的破坏。

[繁殖方法]

三尖杉繁殖可采用种子繁殖、扦插繁殖和萌蘖繁殖等方法。

本节作者：卢建红（江西省林业科技推广和宣传教育中心）

13 篦子三尖杉 **Cephalotaxus oliveri** Mast.

红豆杉科三尖杉属植物。世界自然保护联盟濒危物种红色名录：易危（VU）。国家二级重点保护野生植物；国家二级珍贵树种。江西II级珍贵稀有濒危树种。1898年命名。

［形态特征］

常绿灌木或小乔木，高达4m。树皮灰褐色。叶条形，质硬，排成紧密的2列，长1.5~3.2cm，宽3~4.5mm，先端凸尖，近无柄，中脉微明显或仅中下部明显，叶下面有白色气孔带。雌雄异株，雄球花6~7个聚生成头状花序，总梗长9mm；雌球花的胚珠常1~2颗发育成种子。种子倒卵圆形或近球形，长约2.7cm，直径约1.8cm，顶端有小尖头，有长梗。花期3~4月，种子成熟期9~10月。

主要识别特征：叶较短，排列紧密，上面拱圆，中脉微隆起或中下部明显，先端渐尖，基部截形或微呈心形。

［资源分布］

分布于广东（北部）、湖南、四川、云南、贵州、广西等地。江西三清山、宜丰、铜鼓、修水、奉新、南丰、遂川五斗江和井冈山等地有零星分布。20世纪80年代，在宜丰县同安乡与奉新县上富乡的九岭山脉，首次发现大片的篦子三尖杉与楠木、栲槠等混交林，面积有250hm^2。

［生物生态特性］

生于海拔300~1800m的山地沟谷常绿和针叶林内。喜温暖湿润气候和荫蔽环境，相对湿度80%以上。要求湿润肥沃、排水良好富含腐殖质的微酸性黄红壤或森林棕壤，稍有花岗岩、石英岩、石灰岩为成土母质风化土壤也能生长，但生长较慢。耐湿树种。

［景观价值与开发利用］

篦子三尖杉树体常绿、挺直、美观，种子成熟时假种皮成紫色或紫褐色，可作园林绿化、美化点缀配置，供观赏用，是净化优化环境空气的稀有名贵树种。也可人工修剪矮化作盆栽用。木材纹理细密，坚强韧性，可作雕刻、棋类及工艺品材料。其树皮、枝叶、种子和根可供提取三尖杉碱、三尖杉酯碱、高三尖杉酯碱等抗癌物质。种子含

油率30%以上，种仁榨油，供工业润滑油用。

[树木生态文化]

篦子三尖杉在同一个平面上排列形如篦子，而其叶片形态又接近三尖杉故名篦子三尖杉。这个乡土名字在整个植物树木界统一命名中也是别树一帜。

2005年，重庆梁平区林业局和镇林业站工作人员在重庆梁平区竹山镇安丰村、正直村等村沿河两岸发现一大片十分少见的野生篦子三尖杉，因此推测该植物曾在梁平区广泛分布，这对研究古植物区系和三尖杉属系统分类以及起源、分布和药用价值具有科学意义。梁平区将设立保护区进行保护。

2006年11月3日，九江市林业部门在江西省修水县黄港镇发现篦子三尖杉，这是继九岭山脉南麓的宜丰、铜鼓、奉新等县发现后，首次在九岭山脉北麓发现它的踪迹。至此，江西仅有五个县（包括修水在内）发现有该植物少量的分布。

2008年，江西安福县林业工作人员在该县彭坊乡寄岭村官田组杀禾冲山场，发现一片篦子三尖杉，其散生在海拔473m的常绿阔叶林中，面积2亩，共105株，树高5m，最矮的40cm，最大的胸围0.5m，平均冠幅8m^2，树龄200年。该植物的发现，对进一步研究安福陈山林区古植物区系和三尖杉属系统分类具有科学意义。为此，安福县林业局已将此植物登记造册、资料建档、GPS卫星定位仪定位，列为生态公益林保护，并明确了管护责任单位和负责人。

[保护建议]

篦子三尖杉是国家二级重点保护野生植物，因生境退化或丧失，加上人类直接采挖或砍伐导致该物种野生种群数量急剧下降。该物种对环境、土壤条件要求严，呈零星散状分布，野生资源稀缺，各地应设立保护小区，就地加以保护。同时，通过加快人工繁育、迁地保护等措施，扩大种群数量。

[繁殖方法]

篦子三尖杉繁殖采用播种法和扦插法。

本节作者：潘坚（江西省林业科技实验中心）

摄影：朱弘

14 粗榧 Cephalotaxus sinensis（Rehder et E. H. Wilson）H. L. Li

俗名：中国粗榧、粗榧杉、中华粗榧杉、鄂西粗榧。红豆杉科三尖杉属裸子植物。第三纪孑遗植物。江西Ⅲ级珍贵稀有濒危树种；江西Ⅲ级重点保护野生植物。1953年命名。

[形态特征]

常绿小乔木，高15~20m。树皮灰色或灰褐色，薄片状脱落。叶螺旋状着生，排成2列，线形，质地厚，长2~5cm，宽约3mm，先端常渐尖或微凸尖，中脉明显，下面有2条白色气孔带。雌雄异株，雄球花6~7个聚生头状，总梗长约3mm；雌球花具长柄，生于小枝基部的苞腋。种子核果状卵圆形，长1.8~2.5cm，顶端有一小尖头，成熟后紫褐色。花期3~4月，种子成熟期翌年9~10月。

主要识别特征：叶先端渐尖，叶下面有明显白色气孔带，是绿边宽的2~4倍；小叶片排列比三尖杉紧密，且比三尖杉短小，叶质地较厚；种子卵圆形、椭圆状卵形或近球形。

[资源分布]

粗榧为中国特有种，分布于长江流域以南、华南，西至甘肃（南部）、陕西（南部），四川、云南（东南部）、贵州（东北部）。江西玉山（三清山）、铅山（武夷山）、广丰（铜钹山）、庐山、铜鼓、永修、宜丰（黄岗山）、安福和萍乡（武功山）等地有分布。

[生物生态特性]

多生于海拔600~2200m的花岗岩、砂岩及石灰岩的山地针叶林或阔叶林混交林内。粗榧喜温凉湿润气候，具有较强的耐寒性，宜黄壤、黄棕壤、棕色森林土山地，喜生于富含有机质土壤中。属喜阴树种，抗虫害能力很强，幼年较耐荫蔽，生长较慢。有较强的萌芽力，每个生长期萌发3~4个枝条，耐修剪，不耐移植。

[景观价值与开发利用]

粗榧四季常青，树冠整齐，针叶粗硬，排列整齐，具有观赏价值。喜阴树种，需栽培在阔叶林下。也可引种驯化为园林栽培树种，与其他树种配置作基础种植、孤植、丛植、林植等，因粗榧具有较强的耐阴性，可植于草坪边缘或大乔木下作林下栽植。粗榧萌芽性强，耐修剪，利用幼树进行修剪造型，可作盆栽或孤植造景，老树可制作成盆景观赏。粗榧木材坚硬，纹理细密，光泽，有硬度，耐磨，可供各种器具用，是木材雕刻的上等工艺品材料。粗榧全株可药用，根、枝、叶、种子可供提取20多种生物碱，对治疗白血病及淋巴肉瘤等恶性肿瘤有一定疗效，但不可食用。种子榨油，用于制皂和工业润滑油。

[树木生态文化]

在《全国中草药汇编》中记载，粗榧子有驱虫、消积的功效。在《中华本草》中也记载粗榧枝叶中含有的生物碱可以抗癌，治疗白血病和恶性淋巴瘤。

[保护建议]

粗榧分布相对较广，古树和成片野生种群较少，应明令禁止采伐粗榧，加强野生粗榧种群保护，发现异常及时上报。可以适时推动粗榧人工林建设，减少对野生资源的破坏。

[繁殖方法]

粗榧繁殖常用种子播种培育实生苗或扦插、萌蘖、嫁接等方法。

本节作者：潘坚（江西省林业科技实验中心）

摄影：喻勋林

15 白豆杉 Pseudotaxus chienii（W. C. Cheng）W. C. Cheng

俗名：短水松。红豆杉科白豆杉属植物。中国特有起源古老的单属种裸子植物。世界自然保护联盟濒危物种红色名录：易危（VU）。国家二级重点保护野生植物；国家二级珍贵树种。江西I级珍贵稀有濒危树种。1934年命名。

[形态特征]

常绿灌木或小乔木，高达4m，胸径20cm。树皮灰褐色，裂成条片状脱落。叶线形，螺旋状着生，基部扭转排成2列，直或微弯，长1.5~2.6cm，宽2.5~4.5mm，先端凸尖，两面中脉隆起，下面2条白色气孔带，较绿色边带宽或等宽。雌雄异株，球花单生叶腋，无梗。种子坚果状，卵圆形，稍扁，长5~7mm，生于白色肉质假种皮中。花期3~5月，种子成熟期10月。

主要识别特征：灌木或小乔木，大枝常轮生，叶线形，排成2列，先端凸尖，有短柄，叶背面2条白色气孔带较绿色带宽或等宽；假种皮白色。

[资源分布]

星散分布于浙江（南部）、湖南（南部和北部）、广东（北部）、广西等地的山地。江西怀玉山、三清山、德兴风门山、井冈山、明月山、武功山和上犹五指峰等地有分布。

[生物生态特性]

生于海拔900~1400m的常绿阔叶林的山坡杂林和山谷中。喜温凉湿润、云雾重、光照弱的山地气候。喜肥力较高的酸性黄壤土，pH 4.2~4.5，土壤有机质5.4%~18.4%。喜阴树种，喜生长于郁闭度较高的林荫下，在干热和强光照下生长萎缩。

[景观价值与开发利用]

白豆杉树形优美，四季常青，肉质白色的假种皮，别具一格，成熟时垂挂于常绿枝叶间，素雅多姿，可作园林、盆景观赏用，是庭院、行道、广场和室内观赏新型热门树种。但引种时，一定要注意它是喜阴树种，且喜湿度80%以上，切记不要盲目引种，造成浪费。

材质优良，纹理均匀，结构细致，可作雕刻、各种器具用。枝、叶、皮可用于提取抗癌药物紫杉醇。

[树木生态文化]

天然的白豆杉在我国分布极为稀少，且生长在道路崎岖，人迹罕至之地，因此其研究资料和生态文化资料甚少，有待进一步收集补充。

[保护建议]

由于白豆杉系慢生星散珍贵稀有植物，个体稀少，又是雌雄异株，生于林下的雌株根本不能受粉成株，天然更新困难。人为破坏，生境恶化导致分布区逐渐缩小，资源日趋枯竭。各地一定要保护好现存的野生白豆杉，严禁挖野生白豆杉用作城乡园林绿化。可以因地制宜设立自然保护小区和保护点，固定专人负责看管，定期督查检查，并创新用组培法进行试验，培育白豆杉苗。杭州植物园、浙江凤阳山已引种和繁殖栽培。

[繁殖方法]

白豆杉的繁殖方法为种子繁殖。

本节作者：陈东安（江西省林业科技实验中心）

摄影：刘昂、王军峰、张成、徐永福

16 南方红豆杉 **Taxus wallichiana** var. **mairei**（Lemee et H. Léveillé）L. K. Fu et Nan Li

俗名：血柏、红叶水杉、海罗松、榧子木、赤椎、杉公子、美丽红豆杉、蜜柏。红豆杉科红豆杉属植物。中国特有起源古老的第三纪孑遗裸子植物。世界自然保护联盟濒危物种红色名录：易危（VU）；国家一级重点保护野生植物；国家一级珍贵树种。江西III级珍贵稀有濒危树种；江西主要栽培景观珍贵树种。1960年命名。

［形态特征］

常绿乔木，高达30m，胸径2~3m。树皮红褐色或暗褐色，纵裂成长条薄片脱落。叶螺旋状着生，基部扭转成线形，略弯曲，长2~4.5cm，宽3~5mm，先端渐尖，中脉密生细小凸点。雌雄异株，球花单生叶腋。种子坚果状，微扁，上部宽，呈椭圆状卵形或倒卵圆形，有纵脊；假种皮杯状，红色。花期4~5月。种子成熟期10月。

主要识别特征：叶长2~4.5cm，宽3~5mm，多呈镰形，下面中脉带上通常有（稀疏）局部成片或零星的乳头状突起点，而分布西南一带的南方红豆杉是密生；东北红豆杉则无突起点，注意区别。

南方红豆杉雌雄主要区别是雄株叶片较窄、稀疏，着生呈双层，枝条分叉少，看起来较清爽；而雌株叶片短而宽，密且直，着生呈环生状，枝条小分叉较多。雄株树体较强势；雌株长势相比较弱。

［资源分布］

分布于湖北、安徽（南部）、浙江、福建等长江中下游及其以

南省份和台湾。江西婺源、德兴、玉山（三清山）、广丰（铜钹山）、井冈山、明月山等全省各地有分布。其中，铜鼓县是全国有名的“南方红豆杉之乡”，南方红豆杉所占面积超过13330hm^2，共有南方红豆杉80余万株，树龄达到百年的有2000多株，更有不少已至千年树龄。

[生物生态特性]

生于海拔350~1500m较阴湿的沟谷缓坡的常绿、落叶、毛竹混交林中，以散生为主，也有群落，古树、大树居多。喜温暖湿润的气候，通常生长于山脚腹地较为潮湿处。喜排水良好的酸性土，在中性及钙质山地也能生长，耐干旱瘠薄，不耐低洼积水，属耐阴树种。

[景观价值与开发利用]

南方红豆杉树形优美，枝叶常绿浓郁，种子成熟时红色晶莹透亮的假种皮，逗人喜爱，可作园林绿化美化观赏植物。南方红豆杉全身是宝，集药用、材用、观赏于一体，具极高的开发利用价值。可营造规模化的近自然经济林、大中径用材林、风景林，也可作为庭院观赏树种栽培、盆景培育，但必须严格选择造林

地，需种植在山谷阔叶林、半山区的阴坡和日照相对较短的地方，避免阳光直射。也可作为森林康养树种，能昼夜增氧、净化空气。

南方红豆杉也是珍贵的用材树种，材质坚硬，刀斧难入，有“千枞万杉，当不得红豆杉一枝丫”之称。其边材黄白色，心材赤红，纹理致密，形象美观，不翘不裂，耐腐力强，可供建筑、装饰、各种高级器具用。树皮及针叶含紫杉烷型二萜生物碱等，其中，紫杉醇等化合物具抗癌活性，是世界上公认的抗癌药之一。

[树木生态文化]

南方红豆杉有如下4种寓意。

1. 长寿树：它是长寿的象征。野生南方红豆杉树龄可达5000年以上，可见其生命力之强。从医药价值来看，它有望成为“抗癌卫士”。

2. 事业树：它是财富的见证者。在常州花博会唯一的南方红豆杉主题展馆展出的一棵15年生的南方红豆杉，据介绍，此树来自国内某大型集团老总的旧宅。这么多年了，他依然在养红豆杉作为其财运和事业的见证者。

3. 净化树：它是环境的保护神。它具备环境净化能力，能快速吸收甲醛、甲苯、二甲苯、二氧化硫、一氧化碳等有害气体，2010年入驻世博会中国馆，被专家称为“改善城市环境的新树种”。

4. 国宝树：它是植物界的“大熊猫”。南方红豆杉是国家一级重点保护野生植物，距今约250万年，世界上现有40多个国家把它列为国宝，并严令禁止买卖成年野生红豆杉，因而使其成为高雅富贵和彰显身份的象征。

红豆杉摆放与风水之关系：南方红豆杉是一种十分古老的树种，四季常青，美观大方，赏心悦目，种在宅地或盆栽摆在家中作为吉祥长寿之树，观赏价值极高，深受人们的欢迎。

1. 放在东方：代表拥有家庭与健康；摆在东南方，代表拥有财富与成功。

2. 在南方：代表拥有声誉与学识。

3. 在北方：代表拥有事业。

[保护建议]

现已广泛栽植，但野生南方红豆杉为国家一级重点保护野生植物，在自然条件下生长缓慢，再生能力差，因此在全世界尚未形成大规模的南方红豆杉种群。应对野生种群和古树加强保护，建立保护小区，古树要挂牌加强管理。人工繁育的南方红豆杉要扩大种源范围，维持生物遗传多样性。

[繁殖方法]

南方红豆杉一般用播种、扦插、萌蘖和压条繁殖。

本节作者：代丽华（江西省林业科技实验中心）

17 香榧 Torreya grandis 'Merrillii' Hu

俗名：细榧、羊角榧。裸子植物门红豆杉科榧树属植物。国家二级重点保护野生植物；中国主要栽培珍贵树种。江西II级珍贵稀有濒危树种。香榧是榧树中的一种嫁接树种。1857年命名。

[形态特征]

常绿乔木，高25m，胸径1~2m。树皮深灰色或灰褐色，不规则纵裂。叶螺旋状着生交叉对生或近对生，基部扭转排成2列，线条形，坚硬，长1.2~2.5cm，宽2~4mm，先端尖，有刺状短尖头，上面微凸，无明显中脉，下面有2条与中脉带近等宽的窄气孔带。雌雄异株，稀同株。种子翌年成熟，核果状，全部包于肉质假种皮中，熟时假种皮淡紫褐色，有白粉。种子长圆状倒卵形，微纵浅凹槽，基部尖，胚乳微内皱。花期4月，种子成熟期翌年10月。

主要识别特征：香榧为雌雄异株，每年4~5月开花。从开花到果实成熟需要3年时间。头一年的果小如米粟，第二年也不过豆粒大，第三年秋季，果实完全成熟，形如橄榄。由于果实成熟慢，在一株树上能见到3种不同大小的果实。所以，人们又称香榧为“三代果”。

[资源分布]

分布于江苏、浙江、福建、安徽、湖南及贵州等地。江西武夷山、三清山、铜钹山、赣江源保护区等地有分布，多为大树、古树，呈散生分布。玉山有小面积引种栽培。

[生物生态特性]

生于海拔500~1300m的山地林中或溪谷、村旁。喜温湿凉爽气候，属中等喜光，幼树需庇荫。主根入土不深，侧根、须根发达，怕旱、怕积水，喜肥沃深厚酸性土或微酸性沙壤土或石灰质风化土壤。

[景观价值与开发利用]

树姿优美，细叶婆娑，终年不萎，树干雄伟挺拔，是良好的庭园树和水土保持树种；亦可人工修剪、矮化作盆栽观赏用。种子为著名的香干果，壳薄，黄白色，仁大，味美芳香，营养丰富；还可药用，具有杀虫、消积、润肠、通便之功效，是极具开发价值的保健食品。

香榧木材黄白色，致密而富有弹性，耐水，具香味，硬度适中，不反翘，不裂，为建筑、造船、家具等优良用材。

[树木生态文化]

据记载，我国栽培香榧的历史已有1300多年。浙江会稽山种植、加工香榧的历史悠久，相传春秋时期的古典美人西施最爱吃香榧子，为此香榧果壳上的两个圆形点，被称为“西施眼”。

婺源段莘大汜村一株香榧，据传是明代游应乾（后官至户部尚书）还乡扫墓时，嘉靖皇帝赏赐的树苗，含有“流芳千古”之意。游应乾亲自栽在父母坟上，迄今400多年，树高19m，胸径2.36m，冠幅18m^2。每逢深秋时节，这株香榧果实累累，一片丰收景象。

铜鼓县新开岭林场也有2株香榧夫妻树，树高25m，胸径2.2m，冠幅20m^2。此地还生有很多野茶叶树，据考证，也是明代先民所植。香榧在我国人工栽培已有1300多年历史。“彼美玉山果，粲为金盘实。”苏轼在这里说的“玉山果”即榧子。古时，信州（上饶）玉山产的榧子最佳，故有玉山果、玉榧之称，炒熟后酥脆甘香，故俗称香榧。

香榧传入国外，大约是800年以前的事，意大利旅行家马可·波罗在伊朗东部卡伊纳特山区发现有这种树，称之为“太阳树”，后经苏联学者伊凡·瓦西尔钦科学考证，就是中国的香榧。

[保护建议]

香榧在我国栽培历史悠久。一是实行挂牌保护，建立严格的“三防”制度，设立专职护林员巡逻管理；二是针对近年遭受严重雨雪冰冻灾害，部分香榧枝干被压断，采取清除枯死枝，进行抚育、施肥、透气、病虫害监测防治等措施进行复壮；三是结合工程造林项目，采取适当的管理措施，改善香榧的生长环境；四是结合香榧产业的发展，大力宣传保护野生香榧的意义，增强全社会公民的保护意识；五是合理控制人为干预，减少人为活动对野生香榧的影响和伤害。

[繁殖方法]

香榧的繁殖用实生苗、扦插苗和高接换种嫁接繁殖。

本节作者：赖荣芊（江西省林业科技实验中心）

摄影：奚伟建、朱弘

（五）松科 Pinaceae

18 江南油杉 *Keteleeria fortunei* var. *cyclolepis*（Flous）Silba

俗名：浙江油杉。松科油杉属植物。中国特有树种，渐危树种。江西赣南中低山地野生常绿树种，模式标本采自广西凌云。1936年命名。

［形态特征］

常绿乔木，高达35m，胸径达1.7m。树皮灰褐色，不规则纵裂。叶线形，在侧枝上排成2列，长1.5~4cm，宽2~4mm，先端圆钝或微凹，间有微急尖的尖头，叶面光绿色，下面中脉两侧各有10~20条气孔线。雌雄同株，雄球花4~8个，簇生于侧枝顶端或叶腋；雌球花单生侧枝顶端，有多数螺旋状着生的种鳞与苞鳞。球果圆柱形或椭圆状圆柱形，长7~15cm，直径3.5~6cm，种鳞边缘微向内曲，苞鳞先端3裂，边缘有细锯齿。种子中下部宽。花期3~4月，果成熟期10月。

主要识别特征：一年生枝呈红褐色或褐色、淡紫褐色；叶上面常无气孔线，下面有10~20条气孔线；苞鳞先端3裂，种鳞斜方形或斜方圆形。

［资源分布］

分布于云南、贵州、广西、广东、湖南、浙江、福建等省份。江西大余、资溪、龙南九连山、安远三百山有分布。

［生物生态特性］

喜湿润气候，生于海拔340~800m常绿阔叶林中，宜在中亚热带至北热带的低山、丘陵栽培。喜红壤及黄壤地带，常见与马尾松混生。

[景观价值与开发利用]

树体高大，威武健壮，可为我国东南沿海各省份中低山地造林绿化景观树种。

江南油杉木材黄褐色，纹理直，结构细致，富有树脂，硬度适中，坚韧耐用，供建筑、家具等用。

[树木生态文化]

广西金秀瑶族自治县三角乡甲江村郎傍屯路边毛竹林中有一株参天江南油杉古树，树龄550年，树高28m，胸径1.64m。其树形威武挺拔，枝干遒劲有力，枝叶繁茂，深受人们崇敬，是三角乡甲江村生态旅游景点之一。

江西安远县三百山国家森林公园海拔600~800m的山地常绿阔叶林中一株江南油杉，树高26m，胸径1.02m，树体高大，生长强势。

江西崇义县关田镇沙溪村桥头组铅岗山江南油杉王，树龄510年，树高40m，胸围6.2m，折合活立木蓄积量16.5m^3，冠幅24.5m^2，居江南同类树种之首。旁边竖立的一块石碑记载着该树的生长和当地村民历经数年保护树王的概况。

福建古田大桥镇德泽2村后垅岗的“风水林”中，生长着一株福建省最大的江南油杉，树高40m，胸径2.17m。相传该树为元末明初时就已生长，树龄700多年。由于其树脂发达，自洁能力强，木材耐腐，从未空心腐朽。

[保护建议]

江南油杉为中国特有、渐危物种，应加强野生江南油杉种群，特别是野生孤立古树的保护，减少人为干扰。人工栽培种要加强水肥管理和病虫害防治。倘若发现生长异常，应及时针对性防治。

[繁殖方法]

江南油杉的繁殖方法一般用种子繁殖。

本节作者：欧阳天林（江西省林业科技实验中心）

摄影：奚建伟、陈炳华、刘军

19 湿地松 Pinus elliottii Engelmann

松科松属植物。江西绿化栽培树种。1880年命名。

[形态特征]

常绿乔木，在原产地高达40m，胸径近1m。树皮暗红褐色，纵裂或成鳞片状大块剥落。枝条每年生2至数轮；小枝粗壮，橙红褐色后变灰褐色。冬芽红褐色，圆柱形。针叶2针、3针一束并存，长18~25（~30）cm，径约2mm，粗硬，深绿色，边缘有细齿。球果2个聚生，长圆锥形或狭卵圆形。种子卵圆形，略呈三角形，稍有棱脊，灰色，有黑点，种翅灰褐色。花期3~4月，果成熟期9~10月。

主要识别特征：针叶硬，2~3针一束，叶深绿色，而马尾松2针一束，针叶柔软，呈“披头散发”之相，叶浅绿色。

[资源分布]

原产于北美东南部沿海、中美洲及古巴等地的亚热带低海拔潮湿地带。我国长江流域以南各省广为引种造林，江西吉安市林业科学研究所于1948年引种。

[生物生态特性]

耐水湿，在低洼、湖泊、河流边缘生长良好，但长期积水则生长不良。喜光，喜温湿气候。耐瘠薄，适生于酸性红壤至中性黄褐土之丘陵低山。

[景观价值与开发利用]

湿地松树干端直，苍劲而速生，适应性强，为长江以南自然风景区和园林重要树种。因其抗旱又耐涝、

耐瘠，有良好的适应性和抗逆力，江西全省皆适宜栽植。栽培推广也有较高的经济价值，松脂和木材的收益率都很高；也具有生态效益，可作为荒山造林先锋树种、矿山修复树种和沙地（洞庭湖、鄱阳湖周边沙化地）修复树种，对水土保持和提升森林景观有较高价值。

木材结构粗，较硬。其树脂含量丰富，黄色透明，质量上乘，远超马尾松，是优良的采脂树种。

[树木生态文化]

1989年，江西省政府作出《关于动员全省人民搞好造林绿化的决定》，提出用7年时间将全省宜林荒山都栽上树，到二十世纪末基本实现绿化江西大地的宏伟目标。至1994年全省累计完成造林3016万亩，森林覆盖率由41%上升到52%，提前一年完成了《全国造林绿化规划纲要》规定的任务，基本"消灭"了宜林荒山。江西因此成为全国较早实现"灭荒"目标的省份之一，被党中央、国务院授予"实现荒山造林绿化规划省"光荣称号。在这场"灭荒"过程中，大都选用湿地松作为荒山造林先锋树种。

[保护建议]

从美国引种，能够适应江西气候和水土环境，现已广泛栽植。应加强良种选育和种质资源收集工作，不断选育优良树种。注重遗传多样性保护，防止遗传单一。

[繁殖方法]

湿地松的繁殖方法为种子繁殖。

本节作者：欧阳天林（江西省林业科技实验中心）

20 马尾松 Pinus massoniana Lamb.

俗名：枞松、山松、青松。松科松属植物。江西20世纪50~70年代荒山造林先锋树种。秦岭以南荒山造林先锋树种。1803年命名。

[形态特征]

常绿乔木，高达45m，胸径达1.5m。树皮红褐色，不规则鳞片状块裂。枝每年生长一轮，但在广东南部、广西常生长2轮，平展。针叶2针一束，稀3针一束，长12~20cm，细柔；叶鞘褐黑色，在长枝上螺旋状散生，宿存。球花单性，雌雄同株，雄球花生新枝下部苞腋，雌球花1~4个生于新枝近顶端。球果卵圆形，成熟前绿色，熟时栗褐色。种子长卵圆形，连翅长2.2~2.7cm。花期4~5月，果成熟期10~12月。

主要识别特征：树皮红褐色，不规则块裂；针叶2针一束，细软，直径1mm或更细；果鳞盾肥厚隆起，扁菱形或多角形。

[资源分布]

秦岭以南广布，从陕西、河南至长江中下游直至福建、台湾、广东、广西及西南各省份。江西省各地均有分布。

[生物生态特性]

长江流域下游垂直分布海拔700m以下，长江上游和西南分布在1500m以下。常生纯林或次生纯林，或与栎类、山槐、黄檀、化香等组成混交林，江西赣南有飞播马尾松人工林群落。

亚热带树种，喜温暖湿润气候，年平均气温13~22℃，年均降水量800mm以上，冬季能耐-18℃低温。喜pH 4.5~6.5的酸性土的山地红壤、黄壤，耐干旱瘠薄，在裸露的石缝中均可生长，不耐盐碱土，为造林先锋树种，常飞籽成林。

[景观价值与开发利用]

马尾松树体高大、长寿、雄伟、苍劲，姿态古奇，具重要的观赏价值。因其耐瘠薄土壤，是江南荒山造林先锋树种，亦可与其他阔叶树混交，充分发挥空间效益。

马尾松木材淡黄褐色，纹理

直，富松脂，极耐水湿，有“水中千年松”之说，特别适用于水下桥墩工程。木材纤维素含量为50%~60%，为造纸和人造纤维的重要原料。马尾松也是重要的产脂树种，从中提取的松香、松节油为制橡胶的原料。

[树木生态文化]

2019年，江西省十大树王中的马尾松树王居修水县溪口镇下庄村，树高41m，胸径8.1m，树龄450年。

松树象征坚忍、顽强的精神。无产阶级革命家陶铸在《松树的风格》写道：“要求于人的甚少，给予人的甚多。”陈毅元帅在《青松》中写道：“大雪压青松，青松挺且直。要知松高洁，待到雪化时”，借物咏怀，表面写松，其实写人，写共产党人坚忍不拔、宁折不弯的刚直与豪迈、写那个特定时代不畏艰难、雄气勃发、愈挫弥坚、争取胜利的革命英雄主义精神。

此处讲的松树文化，不单指马尾松。

1. 红军烈士林的故事

在江西瑞金叶坪乡黄沙村的华屋西山，现在有一片“红军烈士林”。

华崇祁，今年83岁，是一名红军烈士家属。在他降临人世前一个多月，父亲华钦材、叔叔华钦梁踏上了长征路，再也没有回来。在他很小的时候，母亲告诉他，父亲和叔叔在长征出发前，在这片林子里栽下两棵松树。虽然没有亲眼见过

父亲，但华崇祁每次想念父亲时，都会来到这里。看到这些松树，他仿佛看到了父亲出征前的情景。

华崇钦说：“我父亲动员别人去参军，自己也去参军，仅有43户的华屋小组村总共有17名青年人参加红军。每个人报完名后，种上一棵代表自己的松树，17个人一共种了17棵松树。”据他母亲及老一辈讲，万一他们以后有命回来，就来看他们种的树；万一没命回来，就当作他们还在世上一样。17名青年走后，便再无音信，但乡亲们坚信，他们一定会回来，为了寄托对他们的思念，乡亲们给17棵松树分别绑上木牌，写上栽树者的名字，以当地最古老的方式，祈求保佑远方的亲人一路平安，早日归来。

为了缅怀这些革命先烈，后人专门建立了一块“华屋革命烈士纪念碑”，将先烈名字刻于碑上，与巍巍青松相互辉映。后来在这17棵青松旁，又分别各修了一座墓碑。每逢清明时节，当地乡亲们都会在这里给亲人祭祖扫墓。这17棵松树也被华屋村民视作“信念树”，以此对后代进行革命传统教育。

八十多年来，华屋村民一直将这17棵青松视作自己的亲人，对它们照顾有加，一棵棵小树苗长成了如今的参天大树。红军烈士林所蕴含的长征精神一直激励着当地青少年奋发向上，不畏艰难。

曾经因为战争造成贫瘠落后的华屋村，在这片“红军烈士林”的掩映下，一栋栋新房正拔地而起，绘就了一幅新农村建设的壮美画卷，向逝去的17位红军烈士，讲述着新时代齐心奔小康的动人故事。

2. 松画艺术

在中国山水画里，松树的形象占了重要的位置。古人画松多以松石点缀山水。唐代张璪写松，常以手握双管，一时齐下，一为生枝，一为枯枝，气傲烟霞，势凌风雨，槎乐之形，鳞皴之状，随意纵横，应手间出，生枝则润含春泽，枯枝则惨同秋色。张璪的“外师造化，中得心源”已成为中国画论中的千古玉律。五代后梁的荆浩隐居于太行山的“洪谷”，一面耕而食之，一面深入观察大自然。那翔鳞乘空、欲附云汉的古松使他倍感惊讶，携笔复就写之，凡数万本，方如其真。北宋的李成、郭熙，南宋的李唐、马远，元代的王蒙，不同的年代，不同的画家，由于审美情趣的不同，松的画法自然呈现各异的心态。松树具有阳刚之美，它的枝干更是具有刚的特征，松树的叶给人以清脱之感。松树是中华民族心目中的吉祥树，是常青不老的象征，有的像虬龙，故称虬松，其枝干多变，直处坦率，弯曲内涵，显出龙探青山之状；也有的曲中有直，变化非凡，似蛟龙入海之态；有的巨臂遮天，挺拔刚毅，有拔地钻云腾飞之势。松树是山水画中应用最多的树木之一，无论是旷野还是山巅，都生长有松树，均可作为主体形象表现，生长在肥沃平地的松树高大茂盛，常常挺拔高入云际；生长在山石空隙的，常常蜿蜒曲折，盘地如苍龙。东江源区安远县三百山就有1株“天印奇松”；在一块独身站立的10m^{2}花岗岩体中央，成长1株高5m，胸径10cm的马尾松，就像天庭玉皇大帝的一枚印章，故名“天印奇松”。

3. 松树古诗词

唐代白居易留下诗篇“白金换得青松树，君既先栽我不栽。幸有西风易凭仗，夜深偷送好声来”。

[保护建议]

现已广泛栽植，对野生种群和古树应加强保护，做好种质资源保护和收集工作。继续推进马尾松良种选育工作，特别是抵抗松材线虫病的优良品种。

[繁殖方法]

马尾松的繁殖方法为种子繁殖。

本节作者：段聪毅（江西省林业科技实验中心）

摄影：谢兵生

21 金钱松 *Pseudolarix amabilis*（J. Nelson）Rehder

俗名：水树、金松。松科金钱松属植物。中国特有单属种。国家二级重点保护野生植物；国家主要栽培珍贵树种。江西中高山地主要栽培树种。1858年命名。

[形态特征]

落叶乔木，高达40m，胸径达1.5m。树干通直，树皮粗糙，灰褐色至深红褐色，不规则鳞片状裂片。枝平展，树冠塔形。叶线形，柔软，镰状，在长枝上螺旋状散生；短枝上有15~30枚叶片簇生，平展成圆盘状，秋后呈金黄色，状似金线，故名金钱松。雌雄同株，雄球花黄色，圆柱状，下垂；雌球花紫红色，直立。球果卵圆形，红褐色。种子卵圆形，白色，种翅稍厚。花期4月，果成熟期10月。

主要识别特征：树皮灰褐色；叶柔软，春秋叶鹅黄色，夏叶绿色，在短枝上簇生，似金钱。

[资源分布]

中国特有单属种植物，分布于江苏、浙江、安徽（南部）、福建（北部）、湖南、湖北等地；浙江天目山有天然的参天大树；江西庐山、修水、铜鼓残留少数自然种，现各地有栽培。

[生物生态特性]

生于海拔1000~1500m的地带，散生于针叶林、阔叶树林中，喜温湿多雨环境，在局部深厚肥沃、排水良好的微酸性、中性、微碱性土壤中生长良好。

[景观价值与开发利用]

金钱松树体高大挺直，树姿优美，叶在短枝上簇生，辐射平展成圆盘状，入秋后叶色金黄，状若金钱，极为美丽，可作庭院、通道观赏树种，是世界五大庭园树种之一。可孤植、丛植、列植或用作风景林。在中低山、丘陵成片栽植金钱松，可形成壮丽的景观效果，尤其是在叶色转黄的秋季，满目金黄，秋色醉人，蔚为壮观。列植于道路两侧，既显庄严肃穆，又能做到四季景色各异，是极好的行道树。

[树木生态文化]

金钱松为著名的古老孑遗植物，最早的化石发现于西伯利亚东部与欧洲、亚洲中部及西部的晚白垩纪地层中，在斯瓦尔巴群岛、美国西部、中国东北部、日本的古新世至上新世的遗迹中也有发现。由于气候变迁，尤其是更新世的大冰期的来临，各地金钱松灭绝，只有中国长江中下游少数地区的金钱松幸存下来，因其分布零星，个体稀少，结实有明显的间歇性，亟待保护。

宁波市金州区章水镇周公宅水库旁的茅镬村，有100多株古树，列入保护的有金钱松27株。其中，一株树龄近千年的金钱松被列为宁波市“十大古树名木”“参天金松”，高38m，胸径4.2m，蓄积29.7m^3，单株材积位同树种中全国第一。相传400多年前，一户严姓族人因家境贫穷，想将村旁的大树砍掉卖钱。村里其他族人意识到保护树木的重要性，就出钱买下古树的所有权。这样一来，古树就平安地生存了99年。后来，又有人想砍树换钱，这时又有两位爱护古树的人出钱买下古树，并在树旁立下了禁砍碑，此碑落款是道光年间（1849年）。当地村民从族谱里看到禁砍碑故事后，在古树旁边找到这块石碑。因此，村里的老人就告诫后代，老祖宗定下的规矩，古树不能砍伐。正是古人的保护和后人对先辈遗训的遵守，才有茅镬村如今的参天金钱松。

[保护建议]

一要加大执法力度，严厉打击违法破坏野生金钱松的行为；二要加强该树野生种群的保护，必要时可以建立自然保护小区，减少人为干扰，保护其生长环境；三要加快推进人工繁育，减少对野生金钱松的采挖。

[繁殖方法]

金钱松一般采用种子繁殖。

本节作者：欧阳天林（江西省林业科技实验中心）

22 华东黄杉 **Pseudotsuga gaussenii** Flous

松科黄杉属植物。第三纪孑遗植物。国家二级重点保护野生植物。江西II级珍贵稀有濒危树种。1936年命名。

[形态特征]

常绿乔木，高达45m，胸径达1m。树皮深灰色，不规则块裂片。叶条形，排成2列，主枝上近辐射伸展，长2~3cm，宽约2mm，先端微凹，上面深绿色，光泽，下面有2条白色气孔带。雌雄同株，雄球花圆柱形，单生叶腋；雌球花单生侧枝顶端。球果卵圆形，下垂，微被白粉。花期4~5月，球果成熟期10月。

主要识别特征：叶片条形，先端微凹，叶下面2条白色气孔带，有明显的绿色边带。

[资源分布]

分布于安徽南部、浙江西部及南部。江西三清山、怀玉山等地有分布。在怀玉山玉京峰海拔1325~1415m山地，有天然小片群落，常与黄山松、南方铁杉、青冈栎、山枫香、玉兰、交让木、尖叶山茶等混生。

[生物生态特性]

华东黄杉常见生长于中高山溪边山坡。根深、侧根粗大，伸展力强。喜温凉气候，土壤为红壤与山地黄壤，pH 5.5~6.5，中性树种，幼树需庇荫，壮龄期喜光。

[景观价值与开发利用]

华东黄杉树干挺直，树姿雄伟，不规则轮生的大枝开展，迎风上下，左右摆动，孤植、群植在中高山地带，极具观赏性。

木材黄褐色，纹理直，细致，硬度适中，为优质木材，也是珍贵用材树种。对土壤要求不严，对中高山适应性较强，耐干旱瘠薄，是极好的亚热带水源涵养林树种，也是人工造林的优良树种。

[树木生态文化]

新中国成立前，我国曾从国外进口世界驰名的花旗松木材，因为这种原产美洲的树木材质优良，珍贵而又速生，所以美国人便用他们的国旗——花旗作为这个树种的名字，故花旗松由此得名。花旗松是松科黄杉属的一个树种，该属植物在全世界有18种，我国有黄杉、澜沧黄杉、华东黄杉、台湾黄杉、短叶黄杉5种，它们都是与花旗松同属的亲兄弟。这5种黄杉1999年均被国务院列为国家重点保护野生植物。

黄杉属学名*pseudotsuga*中*pseudo*的意思是“假的”，*tsuga*是“铁杉属”，指黄杉属和铁杉属近缘。黄杉学名*pseudotsuga sinensis*中，*sinensis*意思是“中国的”，意即中国的黄杉或中国的花旗松，它还有红杉和短片花旗松等别名。

三清山最大的一株华东黄杉，号称“华东黄杉王”。高30余米，胸径达1.6m，树龄在600年以上。为了保护它，施工人员在栈道上还专门留了个洞让其生长。华东黄杉称为植物的活化石，很是珍贵，而三清山则是它最理想的生长地，也是最集中的天然基地。

[保护建议]

应定期开展监测，观察其是否异常，做好记录，发现病虫及时上报，科学防治；适时处理枯死枝、树洞腐烂寄生物等。目前，华东黄杉在中国东部中亚热带地区，由于长期采伐，加上可孕率低，更新能力弱，林木日益减少，大树已不多见，各地应设立保护小区来保存母树。

[繁殖方法]

华东黄杉的繁殖方法为种子繁殖。

本节作者：刘良源（江西省林业有害生物防治检疫中心）

摄影：周建军、刘军、邓创发

23 铁杉 Tsuga chinensis（Franch.）Pritz.

俗名：浙江铁杉、展栂、栂、刺柏、铁林刺、仙柏、假花板、南方铁杉。松科铁杉属植物。国家二级珍稀濒危保护树种。江西Ⅲ级珍贵稀有濒危树种；江西Ⅲ级重点保护野生植物；江西森林景观栽培树种。1901年命名。

［形态特征］

常绿乔木，高达50m，胸径达1.6m。树皮暗灰色，纵裂成块状脱落。树冠塔形，大枝开展，枝梢下垂。叶条形，螺旋状着生，排成2列，长1.2~2.7cm，宽2~3mm，先端有凹缺，下面有2条白色气孔带。雌雄同株，雄球花单生叶腋，雌球花单生于去年的侧枝顶端。球果下垂，卵形，长1.5~2.7cm，直径0.8~1.5cm，有短柄；种鳞近五角状圆形或近圆形，先端微内曲。种子连翅长7~9mm。花期4月，果成熟期10月。

主要识别特征：叶下面气孔带常无白粉，球果中部的种鳞近五角

状圆形或近圆形。

[资源分布]

分布于安徽（南部）、浙江、福建（北部）、湖北（西部）、湖南、广东（北部）、云南（东部）、贵州、四川、甘肃（南部）、陕西（南部）及河南（西部）。九江市、安福武功山、遂川南风面有分布。庐山植物园1936年引种，1949年后陆续引种，生长良好。1900年，英国人威尔逊将铁杉引种到英国后，在欧美各地广为栽培传播。

[生物生态特性]

生于海拔1000~3200m的山地，喜生长于气候温凉湿润，云雾多，空气湿度大的酸性、排水良好的山地森林棕壤地带，一般在溪边生长良好。耐阴性强，在天然林中生长缓慢。

[景观价值与开发利用]

可作南方山地绿化造林树种，也可园林栽培，在草坪上孤植、丛植，是为优佳的观赏树种。

铁杉材质优良，心边材区别不明显，黄褐色，带淡红色，纹理直，均匀，材质细致，硬而坚韧，故名“铁杉”。耐水湿，耐腐，耐久用，供建筑、造船、车辆、航空器材、家具等器具用。树皮可提取栲胶；种子含油50%，可食用，亦可供工业用。

[树木生态文化]

在第四纪冰川后，人们以为铁杉已经绝迹。20世纪80年代末，在广西越城岭猫儿山自然保护区的原始森林里

发现了1000余株铁杉，树龄大都近1000年。后来，又在湖南绥德县发现了“铁杉王”。铁杉树干挺拔，树枝平展，犹如棍棒，树冠呈半圆形，好像伞盖。有趣的是相邻铁杉的树冠绝不交叉接触，至少保持50cm的距离。1979年，在湖北神农架林区发现1株铁杉，树高36m，胸围7.5m，材积60m^3，树龄约1000年，是我国最古老的铁杉。

在武夷山海拔1100~1600m之间的山地，乔木随之减少，取而代之的是针阔混交林群落，其中有一棵世界罕见的铁杉，当地人称之为“千手观音”，它在此深深扎根近千年，其富含油脂的叶片，即使在0℃以下仍然不会结冰。铁杉是第三纪以后孑遗的少数植物之一，属中国稀有植物。

[保护建议]

铁杉在江西赣北中山地、武功山、罗霄山脉少量分布，是国家、省级保护树种，故应切实保护好。应定期开展监测，观察是否有病虫害发生或其他异样情况，做好记录，如有异样及时上报，科学分析研究对策；合理控制人为干预，以免伤害树木。

[繁殖方法]

铁杉的繁殖方法采用种子繁殖和扦插、分蘖繁殖。

本节作者：欧阳天林（江西省林业科技实验中心）

摄影：方院新

二、被子植物亚门

ANGIOSPERMAE

ANGIOSPERMAE

（六）木兰科 Magnoliaceae

24 厚朴 Houpoea officinalis（Rehder et E. H. Wilson）N. H. Xia et C. Y. Wu

俗名：凹叶厚朴。种下等级凹叶厚朴并入本种，为木兰科厚朴属植物。国家二级重点保护野生植物；国家二级珍稀濒危保护植物。江西Ⅲ级珍贵稀有渐危树种。1913年命名。

[形态特征]

落叶乔木，高达20m。树皮厚，灰色不裂。小枝粗壮，淡黄色或灰黄色，幼时有绢毛。叶大，长22~45cm，宽15~24cm，近革质，7~9片集生枝顶，长圆状倒卵形，全缘，微波状，先端圆钝形或短急尖，基部楔形。花白色，芳香，花被9~12（17）片，厚肉质。聚合果长圆柱形，蓇葖果有长2~3mm的喙。种子三角状倒卵形。花期5~6月，果期8~10月。

主要识别特征：叶大，集生于枝端，呈假轮生状，长达22~45cm；聚合果直立。

[资源分布]

分布于陕西、河南、四川、贵州、湖北、湖南等地。江西武夷山、武功山、羊狮幕、石城等地零星分布，庐山、武夷山、井冈山、九连山、全南等地多有栽培。

[生物生态特性]

生于海拔300~1000m的沟谷阔叶林及针阔混交林中。喜

温凉湿润多云雾、相对湿度大的气候环境。在土层深厚、肥沃、疏松、腐殖质富、排水良好的微酸性土壤或中性土壤生长良好，喜光，幼龄稍耐阴，属中性树种。

[景观价值与开发利用]

厚朴叶片大，形若芭蕉扇；花大型，白色且芳香，极具观赏价值。

厚朴为著名中药，树皮、根皮、花、种子和芽均可入药，以树皮为主，其味辛，性温，具有行气化湿、温中止痛、降逆平喘的功效。木材供建筑、板材、家具、雕刻、乐器、细木工等用。可发展栽培药材兼用的厚朴人工林，既可弘扬我国中药材优势产业，也能调整树种结构和林业经济结构。

[树木生态文化]

在宜春市明月山林场古庙村有野生厚朴2株，其中一株高8m，胸径16cm，树龄30年。该地全是石块山，旁边有一条小溪，完全是靠这条小溪流每年山洪暴发，将山石冲刷、分解、累积在这山村旁。该村除了厚朴外，还有银杏、椤木石楠、南方红豆杉扎根在这些石缝中，久而久之，有的岩石被这些树的根系冲裂开了，靠近树干基部的粗根都裸露在石块上，只有那些侧细根扎到石缝末端深处吸收养分和水分。

[保护建议]

野生种群很少，应加强野生种群保护，减少对野生厚朴的影响，必要时应当设立自然保护小区，加强日常巡护，严禁人为剥皮、采伐等违法行为，同时保护母树，并促进天然更新。对自然保护区内的植株更应注意保护，可以在自然保护区试验区开展育苗造林，扩大栽培范围。

[繁殖方法]

厚朴的繁殖方法为种子繁殖和扦插繁殖。

本节作者：田承清（江西省林业科技实验中心）

25 鹅掌楸 Liriodendron chinense（Hemsl.）Sarg.

俗名：马褂木。木兰科鹅掌楸属植物。国家二级重点保护野生植物；国家二级珍稀濒危保护植物。江西珍贵稀有濒危树种。1903年命名。

[形态特征]

落叶乔木，高达40m，胸径1m以上。叶倒马褂状，长6~12（18）cm，先端缺裂，两侧各具1裂片，下面苍白色；叶柄长4~8（16）cm。花杯状，花被9片，外轮3片，萼片状，内轮6片，倒卵形，长3~4cm，外面绿色，有黄色纵纹。聚合果长7~9cm，翅状小坚果长约6mm，先端钝或钝尖，有种子1~2粒。花期5月，果期9~10月。

主要识别特征：叶片马褂状，大，下面有乳头状白粉点；花杯状，花被长3~4cm，绿色，有黄色纵纹，花丝长仅5mm，翅状；小坚果先端钝或钝尖。而引种栽培我国的北美鹅掌楸其叶片下面无白粉，花被大，长4~6cm，绿黄色，内面有橙黄色蜜腺，花丝长1~1.5cm；翅状小坚果先端尖。

[资源分布]

分布于我国华东、华中等地。江西庐山、武夷山、婺源、金溪、靖安等地有野生分布。金溪县河源乡五家山有约10亩野生种群分布，靖安县南排村有天然鹅掌楸，其中最大1株树高25m，胸径1.05m，树龄300余年。全省各地均有栽培。

[生物生态特性]

生长于海拔900~1000m的山地林中，常与多脉青冈、木荷、亮叶水青冈、粉椴、亮叶桦、黄山木兰等树种组成常绿落叶阔叶混交林。性喜光，喜温湿气候，有一定的耐寒性，能耐-20℃的低温，也能忍耐轻度的干旱和高温。喜肥，适合在肥沃疏松、排水良好的土壤上生长；在土层深厚、肥沃、湿润、排水良好的立地条件下生长尤其迅速。忌低湿水涝，在干旱土地上会生长不良。

[景观价值与开发利用]

鹅掌楸树形高大挺拔，叶形奇特，似马褂，秋季叶色金黄；花美丽芳香，形似杯状郁金香。可春赏花，夏观叶，秋望金黄红叶，是极佳的城市行道树、庭荫树，无论丛植、列植或片植于森林公园、风景点，均有独特的景观效果。

另外，鹅掌楸生长速度快，材质较好，木材淡红褐色，是建筑及制作家具的上好材料。适合营造以大径材为主要培育目标的人工纯林或混交林。

[树木生态文化]

因叶形像鹅掌，树形似楸树，故名鹅掌楸。因叶形又似中国的马褂衣，故俗称马褂木。

鹅掌楸为古老孑遗植物，在日本、格陵兰、意大利和法国的白垩纪地层均发现化石，到新生代第三纪该属尚有10余种，广布于北半球温带地区，到第四纪冰期才大部灭绝。现代仅存鹅掌楸和北美鹅掌楸两种，成为东亚与北美洲间断分布的典型实例。

17世纪，传教士将其引种到英国。其杯状的花单生枝顶，花被9片，外轮3片，萼状，绿色，内2轮花瓣黄绿色，基部有黄色条纹，似郁金香，因此，欧洲人称之为“Chinese Tulip Tree”，译成中文就是“中国的郁金香树”。

[保护建议]

虽然现已广泛栽植，但野生种群仍面临众多威胁，对野生种群和古树应加强保护，做好种质资源的保护和收集工作。

[繁殖方法]

鹅掌楸的繁殖方法为种子繁殖和扦插繁殖。

本节作者：曾传圣（宜春市林业科学研究所）

26 落叶木莲 **Manglietia decidua** Q. Y. Zheng

木兰科木莲属植物，是木莲属中唯一的落叶树种。我国特有古老珍稀濒危植物。世界自然保护联盟濒危物种红色名录：濒危（EN）。国家二级重点保护野生植物。1995年命名。

[形态特征]

落叶乔木，高18m，胸径70cm。树皮灰白色，具规则裂纹。叶近纸质，常生于节上或集生于枝的顶端，长圆状倒卵形或椭圆形，长14~20cm，宽3.5~7cm，先端钝形或短尖头，基部楔形，全缘，叶缘稍卷，侧脉下面隆起，网脉明显；叶柄长2.5~4.5cm，上面具沟。花单生枝顶，浅黄色，兰花香，花被14~16片，螺旋状排列成5轮。聚合蓇葖果卵形或近圆形，红褐色，每个蓇葖果内有种子2~6粒。种子近心形，侧略扁平，红色。花期4~5月，果期9~10月。

主要识别特征：落叶乔木；托叶与叶柄连合；花两性，淡黄色，兰花香，单生枝顶，雌蕊群无柄；每个心皮内有胚珠种子2~6粒，红色。

[资源分布]

1988年首次在江西宜春明月山发现，是宜春特有的古老珍稀濒危植物。湖南湘西永顺县武陵山地也有零星分布。

[生物生态特性]

生于海拔300~1000m的山地阔叶林中。喜凉爽湿润气候和酸性肥沃土壤，喜光树种，幼年稍耐阴，树干通直，早期速生。

[景观价值与开发利用]

其树姿清新飘逸，树干通直挺拔；花淡黄色，典雅宛若睡莲；花芳香，沁人心肺近乎幽兰；果实成熟后开裂露出鲜红的种子，极具观赏性。可作庭园绿化和行道树种，用于住宅区、公园、街道绿化群植。

落叶木莲木材纹理通直，结构细密，不翘不裂，是上等的建筑、家具、细木工、人造板等用材。因其成熟时间早、生理年龄短，人工造林7年便开花结果，具有早期速生特性，可作速生用材树种用。

[树木生态文化]

1988 年 10 月，宜春市林业科学研究所的郑庆衍副研究员在宜春市袁州区洪江村木坪组科考方竹时，在海拔608m的常绿落叶阔叶树混交林内发现了1株木莲属中未知名的落叶树种，经多方查证仍无法鉴定出该树种的名称，遂与朱政德、施兴华等教授商榷，认为是木兰科木莲属中特殊的新种，遂发表新种——落叶木莲（*Manglietia decdua* Q.Y.Zheng）。2003年，湖南省林业科学院候伯鑫团队在湘西武陵山地区的永顺县小溪国家自然保护区也发现了天然野生落叶木莲的分布。其中最大1株生长在小溪鲁家村低塔，海拔750m，树高31.2m，胸径70cm，冠幅13m×12m，主干高2m处已空腐，树龄约为300年。

为纪念落叶木莲仅存宜春，在宜春中心城区的环城路与宜阳大道交汇处，坐落着落叶木莲的雕塑。它已成为该市的城标，供市民和游人瞻仰纪念。2017年在南昌市八大山人公园举行的江西省第四届花卉博览会上，宜春馆栽植一株高16m，胸径32cm的落叶木莲，以显示宜春特色。

[保护建议]

落叶木莲野生数量稀少且天然分布星散，对于野生种群应加强保护。该树现在被列为国家二级重点保护野生植物，应当设立自然保护区，加强管理，减少人为干扰。要利用科技手段加强种质资源保护和人工繁育，扩大人工种植面积，保护野生资源。

[繁殖方法]

落叶木莲繁殖方法为种子繁殖。

本节作者：朱小明（江西省林业科技实验中心）

摄影：肖智勇、刘昂

27 木莲 **Manglietia fordiana** Oliv.

俗名：乳源木莲。木兰科木莲属植物。江西III级珍贵稀有濒危树种，江西III级重点保护野生植物。1891年命名。

[形态特征]

常绿乔木，高达20m。树皮灰色，平滑，芽和幼枝被红褐色短毛。小枝有皮孔和环状纹。叶片革质，窄倒卵形、窄椭圆状倒卵形或倒披针形，长8~17cm，宽2.5~5.5cm，先端短尖，钝，基部楔形，稍下延，背面苍绿色或有白粉。花白色，芳香，肉质，9片，3轮，长5~6cm。聚合果红色，小密集成卵圆形，长4~5.5cm；蓇葖果肉质，深红色，成熟时木质，紫色，沿背缝线开裂，先端有长约1mm的短喙。花期5月下旬至6月上旬，果期10月。

主要识别特征：树皮灰色，平滑；小枝芽有红褐色短毛，小枝有皮孔和环状纹；叶片革质，窄倒卵形、窄椭圆状倒卵形或倒披针形，先端短尖头钝，背面苍绿色或有白粉，被红褐色短硬毛；外轮花被长椭圆形。

[资源分布]

分布于福建、广东、广西、浙江、安徽、湖南等地。江西婺源、三清山、武夷山、黎川、资溪、井冈山、遂川、大余、龙南、全南等地均有天然的木莲散生。

[生物生态特性]

生于海拔300~1200m的阔叶林中，常与杜英、猴欢喜、青冈栎、栲树、木荷等混交。喜温暖湿润气候，常见于花岗岩、沙质岩山地丘陵的肥沃酸性土壤，幼年耐阴，长大后喜光。

[景观价值与开发利用]

树冠浓密优美，花大，洁白，芳香，果实鲜红，果大艳丽，为园林观赏的优良树种。现已广泛种植，可为庭荫树、行道树。

木莲树体高大通直，其材质优良，纹理美观，强度中等，供板料、细木工及乐器等用。

[树木生态文化]

木莲以其本为木，花形若莲，而得名木莲。

白居易的《木莲树图（并序）》:“木莲树生巴峡山谷间，巴民亦呼为黄心树。大者高五丈，涉冬不凋。身如青杨，有白文；叶如桂，厚大无脊；花如莲，香色艳腻皆同，独房蕊有异。四月初始开。自开迨谢，仅二十日。忠州西北十里有鸣玉溪，生者秾茂尤异。元和十四年夏，命道士毋丘元志写。惜其遐僻，因题三绝句云:

（一）

如折芙蓉栽旱地，似抛芍药挂高枝。

云埋水隔无人识，唯有南宾太守知。

（二）

红似燕支腻如粉，伤心好物不须臾。

山中风起无时节，明日重来得在无?

（三）

已愁花落荒岩底，复恨根生乱石间。

几度欲移移不得，天教抛掷在深山。”

白居易的另一首《画木莲花图寄元郎中》诗云：“花房腻似红莲朵，艳色鲜如紫牡丹。唯有诗人能解爱，丹青写出与君看。”

唐代段成武的《酉阳杂俎》亦载：“木莲花似辛夷，华类莲，花色相仿，出忠州鸣玉溪，邛州也有。”

宋代宋祁的《益部方物略记》亦载：“木莲花生峨眉山诸谷，状若芙蓉，香亦类之，木干，花夏下，枝条茂蔚，不为园圃所莳。”

《四川志》亦云：“忠州白鹤山佛殿前，唐时有木莲二株，其高数丈，其叶坚厚如桂，仲夏作花。”

[保护建议]

木莲野生种群成片较少，对野生种群和古树应加强保护，减少人为干预和对其生境的破坏。现在人工繁育的苗木已经广泛栽植，为了保护遗传多样性，应该做好种质资源的保护和收集工作。

[繁殖方法]

木莲繁殖方法为种子繁殖和嫁接繁殖。

本节作者：廖利华（江西省林业科技实验中心）

28 红花木莲 Manglietia insignis（Wall.）Blume

俗名：红色木莲。木兰科木莲属植物。中国主要栽培珍贵树种。江西Ⅱ级珍贵稀有濒危树种；江西Ⅲ级重点保护野生植物。1829年命名。

[形态特征]

常绿乔木，高达30cm，胸径40cm。叶革质，倒披针形或长圆状椭圆形，长10~26cm，宽4~10cm，先端渐尖或尾状渐尖，下面中脉有红褐色平伏微毛；有托叶痕，为叶柄长的1/4~1/3。花芳香，单生枝顶，内面带红或紫红色，倒卵状长圆形，中内轮直立，乳白带粉红色，倒卵状匙形。聚合果紫红色，蓇葖果背缝全裂，有乳头状突起。花期5~6月，果期8~9月。

主要识别特征：叶大，叶下中脉有毛，有托叶痕，叶先端常呈短尾尖；花大，有苞片脱落环痕，内面带红或紫红色，倒卵状长圆形，中内轮直立，乳白带粉红色，倒卵状匙形。

[资源分布]

中亚热带树种，分布可伸至南亚热带和北亚热带。湖南（西南部）、广西、四川（西南部）、贵州、云南、西藏（东南部）等地有分布。江西九江、庐山、三清山、抚州、井冈山、武功山等地有栽培；九江市林业科学研究所、庐山植物园、抚州市林业科学研究所、赣南树木园均引种驯化成功，且长势良好，均已开花结果。

[生物生态特性]

常生于海拔600~2000m的常绿林或常绿、落叶混交林中，多生于花岗岩、板岩等母质发育的湿润、深厚肥沃山地黄壤。多和鹿角栲、大叶五加、猴欢喜、亮叶含笑、木莲、山龙眼等树种混生成林。中性偏喜阴树种。

[景观价值与开发利用]

红花木莲树体高大，常绿、枝繁叶茂，叶大革质，花色美丽，作庭院观赏树种。其花有两大特色：一是春天含苞待放时，颜色最为艳丽美观；二是花色随气温而变，气温越低，颜色越红，气温越高，颜色越淡。秋天，深红色果实悬挂枝头，是一大景观。可引入园林栽培，作风景林、庭荫树。耐阴能力很强，可种植在湿润、肥沃的阴坡。

木材结构细密，纹理精致，为家具、器皿优良用材。

[树木生态文化]

红花木莲的花果红艳，甚为喜庆，符合中国人的传统审美，同时也是珍贵药材，因此深受人们喜爱。树木生态文化可参照木莲。

[保护建议]

建议各地一是要进一步采取切实可行的措施，加强野生种群保护；二是要加强创新科研，探索其生物学、生态学特性，进一步引种驯化、选育优良品种。

[繁殖方法]

红花木莲繁殖方法为种子繁殖、扦插繁殖和分株繁殖。

本节作者：朱小明（江西省林业科技实验中心）

29 乐昌含笑 **Michelia chapensis** Dandy

木兰科含笑属植物。中国主要栽培珍贵树种。江西Ⅲ级珍贵稀有濒危树种；江西Ⅱ级重点保护野生植物；江西主要景观栽培树种。1929年命名。

[形态特征]

常绿乔木，高15~40m，胸径达1.2m。树皮灰褐色至棕褐色，平滑，有三角状斑纹。芽二型，枝芽圆柱状长圆形，花芽卵形；幼芽及节上有灰褐色平伏状细柔毛。叶片薄革质，倒卵形或长圆状倒卵形，长6.5~16cm，宽3.6~6.5cm，先端骤狭，短尖头钝，基部楔形，翠绿色，两面光洁无毛；叶柄长1.5~2.5cm，有宽纵沟。花较大，直径7.6cm，芳香，花被6片，淡黄色。聚合果穗状，长约10cm，果柄长2cm。种子红色，卵形或长圆状卵形。花期3~4月，果期9~10月。

主要识别特征：树皮有三角状斑纹；枝芽长圆形，花芽卵形；叶片薄革质，倒卵形或长圆状倒卵形，先端有尖钝，上面光泽；叶柄粗壮，有明显托痕，有宽纵沟；雌蕊群不伸出雄蕊群外面。

[资源分布]

分布于湖南西部及南部、广东西部及北部、广西东北部及东南部。江西宜丰、安福、井冈山、三清山、崇义、安远、全南等地有分布。官山保护区有成年大树100余株，最大一株树高35m，胸径160cm，是江西天然分布中最大一株。

[生物生态特性]

集中生于海拔300~450m沟谷常绿阔叶林内，一般在山坡中下部及山谷两侧生长较好，而在山脊、山坡上部生长较差。喜温暖、湿润气候，幼苗、幼树时期需遮阴庇护，属中性偏喜光树种，喜深厚、疏松、肥沃、排水良好的酸性至微碱性土壤。

[景观价值与开发利用]

乐昌含笑树干端直，树冠开展呈圆锥状塔形，树荫浓郁，花香醉人，且对有毒气体二氧化硫和氯气抗性较强，有一定滞尘能力，是优良的观赏树种和行道树。在城镇庭院中单植、列植或群植均有良好的景观效果。江西省各地经多年栽培，生长良好，可作为观花树种、风景树及行道树推广应用。

其木材耐腐性较强，易于干燥，少开裂，刨面光滑，是高级家具、工艺品、胶合板和室内装饰等用材。

[树木生态文化]

乐昌含笑是1929年英国植物学家恩第在广东省乐昌市两江镇上茶坪村发现，故名，是一种以地名命名的树种。

20世纪50年代，江西抚州市林业局院内移栽的一株稀有、珍贵乐昌含笑，迄今已近70年了，依旧枝繁叶茂、生机盎然，树高10m，胸径28cm。每年3~4月，淡黄色花瓣笑靥露放，浓郁的香气在院内喷薄出醇厚的酒香，沁人心脾，倍觉神气清爽。

[保护建议]

现已广泛栽植，应当加强该树种野生种群的保护，减少人为干扰，保护其生长环境。

[繁殖方法]

在自然条件下，种子繁殖受环境条件的制约以及自身成熟不一致的原因，成苗率不高。人工栽培主要采用播种繁殖。

本节作者：周思来（江西省林业科技实验中心）

30 紫花含笑 **Michelia crassipes** Y. W. Law

木兰科含笑属植物。江西II级珍贵稀有濒危树种；江西III级重点保护野生树种。1985年命名。

[形态特征]

常绿小乔木或灌木，高2~5m。芽、嫩枝、叶柄、花梗均密生黄褐色长绒毛。叶片厚革质，狭倒卵形或长椭圆形，长7~13cm，宽2.5~4.0cm，先端急尖或渐尖，基部楔形，上面有光泽，下面脉上有长柔毛；叶柄长2~4mm，有托叶痕。花紫红色，极芳香，花瓣6片。聚合果长2.5~5cm，蓇葖果扁卵形或扁球形，有毛，有乳头突起。花期4~5月，果期8~9月。

主要识别特征：叶片狭长圆形、狭倒卵形，叶柄短，5mm以下；花紫红色，花被6片，排成2轮，雌蕊群不伸出雄蕊群；聚合果有10个以上骨荚果。此种与含笑（四季含笑）相似，但含笑的花浅黄色，有的花瓣的边缘带红色，其叶片呈狭椭圆形或狭倒卵状椭圆形。

[资源分布]

分布于湖南南部、广西东北部和广东北部。江西产于武宁、修水、安福、莲花、井冈山、崇义、大余等地，多为零星偶见。在宜丰黄檗寺的水青冈林下多有天然块状分布。

[生物生态特性]

生于海拔300~1000m的山谷密林中，在雨量充沛、湿润环境中生长良好，生长在呈酸性的山地黄壤中，生长期长，其耐阴、耐寒能力比含笑强，且生长迅速，长江以北地区做成盆栽，放入室内向阳处，室温宜在5~15℃为好。

[景观价值与开发利用]

紫花含笑花色紫色，色彩独特，花常不开全，有如含笑之美人；花极芳香，有似酒或苹果的清香气味，使人闻之心情极为舒畅。可应用在园林绿地及庭院，常栽培观赏，植于林下、庭园，配置假山，可丛植、列植或孤植。此外，花可熏茶、提取芳香油和药用。

[树木生态文化]

自古以来，人们都说含笑花是偷不得的花。宋朝诗人杨万里就有一首诗写含笑花为什么偷不得："秋来

二笑再芬芳，紫笑何如白笑强。只有此花偷不得，无人知处忽然香。”意思是说无论大含笑、小含笑，还是紫含笑、白含笑、都是偷不得的，不论将它们放在什么地方，香气都是盖不住的，可耻的行径很容易败露。含笑是很出名的一种观花观叶植物，不管在家居庭院中，还是摆设在客厅、窗边等地，人们都喜欢种植它，因为含笑开花清香弥漫，给人一种舒适的感觉。

紫花含笑枝叶茂密，易开花结实，花量大，花色、花形多，香味似香蕉香味、酒香浓郁而著名，为珍稀濒危芳香观花植物。除盛花期外，其他月份也有少量开放，十分逗人喜爱。

[保护建议]

紫花含笑自然分布范围狭窄，数量较稀少，种内花色、花形也有不少变异，又是濒危植物，故应认真保育、选育优良品质，扩大优良品种资源，满足市场需求。

[繁殖方法]

紫花含笑的繁殖采用种子繁殖、扦插法和嫁接法。

本节作者：胡晓东（宜春市明月山温泉风景名胜区林业局）

31 金叶含笑 **Michelia foveolata** Merr. ex Dandy

俗名：亮叶含笑、长柱含笑、灰毛含笑。木兰科含笑属植物。江西Ⅲ级重点保护野生植物；江西主要栽培珍贵树种。1928年命名。

[形态特征]

常绿乔木，高达30m，胸径达1m。芽、幼枝、叶柄、叶背面、花柄密生红褐色绒毛。叶厚革质，长圆状椭圆形，长17~23cm，宽6~11cm，先端渐尖或短尖头，基部圆钝或近心形，常不对称，上面深绿发亮，下面被红褐色绒毛，侧脉每边16~26条；叶柄长1.5~3.0cm。花乳黄绿色，基部带紫色，花被9~12片。聚合果长7~20cm，蓇葖果长圆状椭圆形。种子卵形，长约8mm，直径5~6mm。花期3~5月，果期9~10月。

主要识别特征：芽、幼枝、叶柄、叶背、花柄密生红褐色短绒毛；叶基部两侧不对称；雄蕊药隔凸出，长约2mm。

主要变种：灰毛含笑（var. *cinerascens* Law et Y. F.Wu）的嫩枝、叶柄、叶背被灰白色绒毛，分布于浙江庆元，福建上杭，江西井冈山、泰和、修水等山地林中。

[资源分布]

分布于浙江（南部）、广东（南部）、海南、广西、云南等地区，以南岭为中心产区。江西三清山、武功山、井冈山、龙南九连山、于都屏山有野生分布。赣南树木园、江西林业科学研究院、九江市林业科学研究所有栽培，生长良好。

[生物生态特性]

生于海拔350~1800m阴湿山谷的常绿阔叶林中，为主要优势树种，常与亮叶含笑、乐昌含笑、江西含笑、阿丁枫、猴欢喜、大叶栲、米槠、栲树、拟赤杨等树种混生。耐阴，生长较快，每年3次萌发新叶。

[景观价值与开发利用]

金叶含笑树干通直圆满，高大挺拔，树姿壮丽，叶色亮绿，叶背面有铜色金属光泽，每年3次萌发新叶，顶芽、幼叶及叶柄均带金属色彩，阳光下金黄一片；花大，芳香，花期长，常似含苞欲放，素洁淡雅；果鲜红欲滴，使人目悦神怡。可与其他适宜的阔叶树或针叶树种混交，以营造混交林的方式在森林公园、水源涵养林或其他生态公益林中作为优良景观树种推广。

其木材黄褐色，纹理直，结构细，花纹美观，为优质细木工材；花、叶、果可供提取芳香油。

[树木生态文化]

据江西农业大学曾菊平教授于2010年调查，作为“蝴蝶熊猫”——金斑喙凤蝶的专一寄主植物，在九连山自然保护区人工采用此树作寄主，饲养金斑喙凤蝶，获得成功。

深圳仙湖植物园于1981年引进金叶含笑栽种在低丘中部的杉木残次林迹地内，生长良好，自1996年起，每年都开花。

华南植物园木兰园内的金叶含笑生长十分旺盛，树高已达13m，胸径26cm，表明该植物在南亚热带地区的城市、山地均可作为通道绿化、美化、彩化园林观赏植物引种。

广东省已将深山含笑、金叶含笑、乐昌含笑作为生态公益建设树种推广，而且经过20多年的实践，生长良好，发挥着生态、社会、经济效益作用和价值。

[保护建议]

加强该树种野生种群的保护，减少人为干扰，保护其生长环境，定期开展观察，做好记录，发现异常及时上报，科学救治。宣传教育群众，增强民众认知和保护意识。

[繁殖方法]

金叶含笑天然更新差，常采用种子繁殖和嫁接繁殖。

本节作者：徐燕（宜春市林业科学研究所）

32 福建含笑 Michelia fujianensis Q. F. Zheng

俗名：美毛含笑。木兰科含笑属植物。世界自然保护联盟濒危物种红色名录：近危（NT）。中国物种红色名录（2004）易危物种。江西II级珍贵稀有濒危树种；江西III级重点保护野生植物。1981年命名。

［形态特征］

常绿乔木，高达16m，胸径1m。树皮光滑，灰白色。芽、嫩枝，叶柄，嫩叶面、叶背及花梗密被平伏灰白色或褐色长柔毛。小枝黑色，残留有柔毛。叶狭椭圆形或狭倒卵状椭圆形，长8~15cm，宽3~5cm，先端渐尖或急尖，基部圆形或阔楔形，上面中脉凹下；叶柄长6~15mm，无托叶痕。聚合果常因心皮多数不育而弯，长2~3厘米，蓇葖果黑色，倒卵圆形，顶端圆。花期4~5月，果期8~9月。

主要识别特征：叶狭椭圆形或狭倒卵状椭圆形，叶背被平伏灰白色或褐色长柔毛，雄蕊群超出雌蕊群的上面，花药分离，心皮圆球形，被柔毛，雌蕊群柄长仅1mm，密被毛等特征可与本属的其他种区别。

［资源分布］

分布于福建永安。江西分布于贵溪浪岗、资溪（马头山国家自然保护区）、信丰、大余等地有零星分布。

［生物生态特性］

生于海拔400~800m的常绿阔叶林中。喜光，幼树稍耐阴，喜生于湿润、土层深厚、腐殖质多的红壤土，在山坡下部生长更好，在中上部亦能生长。

［景观价值与开发利用］

福建含笑叶背面长有一层细细的绒毛，手感极好；花芳香、叶色美丽，为观赏树种。可配植于园门入口、

园路一侧；也可数株集中种植于园内，营造出春色无限的景致；还可与其他花木，如桂花、玉兰、蜡梅等香花植物组景，组成群芳吐艳的场景。因福建含笑可耐半阴，故可将其间植于疏林中，与落叶大乔木搭配，如玉兰、马褂木等构成景观。

[树木生态文化]

含笑属植物在我国约有35种，在江西省有10种和1变种，栽培品种8种。含笑花很受大众喜欢，花开时呈半开状态，模样娇羞，似笑非笑，故取名含笑。唐代杜甫《丹青引赠曹将军霸》诗云："至尊含笑催赐金，圉人太仆皆惆怅。"

[保护建议]

该树种主要分布在福建和江西，应加强保护、引种试验，勿使物种消失。尤其是江西马头山国家级自然保护区更应就地开展一系列生物保护措施，从生物学特征、生态学特征进行观察繁育、引种驯化。

[繁殖方法]

福建含笑一般采用种子繁殖。

本节作者：李文强（江西省林业科技实验中心）

33 深山含笑 Michelia maudiae Dunn

俗名：莫夫人含笑花、光叶白兰花。木兰科含笑属植物。中国主要栽培珍贵树种。江西Ⅲ级珍贵稀有濒危树种；江西Ⅲ级重点保护野生植物；江西主要栽培珍贵树种。1908年命名。

[形态特征]

常绿乔木，高达20m。芽、幼枝、叶下面均被白粉。叶片革质，互生，长圆状椭圆形或倒卵形，长7~18cm，宽3.5~8.5cm，先端急狭，短尖钝，基部楔形或近圆钝，上面深绿色，有光泽，侧脉7~12对，网脉致密；叶柄长1~3cm，无托叶痕。花被大，9片，纯白色，芳香。聚合果长10~12cm，果柄长1~3cm；蓇葖果长圆形、肾形、倒卵形或卵形，先端圆钝或短突尖头。花期2~3月，果期9~10月。

主要识别特征：顶芽窄葫芦形，被白粉；腋芽、幼枝、叶柄均被白粉，叶下面无毛，叶大，长7~8cm，长圆状椭圆形或倒卵状椭圆形；花被白色，芳香，花丝宽扁，浅紫色。

[资源分布]

分布于浙江、福建、贵州、湖南、广西、广东等省份。江西武夷山、武功山、井冈山、铜鼓山、三清山、九连山、三百山等全省各林区有分布。

[生物生态特性]

生于海拔300~800m的常绿阔叶林及针阔叶混交林中。喜光，喜温暖、湿润环境，有一定的耐寒能力，幼年较耐阴。喜土层深厚、疏松、肥沃而湿润的酸性沙质土。抗干热，对二氧化硫的抗性强。

[景观价值与开发利用]

深山含笑树形优美，叶片鲜绿；花大且量多，开花季节，满树纯白，香气袭人；果实成熟时，种子猩红，犹如玉面红唇的美人，是优良的园林和四旁绿化树种。可运用于森林公园、风景点，种植形式可以列植于园路两旁，还可以数株集中连片种植。

其木材纹理直，结构细，易加工，可作家具、绘图版、细木工用材，也是一种速生常绿阔叶用材树种。另外，花亦可提取芳香油供药品、食品用。

[树木生态文化]

传说宋朝临安府有一对恩爱的小夫妻，两人情投意合，举案齐眉。后元军入侵临安，在分别之际，丈夫摔破镜子，让妻子和自己各拿一半，约定如果生还下来，以后每月十五日将到集市上卖碎镜片。

五年后，经过种种磨难，夫妻二人终于得以团聚。后来两人回到老家，过着恩爱平静的乡村生活。最后，八十八岁的夫妻俩在同年同月同日同时一起离世，在其合葬的墓上长出一棵树，花开洁白，形似含笑，伴有芳香。据传这就是深山含笑。

深山含笑开放之时，犹如面白唇红色美人一般，眉目间含带笑意。因此，深山含笑在很大程度上代表了中国传统的含蓄、矜持的性格，又由于花开洁白无瑕，似巾帼不让须眉般，因此，它又被人们赋予了美丽、高洁的品质。

深山含笑树形高大，挺拔端正，枝繁叶茂，四季常青，早春琼花满树，洁白如玉，花朵硕大，馨香扑鼻，历来是我国园林配置的最佳树种之一，单植、列植、群植均宜。入秋后，深山含笑的蓇葖果微裂，露出猩红色的假种皮，艳丽夺目，光彩照人，颇具喜庆祥和的气氛，是一种适合观树、观叶、观花、观果的观赏植物。

[保护建议]

现已广泛栽植，对野生种群和古树应加强保护，做好种质资源的保护和收集工作。

[繁殖方法]

深山含笑繁殖方法为种子繁殖。

本节作者：欧阳蔚（江西省林业科技实验中心）

34 观光木 Michelia odora（Chun）Noot. et B. L. Chen

木兰科含笑属植物。中国东部特有种。世界自然保护联盟濒危物种红色名录：易危（VU）。江西II级珍贵稀有濒危树种；江西II级重点保护野生植物。1963年命名。

[形态特征]

常绿乔木，高达25m，胸径达1m。小芽、枝、叶柄、叶下面和花柄均有黄棕色糙伏毛。叶革质，椭圆形，长8~17cm，宽3.5~7cm，先端尖，基部楔形，侧脉10~12对，全缘；叶柄长1.2~2.5cm；托叶痕近达叶柄中部。花两性，单生叶腋，淡紫红色，芳香。聚合蓇葖果长椭圆形，外果皮暗绿色，有苍白色大形皮孔，干时棕色，有显著的黄色斑点。种子4~6粒，三角状倒卵形。花期3~4 月，果期10~11月。

主要识别特征：芽、枝、叶下、花柄全有黄棕色糙伏毛；叶全缘，托叶近达叶柄中部；花单生叶腋，聚合果呈表面弯拱起伏，内果皮厚质，中、外果皮肉质；种子外种皮肉质，红色，内种皮脆壳质。

[资源分布]

分布于福建、广东、海南、广西、云南（东南部）。江西分布在中部井冈山和南部信丰、崇义、大余、龙南、寻乌等地。江西省林业科技实验中心、赣南树木园有人工栽培林。

[生物生态特性]

多生于海拔500~1000m的溪谷、河旁、林缘或山地常绿落叶混交阔叶林中。喜温暖湿润气候及深厚肥沃的土壤。幼龄耐阴，长大喜光，根系发达，树冠浓密，萌蘖力强。常与拟赤杨、米老排、阿丁枫、红椎、山杜英、马蹄荷、南酸枣、山枇杷、枫香等混生，为弱喜光树种。

[景观价值与开发利用]

观光木树形端直，树冠浓密，花多而美观，芳香，宜作山地造林绿化、美化和香化的珍贵造林树种和城乡庭院树种及行道树。可广泛用于景区、行道、庭院等处绿化，孤植和群植均成景观；也可在山上

大面积造林。

材质优良，木材结构细致，易加工，是高档家具和木器的优良木材。

[树木生态文化]

观光木是我国知名植物学家、中国科学院华南植物研究所陈焕墉教授为纪念我国植物学家钟观光先生而命名。钟观光（1868.9.19至1940.9.30），浙江镇海（宁波）人，中国第一个用科学方法研究植物分类的学者；近代中国最早采集植物标本的学者；近代植物学的开拓者。2018年，在宁波北仑植物园建有钟观光铜像和钟观光科普馆。在现代植物分类中，木兰科植物的观光木属和马鞭草科的钟君木属，都是以他的姓名和名称命名的。这在世界植物分类学中是极为少见的。历时4年，他在长江、黄河、珠江流域采集植物标本16000多种，15万多号，包括木材、果实、根茎、竹类300多种。其中，“普陀鹅耳枥”是中国独一无二的发现。大量已鉴定的标本，为我国植物学的研究发展工作打下了基础并带来了许多方便条件。

观光木虽然以人物命名，但“观光”一词含有“观赏”的意思，闻其名，就会知道这是一种非常美丽的树。观光木的模式标本是陈焕墉在广西阳朔县金宝乡六大村发现的，这一发现曾极大地震动了中外植物学界。一位德国植物学家远渡重洋，专程赶到桂林，非得要陈焕墉陪他到阳朔六大村一睹为快。为了方便开展科研和物种拯救工作，陈焕墉先生特地把观光木从阳朔六大村引种到自己在桂林雁山的住宅旁。

[保护建议]

观光木开花后落花落果严重，自然更新困难，故建议针对其开花、结果、种子出芽、幼苗成长等关键环节进行细致观测、研究，促进自然更新。加强该树种野生种群的保护，减少人为干扰，保护其生长环境。加强易地引种栽培，扩大园林绿化引种，保护母树，落实责任，有效保护。

[繁殖方法]

观光木的繁殖方法为种子繁殖。

本节作者：张祥海（江西省林业科技实验中心）

35 天女花 Oyama sieboldii（K. Koch）N. H. Xia et C. Y. Wu

俗名：小花木兰、天女木兰。木兰科天女花属植物。江西Ⅲ级珍贵稀有濒危树种。1985年命名。

[形态特征]

落叶小乔木，高达10m。叶膜质，倒卵形或宽倒卵形，长9~13（~20）cm，宽4~9（12）cm，先端短尖头，基部圆形，上面沿中脉和侧脉有弯曲柔毛，下面有白色和褐色短毛，侧脉6~8对；叶柄有褐色和白色平伏长毛。花与叶同时开放，白色，芳香；花梗细长，密生褐色和白色平伏状柔毛。聚合果红色，下垂，长卵形。种子小，宽卵形，橙黄色。花期6月上旬，果期8~9月。

主要识别特征：落叶小乔木；托叶与叶柄连合，有托叶痕；叶片较本属植物相对小些，长15cm左右，不集生于枝端；聚合果下垂。

[资源分布]

分布于辽宁、安徽、广西北部。江西德兴、玉山、铅山、宜春、萍乡等地有零星分布。

[生物生态特性]

大多生于海拔1100~2000m的山地阔叶树混交林或山地沟谷矮曲林中，喜凉爽、湿润的环境和深厚、肥沃的土壤，畏高温、干旱和碱性土壤。

[景观价值与开发利用]

天女花是落叶小乔木，花洁白、美丽、芳香，有长花柄，多垂吊，随风招展似天女散花，成熟果实呈红色，种子鲜红，是名贵的珍稀观赏树种。可引种为庭园观赏植物，植物配置可采用丛植、聚植的形式，或者乔、灌、草结合形成植物群落，以遮挡阳光，减少对天女花的日照时数，降低林内温度，提高林内湿度。

花、树皮入药，有化湿导滞、行气平喘、化湿消疾、祛风镇痛的功效。叶含芳香油0.2%，种子含脂肪油35%，供香精和化妆品用。

[树木生态文化]

天女花沉甸甸的花苞向下生长着，低垂着头，但等到花瓣绽放之时，就会傲然向上，把自己最好的时光展现给大自然。其花朵与长花梗随风招展，形似天女散花而得名。

在天女花盛开的时节，每棵树上开满了白中带紫（雄蕊）的天女花，香气袭人，吸引大批游客及摄影爱好者前去欣赏、拍摄。天女花为第四纪冰川时期幸存的珍稀名贵木本花卉，堪称植物王国中“准太后”与“活化石”。对于中国人来说，天上天庭总是一个美好的地方，那里有着美丽的仙女，调皮的仙子，还有秀丽娟秀的天女花。白色的大花瓣像雪的海浪，包裹保护着中间紫红色的花丝，黄色的花蕊。天女花不要人夸好颜色，只留清香满乾坤，她不追求名利，不求人知，而是静悄悄地开放于高山深谷之中，毫不张扬。她遗世而独立，纤尘不染，宛若出水芙蓉般高洁无瑕，给人一种自然积极的精神感染。

传说王母娘娘身边有一个吹笙的仙女，厌倦了天庭生活，喜欢凡间山水，一日来到祖山游玩，发现山好水好，唯独缺少奇花异草，于是把天庭瑶池的木兰花移摘祖山。一日，正逢王母开蟠桃盛会，急招笙女吹笙助兴，寻人无处，便派巨灵神寻找，找遍三山五岳，最后发现祖山云雾缭绕，拨开云雾发现笙女正在移摘木兰花，于是押笙女回去复命。王母娘娘罚笙女去银河浣纱，纱不尽，水不平，不得返回瑶池。笙女宁为玉碎，不为瓦全，甘愿化作祖山的一块巨石。天女木兰俗名由此得来。

天女花的花语是勤劳和善良。有着许多美好的传说，无论是笙女还是天女下凡，都是把自己的优秀品质和美貌寄于天女花中。

[保护建议]

加强该树种野生种群的保护，减少人为干扰，保护其生长环境。

[繁殖方法]

天女花的繁殖方法为种子繁殖和扦插繁殖。

本节作者：林千里（江西省林业科技实验中心）

36 乐东拟单性木兰 Parakmeria lotungensis（Chun et C.Tsoong）Law

木兰科拟单性木兰属植物。世界自然保护联盟濒危物种红色名录：濒危（EN）。国家三级珍稀濒危保护植物；中国特有种；中国主要栽培珍贵树种。江西II级珍贵稀有濒危树种；江西III级重点保护野生植物；江西主要栽培珍贵树种。1983年命名。

[形态特征]

常绿乔木，高达30m，胸径达90cm。全株无毛。小枝竹节状，具明显托叶痕。叶硬革质，倒卵状椭圆形、窄倒卵状椭圆形或窄椭圆形，长6~11cm，宽2.5~5.0cm，先端钝尖，基部楔形，光绿无毛；叶柄长1.5~2.0cm。花单生枝顶，雄花及两性花异株，雄花花被9~14片，外轮淡黄色，内2~3轮白色；两性花与雄花同形。聚合果长圆形或卵状椭圆形，整齐，形小，具蓇葖果10~13个。花期4~5月，果期9~10月。

主要识别特征：叶硬革质，倒卵状椭圆形、窄倒卵状椭圆形或窄椭圆形，基部沿叶柄下延，叶片全缘，略反卷，外轮3片；花淡黄色，内轮白色；雄蕊的花药隔顶端尖。

[资源分布]

分布于广东（北部）、广西、贵州（东南部）、海南、湖南、浙江、福建等省。江西井冈山、黎川、赣县、安远、崇义、大余、龙南等地也有分布。九江市林业科学研究所树木园、江西省林业科学研究院树木园、赣南树木园、分宜大岗山亚林中心树木标本园、江西省林业科技实验中心均有引种栽培，生长良好。

[生物生态特性]

散生于海拔450~850m（1400m）的常绿阔叶林中，多见于悬岩陡壁及切割较深的溪谷两旁的山坡上，数量稀少。喜温湿环境，凉爽气候，能抗41℃高温和耐-12℃的严寒，在湿度较大和肥沃、疏松、排水良好的沙质中性、微酸性、微碱性壤土中生长良好，在重碱性土中生长不良。幼年稍耐阴，10年后须阳光充足。

[景观价值与开发利用]

树冠尖耸，叶光洁亮绿，春天新叶深红色；初夏花开，花形美丽，清香远溢；秋季果实红艳夺目，且对有毒气体有较强的抗性，是优良的绿化树种。可引种栽培为园林观赏树种，适于公园、“四旁”种植，是布置庭园的优良树种，无论孤植、丛植或作行道树，均十分合适。

树干端直，木材坚实致密，材质优良，供建筑、家具等器具用。在丘陵区引种生长良好，可与马尾松、杉木混种为用材林。

[树木生态文化]

据资料介绍，福建漳州华安县湖林乡大坪村金德寮一株乐东拟单性木兰，树高22m，胸径130cm，主干挺拔直立，犹如巨人，生长于万树丛中，亭亭玉立。浙江庆元珍稀树种良种基地，引进27个树种，仅3个树种长势良好，其中，乐东拟单性木兰长势最好。同样在浙江庆元良种基地南侧有一砖厂，长期排出废气和有毒气体，对周围树木造成严重污染，而在污染区的5个树种，只有乐东拟单性木兰生长正常。

湖北省咸丰县林业局在2016年林木资源调查中，于鄂、湘、川三省交界处的二仙岩湿地自然保护区外缘发现一株高18m，胸径78cm，冠幅15m^2，树龄300年的乐东拟单性木兰。它在高山峡谷中的小溪边傲然挺立，绽放着大量青白色的花瓣，分外艳丽，

是湖北省唯一野生乐东拟单性木兰古树，填补了湖北省的空白，也是该种接近分布的最北限，即北纬29°30″。

据贵州省《贵州都市报》2005年11月29日报道，在贵阳市花溪区高坡乡杉坪村古树林中，生长着一株600~800年的乐东拟单性木兰，据说，是世界上同类树中最大、最古老的一株树。

在福建南平顺昌县七台山建立了省级自然保护区，以保护“乐东拟单性木兰”为主，总面积2054.28hm^2，森林覆盖率99.0%，居全省24个省级自然保护区之首。

[保护建议]

目前，野生数量已经相当稀少，各地应极力加以保护与发展利用。做到优先保护母树，大树采种育苗，扩大群落数量。人工繁育的苗木，如若要移植城市行道绿化地应充分论证其生物学特性和外部环境的关系，需满足以下条件才能移植驯化：一是海拔偏高；二是常年相对湿度偏大，应在70%以上。

[繁殖方法]

乐东拟单性木兰的繁殖方法为种子繁殖。

本节作者：杨文刚（宜春市明月山温泉风景名胜区林业局）

摄影：刘军、李西贝阳

37 天目玉兰 Yulania amoena（W. C. Cheng）D. L. Fu

俗名：天目木兰。木兰科玉兰属植物。中国特产，中国亚热带东部特有树种。江西II级珍贵稀有濒危物种。江西III级重点保护野生植物。1934年命名。

[形态特征]

落叶乔木，高12m。树皮灰色或灰白色。嫩枝绿色，老枝带紫色。顶芽有白色长绢毛。叶片纸质，宽倒披针形、倒披针状椭圆形，长10~15cm，宽3.5~5cm，先端尾尖，基部楔形，叶下面幼时沿叶脉有白色弯曲长毛；叶柄长0.8~1.3cm；托叶痕长为叶柄的1/5~1/3。花先叶开放，红色、浅红色，芳香。蓇葖果扁球形，先端钝圆，有小疣状突起。花期3~4月，果期9~10月。

主要识别特征：落叶乔木，小枝细瘦，无毛；叶片宽倒披针形或倒披针状椭圆形，先端尾状尖；花被红色、浅红色。

[资源分布]

分布于浙江、江苏（宜兴）、安徽等地。江西三清山、玉山怀玉山、武夷山、广丰铜钹山等地有极少分布。

[生物生态特性]

生于海拔700~1200m的山谷溪边针阔混交林或沟谷林缘。喜多雾潮湿之地，耐阴、耐寒，不耐干热，在肥沃湿润而排水良好的酸性土壤上长势较好；生于低湿积水地，常易烂根。

[景观价值与开发利用]

天目玉兰形如白玉兰，但花色红或浅红，而又不如紫玉兰的颜色深，也不如二乔玉兰那般红白分明，而是均匀的淡粉红色；它的花期相对早于其他木兰，

还伴有淡淡的清香。其花蕾是名贵中药材，具清热利尿、解毒消肿、润肺止咳之功效，主治酒疸、重舌、痈肿毒等。花、叶均含芳香油，种子含脂肪油，可提炼供化妆品、食品添加剂用，也可供工业用油。可人工引种栽培。

[树木生态文化]

中国植物学家郑万钧1934年在浙江临安西天目山和顺溪坞发现并命名。以天目命名的还有天目琼花、天目杜鹃、天目紫茎、天目木姜子等37种植物。模式标本采自天目山的有92种之多。

杭州植物园于1951年开始引种栽培天目玉兰，现园内保存有20余株成年植株。近几年，每当春天天目玉兰花开时，总会引来无数游客驻足观看、拍照，成为春天里的网红树种。

[保护建议]

同玉兰。

[繁殖方法]

天目玉兰常用种子繁殖。

本节作者：钟志鸿（江西省林业科技实验中心）

摄影：刘军

38 黄山玉兰 Yulania cylindrica（E. H. Wilson）D. L. Fu

俗名：黄山木兰。木兰科玉兰属植物。中国特有濒危物种。江西Ⅲ级珍贵稀有濒危物种；江西Ⅲ级重点保护野生植物。1927年命名。

[形态特征]

落叶乔木，高达10m。树皮灰白色，平滑。枝条细长，幼枝、叶柄有浅黄色平伏毛。顶芽卵形，有浅黄色绢毛，后脱落。叶片膜质，倒卵形或倒卵状长圆形，长5~13cm，宽2~5（6.5）cm，先端尖或钝，基部楔形，上面绿色，下面苍白色至灰绿色，有短毛；叶柄长0.5~2cm。花单生枝顶，先叶开放，钟形，白色，芳香，花柄粗壮，密生浅黄色长绢毛。聚合果圆柱形，下垂，由初为绿色转紫红色后成熟时为浅灰褐色；蓇葖果木质，有小疣状突起。花期3~4月初，仅7天左右，果期8~9月。

主要识别特征：落叶小乔木；幼枝有浅黄色平伏毛；叶片下面有平伏短毛；花柄直立，密生浅黄色长绢毛；花单生枝顶，花被外轮3片萼片状。

[资源分布]

主产华东地区，星散分布于安徽、湖北、浙江、福建等省份。江西武夷山、三清山、德兴、玉山、宜春、安福、井冈山、遂川、广丰等地有分布。庐山植物园有栽培。

[生物生态特性]

生于海拔600~1700m的山坡、沟谷的落叶阔叶

林或常绿落叶阔叶混交林或山上部灌丛中。喜雨量充沛、温凉、多雾的山地气候，在肥沃疏松、富含腐殖质和排水良好的沙壤土上生长良好。幼树稍耐阴，根系发达，萌蘖性强。常与壳斗科、冬青科、山茶科、杜鹃花科阔叶树及黄山松等针叶树混生。

[景观价值与开发利用]

黄山玉兰花色美丽，芳香馥郁，树姿婆娑，早春开花，花色文雅，花先叶开放，白色，是观赏价值很高的花木，可用于城市森林景观营造，也可作庭园观赏树种及行道树栽培。

材质优良，结构细、纹理直、木质坚实、不易变形，可作家具、器具用材。花蕾入药，有“辛夷”之称。花芳香馥郁，可提取浸膏，用于调配香皂用的香精和化妆香精等。

[树木生态文化]

“山中可名为二花，木兰杜鹃并相夸。四月同时争开放，深红浅白斗云霞。”木兰科植物是研究被子植物的起源与早期演化的关键类群之一，也是世界植物研究所瞩目的双子叶植物中的原始类群，科研价值极高，故获“花中活化石”荣誉。全世界木兰科植物有18属约335种，主要分布在亚洲东南部、北美洲东南部、美洲中部等地区的热带、亚热带和温带地区，尤其以靠近北回归线南北10° 范围之内最丰富。中国西南部和南部分布的种属类型丰富，变异较多，是现代分布中心、分化中心和保存中心，有11属约120种。

[保护建议]

同玉兰。

[繁殖方法]

黄山玉兰繁殖方法为种子繁殖。

本节作者：钟志鸿（江西省林业科技实验中心）

39 玉兰 Yulania denudata（Desr.）D. L. Fu

俗名：应春花、白玉兰、望春花、迎春花、玉堂春、木兰。为木兰科木兰属植物。江西Ⅲ级珍贵稀有濒危树种；江西Ⅲ级重点保护野生植物。2001年命名。

[形态特征]

落叶乔木，高25m，胸径1m。树皮深灰色，老时粗糙开裂。顶芽卵形，与花梗密被灰黄色长绒毛。叶片宽，倒卵形，膜质，幼时有毛，后仅中脉有毛，长10~18cm，宽6~12cm，先端宽圆形、平截或稍凹，有突尖的小尖头，下面有长绢状毛，叶柄长1~2.5cm，有毛。花先叶开发，白色，芳香，花柄显著膨大，密生灰褐色绒毛。蓇葖果木质，褐色，有白色皮孔。种子斜卵形，微扁。花期3月，果期8~9月。

主要识别特征：落叶乔木；叶倒卵形，先端平截有短尖头；花先叶开放，白色，芳香，花被9片，基部淡绿色，倒卵状长圆形。玉兰变种应春花（var.*purourescens*），花里面淡红色，表面紫红色。

[资源分布]

分布于浙江（天目山）、湖南（衡山）、贵州等地。江西庐山、婺源大鄣山、武夷山、广丰铜钹山和宁都凌云山等地有分布，中国各大城市园林广泛栽培。

[生物生态特性]

喜光，幼时稍耐阴，较耐寒，可露地越冬。喜肥沃湿润的沙质微酸性土壤，忌水湿，积水易烂根。对温度较敏感，愈向南开花愈早，在气温较高的南方，12月至翌年1月即可开花。

[景观价值与开发利用]

玉兰树形好，材质优良，是极好的药用、观赏植物。可作为珍贵药用植物开发，开花时满树花香，花也可以加工制作成如玉兰饼、玉兰花糕、玉兰花蛋等，也可作森林旅游观赏、体验活动。可用于园林绿化，庭院种植可与其他春花植物组景，营造群木争艳、百花吐芳的喧闹画面。也非常适合种植于道路两侧作行道树，树姿挺拔，不失优雅，叶片浓翠茂盛，生长迅速，适应性强，病虫害少，盛花时节漫步玉兰花道，可深深体会到“花中曲道、香阵弥

漫”的愉悦。玉兰对二氧化硫、氯气等有毒气体抵抗力较强，可防治工业污染，优化生态环境，是厂矿地区极好的防污染绿化树种。

[树木生态文化]

玉兰花白似玉，幽香如兰，故名玉兰。隆冬未尽，严寒尚在，满树显蕾，春回大地，嫩叶未放，全树白莲般的花朵，抢先绽放，交相辉映，玉容皎洁，芳香四溢，故名迎春花、望春花。春夏之间，片片树叶，青翠欲滴，迎风摇曳，别具风姿，是文人墨客赞美的树种。其在我国栽培至少有2500年历史。唐时期被引种到扶桑（日本），17世纪被引入欧洲（1790年传入英国），美国成立了专门的木兰学会，已培育出丰富多彩的园艺品种。

玉兰是上海市、河北保定市、江苏连云港市、福建潮州市、广东佛山市的市花。亦是中国人民大学、中国政法大学、西南大学、西北大学、西北工业大学、大连理工大学、江苏师范大学和山东圣翰财贸职业学院的校花。连云港市有全国之最的玉兰花王。南云台山之东磊延福观周围有4株白玉兰，高16~17m，胸围粗者近3m，细者1m，有3株已达800多年，另一株也有200多年。4株树相距不远，恰似一玉兰家庭，每当花期，天生丽质之花朵，占满老树虬枝，如云如雪，得巍巍远山相衬，更有诗情画意。自1985年以来，每逢举办东磊玉兰花会，赏花人总是蜂拥而至，一睹玉兰家族之风采。

玉兰花的花语为报恩，有真挚、表露爱意、高洁、芬芳、纯洁的爱之意。虽然玉兰花期短暂，但开放之时特别绚烂、惊艳，满树花香、花叶舒展而饱满，代表一种一往无前的孤寒气，优雅而款款大方。玉兰花还带有忠贞不渝的寓意。每逢喜庆吉日，人们常以玉兰花馈赠，表露爱意。

1. 玉兰花的传说

秦王嬴政时期，在河南一处深山里住着三姊妹，大姐叫红玉兰，二姐叫白玉兰，小妹叫黄玉兰。一天她们下山游玩，发现原本繁荣的大地，此时却变得荒无人烟，一片死寂，她们十分惊奇。问讯后得知，原来秦始皇赶山填海，误杀了东海龙王的龙虾公主。从此，龙王大怒，下令锁了盐库，不让陆地上的人吃盐，导致瘟疫，死了很多人。三姊妹很同情他们，于是决定帮大家讨盐。在遭到龙王多次拒绝后，三姊妹用自己酿造的花香迷倒了虾兵蟹将，趁机放盐。村子里的人得救了，三姊妹却遭到龙王的报复，被变作了花树。后来，人们为了纪念她们，就将那种树称作“玉兰花”，而她们酿造的花香也变成了她们自己的香味。

2. 相关诗词

［楚］屈原《离骚》：“朝饮木兰之坠露兮，夕餐秋菊之落英。苟余情其信姱以练要兮，长颇颔亦何伤。”

［唐］白居易《题令狐家木兰花》：“腻如玉指涂朱粉，光似金刀剪紫霞。从此时时春梦里，应添一树女郎花。”

［宋］吴文英《琐寒窗·玉兰》：“绀缕堆云，清腮润玉，氾人初见。蛮腥未洗，海客一怀凄婉。渺征槎，去乘阆风，占香上国幽心展。遗芳掩色，真姿凝澹，返魂骚畹。一盼，千金换。又笑伴鸱夷，共归吴苑。离烟恨水，梦杳南天秋晚。比来时，瘦肌理消，冷熏沁骨悲乡运。最伤情，送客咸阳，佩结西风怨。”

［元］刘敏中《鹧鸪天·寿潘君美》：“萱草堂前锦棣花。灵椿树下玉兰芽。二毛鬓莫惊青鉴，五朵云须上白麻。携斗酒，醉君家。春风吹我帽帘斜。座中贵客应相笑，前日疏狂未减些。”

［明］睦石《玉兰》：“霓裳片片晚妆新，束素亭亭玉殿春。已向丹霞生浅晕，故将清露作芳尘。”

［清］查慎行《雪中玉兰花盛开》：“阆苑移根巧耐寒，此花端合雪中看。羽衣仙女纷纷下，齐载华阳玉道冠。”

［保护建议］

玉兰等木兰科植物具有较高的观赏价值、生态价值和经济价值，因此野生木兰科植物很容易遭到人为采挖，加上其生态环境不断遭到人为破坏，一些种类繁殖能力衰退，竞争力差，使得其生存受到严重威胁。故为了保护这一珍贵又古老的种群，许多木兰科植物已列入国家珍贵树种名录，先后建立自然保护区，列入就地和迁地保护对象。无论是出于科研还是保护生物多样性的需要，对其保护都有着重要意义。应对天然野生木兰科植物加强保护，严禁采挖，保护好其生存环境。

［繁殖方法］

玉兰的繁殖可采用嫁接、压条、扦插、播种等方法，常用的是扦插和播种。

本节作者：陈佳（宜春市第三中学）

（七）蜡梅科Calycanthaceae

40 突托蜡梅 **Chimonanthus grammatus** M. C. Liu

蜡梅科蜡梅属植物。世界自然保护联盟濒危物种红色名录：濒危（EN）。中国赣南特有濒危植物；优质观赏珍稀花卉。1984年命名。

[形态特征]

常绿灌木，高2~6m。小枝细，稍呈方形，有沟槽和皮孔。叶对生，革质，椭圆状卵形，长6~21cm，宽2~9cm，先端渐尖或尾尖，基部宽楔形，中脉、侧脉、网脉稍凸起，全缘；叶柄有沟槽。花浅黄色，带蜡质，背面有短柔毛。果托较厚，钟状，有突出粗网纹，裂口宽大；瘦果长1~1.6cm，果脐四周领状凸起。花期10~12月，果熟期翌年6月。

主要识别特征：小枝稍呈方形，有沟槽和皮孔。花浅黄色，花被3层，外层卵圆形，中层线状，内层披针形，有爪，但不显著；果托钟状，有粗网纹，瘦果果脐四周领状凸起；宿存退化雄蕊斜展；叶、花、果芳香。

[资源分布]

产于赣州市安远县蔡坊乡猫公发。寻乌、会昌也有分布。

[生物生态特性]

生于中亚热带海拔250~500m丘陵区的小溪边。喜光，耐寒，耐旱。

[景观价值与开发利用]

常绿灌木，叶、花、果芳香，作生态栽培观赏用；根作药用；种子含油脂，可供提取芳香油。

[树木生态文化]

1994年，赣南树木园在赣南开展树种资源调查时，在安远发现，并引种到树木园。该种是赣南特产。

2016年，江西省林业科学院从安远引种栽植栽至桐树坑植物园。园地海拔130m，土壤是山地红壤，年平均气温17.3℃，年平均

降水量1713.5mm，该种在此长势良好。

[保护建议]

安远县是第一原生态发现地，要在原生地建立保护小区，减少采挖，让其自然生长发展。人为开发研究可在试验区进行。果实易遭虫害，应及时防治。

[繁法方法]

突托蜡梅采用种子繁殖。

本节作者：欧阳天林（江西省林业科技实验中心）

41 柳叶蜡梅 Chimonanthus salicifolius Hu

蜡梅科蜡梅属植物。江西III级珍贵稀有濒危物种；江西III级重点保护野生植物。1954年命名。

[形态特征]

半常绿灌木，高1~3m。小枝细，方形，被硬毛。叶近革质，长卵状披针形，似柳叶，长6~11cm，宽2~2.8cm，两端钝尖或渐尖，全缘，上面粗糙，下面灰绿色，被白粉及柔毛；叶柄被短毛。花单生，稀双生叶腋，淡黄色，芳香。果托梨形，瘦果圆柱状，深褐色，光亮。花期8~10月，果期11月至翌年7月。

主要识别特征：老枝圆柱形；叶长卵状披针形，叶背、叶缘及脉上被短硬毛；花被片披针形，淡黄色；果托梨形，熟时稍带红色。

[资源分布]

分布于安徽休宁，浙江丽水、建德、开化，江西德兴、婺源、玉山三清山、广丰铜钹山、黎川、奉新、宜丰、修水、乐平等地。

[生物生态特性]

生于海拔300~900m的低山丘陵疏林或灌木林向阳处，较喜光，耐干，忌水湿，喜深厚、排水良好的微酸性和中性土壤。

[景观价值与开发利用]

冬春开花，花期长，色香宜人，在背风向阳之地开花旺盛，寿命超百年，为珍贵观赏树种和冬季赏花植物，宜孤栽窗前、墙隅，群植花坛、行道等地。

柳叶蜡梅富含挥发油、槲皮素、黄酮类、生物碱、鲨肌醇、12种微量元素、18种氨基酸、7种维生素，尤以维生素C、铁、硒含量为高。根茎药用，可止咳、消肿、活血。婺源制药厂用山蜡梅制感冒冲剂，疗效很好。叶片泡茶具有解表祛风、理气化痰的功效，民间常称之为“伤风草”“香风草”。干燥花蕾泡茶称“黄金茶”，有解暑、清热、理气、止咳、防暑解暑等功效，主治热病烦渴、胸闷、咳嗽，外用治烫火伤。

[树木生态文化]

以蜡梅属植物作为我国民间常用药，至少已有1000年的历史。早在北宋年间，江西就有饮用凉茶预防和治疗感冒的习惯，其解热效果和传统的解热药阿司匹林相似，具有良好的解热作用。

蜡梅属植物经人工数年培育，有很多著名蜡梅园林观赏植物。在江苏淮安市清河区周恩来故居中，周总理童年读书处有1株亲手种植的蜡梅（*C.praecox*），树龄110年，树高4m，胸径0.3m，平均冠幅6.75m^2。枝繁叶茂，横枝凌空，冬季花蕾满枝，傲霜怒雪，院里院外香气袭人。南昌青云谱花博园也栽有此树。

[保护建议]

目前，野生蜡梅已经少见，而野生柳叶蜡梅更是少见，所以对野生柳叶蜡梅，要定期展开监测，观察是否有病虫害，做好记录，发现病虫或病朽之状，及时防治。采取浇水、施肥、叶面喷水等营林措施，保证树木生长所需养分，保持地面透水通气，割去周边杂草。宜人工栽培繁育，加以保护。

[繁殖方法]

柳叶蜡梅的繁殖方法有分株、嫁接、扦插和实生苗培育。

本节作者：刘平（南昌市第三职业学校）

（八）樟科 Lauraceae

42 阴香 Cinnamomum burmannii（Nees et T. Nees）Blume

俗名：小桂皮、阿尼茶、桂秧、炳继树、大叶樟、八角、香柴、香桂、山桂、野樟树、野桂树、假桂树、野玉桂树、山玉桂、香胶叶、山肉桂、桂树。樟科樟属植物。江西Ⅲ级珍贵稀有濒危树种；江西Ⅲ级重点保护野生植物。1826年命名。

[形态特征]

常绿乔木，高达14m，胸径达30cm。树皮光滑，内皮红色，味似肉桂，有香气。枝条纤细，有纵向条纹。叶革质，近对生，卵圆形至长椭圆形，长5.5~10.5cm，宽2~5cm，先端渐尖，基部楔形，两面光绿无毛，离基三出脉，叶上面常有虫瘿体；叶柄长0.5~1.2cm。圆锥花序腋生或近顶生，花少，绿白色，疏散，花序轴和分枝密被灰白色柔毛。果实卵圆形，长8mm，径5mm，果托长4mm，有齿裂。花期秋、冬季，果期冬末及春季。

主要识别特征：内皮红色，有香气；枝条有纵向条纹；叶片上面深绿色，下面灰绿色，离基三出脉，脉腋无腺点，上面明显，下面凸起；花序总梗和花梗皮有毛，花丝第三轮中部有一对圆形腺体；果托长有齿裂。

[资源分布]

分布于广东、广西、海南、云南、福建等地。江西九连山、寻乌、大余、崇义等地有分布。

[生物生态特性]

较喜光，喜暖热湿润气候及肥沃湿润土壤。常生于肥沃、疏松、湿润而不积水的地方。适应范围广，在亚热带以南地区均能生长良好。在湿润、肥沃、透光的立地条件下，生长较快。

[景观价值与开发利用]

阴香高大常绿，枝叶浓密，清香自然，生长旺盛，抗污染毒性气体，为森林景观、风景林及城乡绿化等珍贵树种，可作庭荫树、行道树、风景林。

树皮、叶、根均可提制芳香油，用于食用、皂用、化妆品、香精等；木材纹理通直，结构细致，硬度及重量中等，切面美丽光泽，耐腐朽，供建筑、车辆、家具及细木工用。

[树木生态文化]

阴香有药用价值，阴香皮乃阴香的树皮，又名广东桂皮（《中国树木分类学》）、坎香草、阴草（《生草药性备要》）、山肉桂、山玉桂、香胶叶（《岭南采药录》）、胶桂、土肉桂、假桂枝、山桂、月桂、野玉桂、鸭母桂、香胶仔、潺桂。本种据《岭南采药录》载："味辛，气香，取叶煎水，妇人洗头，能祛风；洗身，能消散皮肤风热；根煎服，止心气痛，皮三四钱煎水，能健胃祛风；皮为末，用酒调敷，治恶毒大疮飞蛇疮等。"

[保护建议]

加强该树种野生种群的保护，减少人为干扰，保护其生长环境。古树要挂牌管理，加强人员看护。

[繁殖方法]

阴香的繁殖方法为种子繁殖。

本节作者：尧宏斌（江西省林业科技实验中心）

43 樟 Cinnamomum camphora（L.）Presl

俗名：小叶樟、樟木子、香蕊、番樟、木樟、乌樟、臭樟、栳樟、瑶人柴、樟木、油樟、芳樟、香樟、樟树。樟科樟属植物。中国主要栽培珍贵树种。江西主要栽培珍贵树种。1825年命名。

[形态特征]

常绿大乔木，高达30m。树皮黄褐色，纵裂。枝、叶、木材、果实均有樟脑气味。枝条圆柱形。单叶互生，卵状椭圆形，长6~12cm，宽2.5~5.5cm，先端渐尖，基部近圆形，全缘，有时稍呈波状，下面灰绿色，微有白粉；离基三出脉，中脉两面明显；叶柄长2~3cm。圆锥花序腋生，长3.5~7cm；花绿白色或带黄色。果实卵形或近球形，直径6~8mm，紫黑色；果托杯状。花期4~5月，果期9~11月。

主要识别特征：树皮黄褐色，纵裂；枝条圆柱形；叶片卵状椭圆形，离基三出脉，下面脉腋有腺窝。

本属植物有250种，分布于热带与亚热带的亚洲东部地区、澳大利亚及太平洋岛屿。我国有46种1变型种，江西有15种，栽培2种。

樟组Sect. Camphora（Trew）Meissn.典型区别：叶片均互生，羽状脉或离基三出脉，脉腋常有腺窝。该组主要有以下几种。

猴樟（湖南）——老叶两面或下面有密生的绢状毛。

沉水樟（广东）——叶片聚生枝顶，果椭圆形。

油樟（《中国树木志略》）——叶片尖头稍作镰状。

云南樟（《中国树木分类学》）——叶片椭圆形，叶脉羽状，稀离基三出脉。

黄樟（又名大叶樟，江西）——叶片下面侧脉脉腋无腺窝。

[资源分布]

本种分布于长江流域以南各地，主产福建、江西、安徽、广东、广西、湖北、湖南等地。江西全省各地均有分布。

[生物生态特性]

多生于低山平原，垂直分布一般在海拔800m以下的山谷、山坡、溪流河谷、村庄边缘之地，喜温暖湿润气

候和肥沃、深厚的酸性或中性沙壤土，不耐干旱瘠薄；-10℃是低温临界温度，超越可遭冻害。喜光，孤立木，树冠发达，分枝低，主干矮，在混交林中，树高可达30m以上，主干通直。寿命长，可达千年以上；生长快，5年生樟树树高可达5m以上，胸径12cm。

[景观价值与开发利用]

樟树四季常青，树体高大、雄伟，枝叶浓密、青翠。对立地条件要求不严，易栽培，成活率高，寿命长，是我国南方城市优良的绿化树、行道树及庭荫树。樟树散发出的松油二环烃、樟脑稀、柠檬烃、丁香油酚等化学物质，有净化空气的能力、抗癌功效，也有防虫功效，其过滤出的清新干净空气，沁人心脾。

木材黄褐色，心材色深黄带红，有香气，纹理致密，美观，耐腐朽，防虫蛀，为造船、箱橱、家具、工艺美术品雕刻等优良用材。我国的樟木箱在国际市场上负有盛名。根枝叶可供提取樟脑及樟油；种子含油率达65%，供工业润滑油等用。樟叶能放养樟蚕，蚕丝作渔业制网材料及医疗外科手术缝合线。

[树木生态文化]

樟树，古称“豫章”，亦称“豫樟”，是非常古老而又青春焕发的树种。樟树文化在江西传承久远，积淀深厚，许多人文活动都与樟树结下了不解之缘，留下了许多动人的传说。公元前202年，灌婴平定豫章后，立即设官置县，首立南昌县为豫章郡之附郭，取吉祥之意“昌大南疆”“南方昌盛”为县名。汉高祖刘邦在豫章郡置南昌县，郡地面积相当于今江西全境，约16万km^2。

江西关于樟树最早记录是晋朝人的记载：西汉时豫章（今南昌）“有大樟树，高十七丈，四十五围，枝叶扶疏，蔽荫数亩”。据《汉官仪》记载：“豫章郡，树生庭中，故以名郡矣。”豫章得名，取意樟树繁盛。据统计，江西现存的古樟林多达300余处，其中，胸围9m以上的千年古樟35处。2017年，安福县被评为全国唯一的“中国樟树之乡”，其境内有两株汉樟，树龄均超过2000年。1株在严田乡王家堂村前塘边，在胸径处萌发11枝树干，现保存8枝树干，胸围21.5m，树高28m，冠幅30m×35m，是我国最粗大的古樟，被评为江西樟树王。老屋古樟生于村边田中，胸围13m，树高34m，树干5m处分生5枝，名“五爪樟”，在巨樟群中名列第二。全县有散生成材樟树11万多株，主要分布在县内16处古樟树林中，其中，400年以上的有8700多株。“有村就有樟，无樟不成村”是安福县真实的写照。江西樟树资源丰富，古樟树更是一道独特而靓丽的风景，樟树也成了江西省的省树和南昌、九江、吉安、新余、上饶、鹰潭、景德镇7个设区市的“市树”。江西有全国唯一以樟树命名的县级市——樟树市，其下辖乡镇中5个名称含有“樟”字。

江西境内，古樟树和古樟群落随处可见，许多城镇、村庄和民居都掩映在樟树围绕的树丛之中，樟树景观、樟树文化独具特色。

婺源虹关古樟，高28.2m，胸围10. 3m，冠幅38m×40m，1933年，虹关村詹佩弦纂修“樟谱”，赋名为《古樟吟集》，集录咏樟诗文50余篇，记述古樟“詹之二世祖，始迁虹关则有焉，考其朝代犹宋也”，距今已1000余年。历史上该樟树曾几度枯荣，据说与当地人才兴衰相关，因而被村民奉为“神木”。“常以浓荫蔽行人，聚天地英灵之气，佑我虹关庶姓，村人奉之若重器。”

崇仁县许坊乡谙源村古樟，位于李十公庙前，胸围11m，树高20m，分生7干枝，冠幅28m×26m，清人立碑赞曰：“古樟一棵，盘结如盖，势偃百尺，荫及一乡，四山峙到，如恒如墉，青葱拔萃，骇目伟观。”

衡阳“黄巢吊马樟”位于湖南省衡阳市雁峰区的黄茶岭正街，共2株，胸径约3m，树龄在1200年左右。黄巢，今山东菏泽人，唐朝乾符二年（875）率众起义，称冲天大将军，南征经江西、浙江、福建而至广州，众至百万。879年回师北伐，年底进入湖南。驻军衡阳其间，他将战马拴在该株樟树上，故名。

中国最大的古樟树，位于广西全州县大西江镇锦塘村王家自然村，千年以上，树高34m，胸径10.76m，需13人环抱，覆盖面积2134m^2，下部有53根大小不一的树根露出地表，总长达241m。

中国台湾地区是世界上最有名的樟树产地，其樟脑产量约占世界的70%，在海拔500~1800m的广大山区尽是樟树的天下，形成特有的樟树带。

[保护建议]

樟为江西省的省树，对单株古樟和天然野生樟树群落应区别对待。对孤立的古樟树应挂牌管理，确立保护责任人。天然野生樟树群落应建立自然保护小区，加强人员看护，划定群落周边生态红线，保护其生存环境。

[繁殖方法]

樟的繁殖方法为种子繁殖。

本节作者：尧宏斌（江西省林业科技实验中心）

44 天竺桂 Cinnamomum japonicum Sieb.

俗名：山玉桂、土桂、土肉桂、山肉桂、竺香、大叶天竺桂、普陀樟、浙江樟。樟科樟属植物。国家二级重点保护野生植物；国家三级珍稀濒危植物。江西III级珍贵稀有濒危植物。1830年命名。

[形态特征]

常绿乔木，高达15m。树皮灰褐色，平滑。叶革质，近对生，卵状长圆形或长圆状披针形，长7~10cm，宽3~3.5cm，先端尖或渐尖，基部楔形，两面光绿无毛，离基三出脉，中脉、侧脉两面凸起。圆锥花序腋生，长3~4.5（10）cm；花长约4.5mm；花梗长5~7mm，花被裂片外面无毛，内面被柔毛。果长圆形，长约7mm，径5mm，果托浅杯状，顶部开张。花期4~5月，果期7~9月。

主要识别特征：小枝、叶片、叶柄、花序、花梗总梗、花梗、果实均无毛，仅花被裂片内面被柔毛；叶片边缘稍内卷。

[资源分布]

分布于江苏（南部）、安徽（南部）、浙江、湖北（东南部）、福建、台湾等地。江西宁都凌云山、寻乌项山有分布。

[生物生态特性]

生于海拔1000m以下的常绿阔叶林中。幼年耐阴，喜温暖湿润气候，在排水良好的微酸性土壤上生长良好，属中性树种。

[景观价值与开发利用]

天竺桂长势快，树形优美，抗污染能力强，具有较高的观赏价值，宜作行道树或在景观中孤植。

木材较硬，质重，耐腐，耐水湿，供建筑、造船、车辆、家具等用。枝叶、树皮可提取含芳香油，作香精、香料用；种子榨油供制肥皂及润滑油用。树皮、叶入药，具温中散寒、理气止痛之功效。

[树木生态文化]

天竺寺（法镜寺）位于浙江杭州西湖灵隐山（飞来峰）山麓，有上、中、下天竺山寺，有天竺桂树，故名。晚唐著名诗人、文学家皮日休（838—883），字袭美，号逸少，复州竟陵（今湖北天门）人。868年东游至苏州，与陆龟蒙相识，并与之唱和，作《天竺寺八月十五日夜桂子》："玉颗珊瑚下月轮，殿前拾得露华新。至今不会天中事，应是嫦娥掷与人。"意即：零落的天竺桂花瓣，如同一颗颗玉珠从月亮下边撒落下来，拾起殿前的天竺桂的花，花瓣带着露珠更显湿润。到现在也不知道天上发生了什么事，这桂花大概是嫦娥撒下来给予众人的吧。此诗载于《全唐诗》卷六百十五。吟诗咏物以虚观实，空灵含蕴，有以小见大之妙。该诗是描述天竺桂的花，此地又是天竺寺。"桂子"是指天竺桂的果（果期7~9月），而桂花的果期是翌年3~4月，如果指桂花的花瓣就不会称"桂子"，故在解答这首诗时，直接在"桂花"前加上"天竺"二字，就易理解。另天竺的"桂子"光亮，而桂花的"桂子"无光泽。

[保护建议]

该树种分布广泛，且广泛栽植，对野生种群和古树应加强保护，做好种质资源的保护和收集工作。

[繁殖方法]

天竺桂的繁殖方法为种子繁殖和扦插繁殖。

本节作者：魏彬（江西省林业有害生物防治检疫中心）

45 香叶树 Lindera communis Hemsl.

俗名：大香叶、香叶子、野木姜子、千金树、千斤香、细叶假樟、香果树、香油果。樟科山胡椒属植物。江西乡土树种。1891年命名。

[形态特征]

常绿小乔木或灌木，高3~6m，胸径24cm。幼枝及叶下面被黄色、白色短柔毛，老时脱落成无毛或近无毛。叶革质，椭圆形或宽卵形，长4~9cm，宽1~4.5cm，顶端近尾尖，基部宽楔形，羽状脉，5~7对。花单性，雌雄异株；伞形花序，腋生，单生或2个同生，花5~8朵，有短梗。果实长卵形，基部有果托，熟时红色。花期3~4月，果期9~10月。

主要识别特征：幼枝及叶下面被黄色、白色短柔毛，老时脱落成无毛或近无毛；叶通常4~9cm，网脉成小凹点；伞形花序，花管不明显，具不超过3mm的极短总梗。

[资源分布]

分布于陕西、甘肃南部、湖南、湖北、浙江、福建、台湾、广东、广西、贵州、云南、四川。江西全省山区有分布。

[生物生态特性]

多散生或混生于海拔400~1000m的山坡常绿阔叶林内。耐干旱瘠薄，稍耐阴，在湿润肥沃土壤上生长良好。

[景观价值与开发利用]

树干通直，树冠浓密，在园林工程中，常作为中层林冠，耐阴，耐修剪，可作高3~5m的绿篱墙或路中间隔离带。新叶红色、果红色，可观赏，是较好的景观绿化、美化、彩化树种。在高速公路中间隔离带种植，剪顶保持一定高度，郁闭性好，绿化整齐，在瘠薄的坡地密植，是较好的水土保持树种。

木材淡红褐色，结构致密，供家具或细木工等用。种子含油53.2%，供制肥皂、油墨、润滑油或医药用。果可供提取芳香油。叶、茎皮入药，解毒消肿，散淤止痛。香叶树还可驱蚊虫。

[保护建议]

加强该树种野生种群的保护，减少人为干扰，保护其生长环境。古树要挂牌管理，加强人员看护。

[繁殖方法]

香叶树的繁殖一般采用种子繁殖。

本节作者：李文强（江西省林业科技实验中心）

46 黑壳楠 **Lindera megaphylla** Hemsl.

俗名：枇杷楠、大楠木、鸡屎楠、猪屎楠、花兰、八角香、楠木、毛黑壳楠。樟科山胡椒属植物。江西Ⅲ级珍贵稀有濒危树种；江西Ⅲ级重点保护野生植物。1891年命名。

[形态特征]

常绿乔木，高达25m，胸径达35cm。小枝圆粗，有圆形皮孔凸起，顶芽大，卵形，长1.5cm，被白色毛。单叶互生，革质，集生于枝顶，倒卵状披针形或倒卵状长椭圆形，长15~23cm，宽4~7.5cm，顶端渐尖，基部楔形，上面深绿色，光泽，下面带灰白色，羽状脉，15~21对；叶柄长1.5~3cm。花单性，雌雄同株；伞形花序，常对生叶腋，黄绿色。果实椭圆形至卵形，直径1.3cm，紫黑色，种子1粒；果梗长1.5cm，有皮孔。花期2~4月，果期9~12月。

主要识别特征：小枝有圆形皮孔凸起；叶为羽状脉，常集生于枝顶，上面深绿色，下面带灰白色；花序对生叶腋，黄绿色，花梗、花被白色或黄褐色绒毛；果托扩大成杯状。

[资源分布]

产于甘肃东南部及秦岭南坡以南各省份山地。江西全省各林区均有分布。

[生物生态特性]

垂直分布可达海拔1800m，在自然界中，多见于低山、丘陵及村庄附近。喜温暖湿润气候，有一定

的耐寒性。多生于沟谷、山坡、溪流温暖湿润的常绿阔叶林内，常与南酸枣、甜槠、青冈栎、冬青、樟科等树种混生。

[景观价值与开发利用]

黑壳楠为常绿阔叶大乔木，树冠圆整，枝叶浓密，青翠葱郁，秋季果实如繁星般点缀于绿叶丛中，为森林公园、风景林、防风林和隔音林带等城乡园林建设优良树种。孤植于池畔、草坪、山坡等地可以充分展示其个体美；列植、群植或大面积造景成林可营造出较有气势的绿林景观。

黑壳楠果实及叶含芳香油，根、树皮或枝均可入药，是珍贵的药用树种；材质优良，木材黄褐色至红褐色，纹理直，有光泽，结构致密，坚实耐用，是建筑、造船、家具等优良珍贵用材。

[保护建议]

加强该树种野生种群的保护，减少人为干扰，保护其生长环境。

[繁殖方法]

黑壳楠繁殖方法为种子繁殖。

本节作者：徐伟红（江西省林业科技实验中心）

47 豹皮樟 **Litsea coreana** var. **sinensis**（Allen）Yang et P. H. Huang

俗名：扬子黄肉楠。樟科木姜子属植物。1978年命名。

[形态特征]

树皮灰棕色，有灰黄色的块状剥落。幼枝红褐色，老枝黑褐色。雌雄异株，伞形花序腋生，无花梗。果紫黑色。花期8~9月，果期翌年夏季。

主要识别特征：叶互生，革质，长圆形或披针形，长5~8cm，宽1.7~2.8cm，先端常急尖，上面光亮，幼时基部沿中脉有柔毛，下面绿灰白色；叶柄上面有柔毛。

[资源分布]

产于江苏、浙江、安徽、河南、福建、湖北。江西幕阜山脉、黄龙山山脉、九岭山脉、武功山脉、罗霄山脉、九连山脉、雩山（于都）山脉、武夷山脉、怀玉山脉等地有分布。

[生物生态特性]

生于海拔900m以下的沟谷、溪旁山坡，常与大叶冬青、大叶楠、木荷、枫香、樟、毛竹、拟赤杨等混生成林。喜温暖凉润气候及深厚酸性或中性壤土。幼苗稍耐阴，长大后喜光；深根性，稍耐旱。

[景观价值与开发利用]

豹皮樟树冠常绿葱翠，浓密，其树皮鳞片状剥落呈豹斑，黑色斑斑点点，特别能吸引人的眼球，让人心灵上产生一种敬畏感，是珍贵的观干树种。豹皮樟属阴性树种，在森林公园、风景林和城乡绿化配置中，可栽植沟谷溪流的阴坡下，单植、列植、丛植都可。

另外，其边材淡黄色，心材浅褐色，有香气，结构细密，质重，易加工，刨面光滑，纹理美观，抗虫耐腐，是高档家具、雕刻工艺品的珍贵用材。

[树木生态文化]

在婺源县珍珠山场董家山分场港头村的水口林中就有3株豹皮樟。其中一株高12m，胸径38cm，据村民介绍树龄在100年以上。其伴生树种有枫香、大叶冬青、丝栗栲、苦槠、三尖杉、毛竹，是一种典型的中性偏喜光树种。近几年，由于乡村振兴项目，港头村为该水口林修了旅游步道，清除了其他一些杂灌，让人们茶余饭后有一个休闲游憩的小公园。

豹皮樟的嫩枝嫩叶可作为茶饮，名叫“老鹰茶”，清香、滋味厚实，先涩后甘，暑天饮用能解渴消暑，提神助兴。在民间豹皮樟的嫩枝嫩叶有消暑、开胃健脾的功用，《本草纲目》亦有“止咳、祛痰、平喘、消暑解渴”的记载，具良好的保健功效。

[保护建议]

应加强其生存环境的保护，禁止过度开发，同时禁止采挖野生树木。

[繁殖方法]

豹皮樟的繁殖方法为种子繁殖和扦插繁殖。

本节作者：魏彬（江西省林业有害生物防治检疫中心）

摄影：张成、奚伟建、刘军

48 薄叶润楠 **Machilus leptophylla** Hand.-Mazz.

俗名：大叶楠、华东楠。樟科润楠属植物。中国主要栽培珍贵树种。江西主要栽培珍贵树种。1931年命名。

[形态特征]

常绿大乔木，高达30m。顶芽大，近球形，外部鳞片带红色，被小绢毛，后脱落。叶互生或轮生状在枝顶，倒卵状长圆形，长14~30cm，宽3.6~8cm，先端渐尖，基部楔形，幼时下面有白色绢毛，老叶下面灰白色，中脉上凹下凸，侧脉20~24对；叶柄长1~3cm。圆锥花序6~10个，聚生于嫩枝基部。果实球形，直径1cm，黑色。花期4~5月，果期8~9月。

主要识别特征：树皮灰褐色；顶芽大，直径可达2cm，芽鳞外密生绢毛；叶片长14~30cm，宽3~8cm，侧脉20~24对，常集生于枝顶呈轮生状，嫩叶呈粉红色或红棕色。

[资源分布]

我国特有种，分布于福建、浙江、江苏、湖南、广东等地。江西九岭山、武夷山、罗霄山和武功山等地有分布。安远三百山福鳌塘东江第一瀑下，有薄叶润楠小群落分布，平均树龄100年，树高12m，胸径26cm，枝叶浓密，苍翠、发亮、优美。

[生物生态特性]

一般生于海拔300~1200m山谷、溪边或湿润阴坡的常绿阔叶林中，耐阴耐寒。喜微酸性、中性、富含腐殖质的沙壤土。常与苦槠、红润楠、天竺桂、青栲等树种组成常绿阔叶林。幼苗初期生长缓慢，后期生长迅速。

[景观价值与开发利用]

树体高大，树姿优美，枝叶茂密苍翠，供城乡荒山造林、园林建设绿化、美化、香化、彩化、优化树种用。换叶季节，嫩叶呈淡红色至深红色，甚像火树红花，煞是好看，可作观赏树种，叶片落叶后腐烂增加林地肥力，聚碳汇、净化空气，又可涵养水源，防止水土流失，是营造生态公益林的主要选择树种。其叶大，厚纸质，可防火，

故也是优良防火林树种之一。

心材红褐色，纹理通直，质地轻软，硬度适中，易加工，其纹理交错，削面光滑美观，干后不易变形。木材坚实，耐腐性，供建筑、家具、雕刻等用，是珍贵的用材树种。叶供提取精油，是天然香料，具抗菌消炎镇痛作用，还可抑制某些癌细胞的核糖核酸代谢作用。

[树木生态文化]

在婺源举江湾下晓起的后龙山水口林中，发现有一株薄叶润楠（当地村民俗称大叶楠），树高10m，胸径24cm，冠幅6m^2，树龄约50年。当值秋冬时节，少部分老叶转为鲜红色，但不脱落，仍挂在树枝上，甚是美丽壮观。据当地村民讲，当年（1975年）开辟茶园时，砍去了一片常绿阔叶树的残次林，而这株树正好就在林缘路旁，为了给茶叶遮阴就留下了它，没有砍除。直到1998年晓起开发乡村游、森林游时，经县林业局专家指认，才知悉这树叫薄叶润楠。而薄叶润楠在全县古树名木调查中，还尚未印证，在全县也是分布鲜见的，故此，下晓起的村民对此树倍加珍惜，挂牌保护，目前仍生长良好。

[保护建议]

参照湘楠条目。

[繁殖方法]

薄叶润楠的繁殖方法为种子繁殖。

本节作者：邵齐飞（江西省林业科技实验中心）

摄影：徐晔春、武晶

49 刨花润楠 **Machilus pauhoi** Kanehira

俗名：粘柴、刨花、刨花楠。樟科润楠属植物。中国主要栽培珍贵树种。江西主要栽培珍贵树种。1930年命名。

[形态特征]

常绿乔木，高7~20m，胸径30cm。嫩枝、新叶棕红色或粉红色。叶常集生枝顶，长卵形，长7~12cm，宽2~5cm，先端短渐尖，基部楔形，上面深绿色，有光泽，下面浅绿色略带灰白色，有小绢毛；叶柄1.2~1.6（2.5）cm。聚伞状圆锥花序，黄色花柄，有红色小柔毛。果球形，径1cm，熟时黑色。花期4月，果期7~8月。

主要识别特征：叶片多集生于枝头，革纸质，上面绿色，下面浅绿略带灰白色且有绢毛；花序与叶近等长，花梗红褐色，花稀疏，花被片两面有毛，雄蕊无毛，第三轮有腺体；果熟时黑色。

[资源分布]

分布于安徽、浙江、福建、湖南、广西、广东等省份。井冈山、九连山等全省各地有分布。江西安福县严田镇青桥村与金田乡柘田村交界的菱形岭山上有刨花润楠1000余亩，最大的树高35m，胸径1.21m，树龄200年以上，2007年已划为种质资源基地。

[生物生态特性]

生于海拔800m以下的山脚常绿阔叶林中。耐阴，深根性，生长迅速，喜温暖气候和湿润肥沃土壤。常与青冈栎、木荷、薄叶润楠（华东楠、大叶楠、长叶润楠）等混生。生长速度中等。

[景观价值与开发利用]

树干通直圆满，树形优美。分枝均匀，叶长卵形，常绿，花大美观，嫩枝、新叶粉红色或棕红色，花穗黄色，花梗红色，是优良的绿化观赏植物，也是长江流域和华南、西南、香港各省份的乡土树种

之一。刨花润楠叶片革质，不易燃，可用于防火林带树种，同时具有良好的防风、固土能力，是丘陵低山区生态公益林树种。

散孔材，边材易腐，心材较坚实，稍带红色，纹理美观，供作建筑、家具、胶合板、装饰的原料，亦可制作刨花板、纤维板、木丝板等人造板和地板、包装、文具、箱盒等。木材加工香粉，可制作塔香、蚊香、祭香等熏香产品。叶制精油是天然香料，具有较高的药用价值。树皮、木材均含胶质，木材刨成薄片，叫“刨花”，浸水可产生黏胶，稍带黄色，无特殊气味，昔日用于妇女润发，近代加入石灰水中，用于粉刷墙面，能增加石灰的黏着力，不易揩脱，并可用于制纸。种子含油脂，为制造蜡烛和肥皂的好原料。

[树木生态文化]

刨花浸水有黏液，古时供仕女梳头润发，故俗称刨花楠。

江西婺源古坦乡通元观村刨花润楠，相传是唐开成年间（公元836—840年）著名道士郑全福所栽。史载道士郑全福云游各地山川，来此见一石，璀璨瑰丽，状似道冠，大为赞叹，遂在此建通元观修道。

现在道观已成废墟，还留下古井、道冠巨石，村口尚有郑全福道士手植的刨花润楠树，该树胸径1.40m，高15m，冠幅半径约$10m^2$。

[保护建议]

参照湘楠条目。

[繁殖方法]

刨花润楠的繁殖方法为种子繁殖和扦插繁殖。

本节作者：邵齐飞（江西省林业科技实验中心）

50 红楠 **Machilus thunbergii** Sieb. et Zucc.

俗名：猪脚楠、红润楠。樟科润楠属植物。中国主要栽培珍贵树种。江西Ⅲ级珍贵稀有濒危物种；江西Ⅲ级重点保护野生植物；江西主要栽培珍贵树种。1846年命名。

[形态特征]

常绿乔木，高达20m。小枝基部有鳞片脱落的疤痕环。顶芽长圆状卵形。叶互生，革质，倒卵状披针形，长5~11cm，宽2~5cm，先端短渐尖，基部楔形，上面深绿色，有光泽，下面苍白色，羽脉状，中脉上面稍凹，下面凸起；叶柄1~3.5cm，紫红色。圆锥花序顶生或腋生，花梗紫红色。果实球形，黑紫色，基部有宿存外曲的花被片，花柄红色。花期2~3月，果期7~8月。

主要识别特征：树皮灰白色；叶片上面绿色，光亮，下面苍白色，叶柄果柄紫红色；果实黑紫色，基部有宿存外曲的花被6片。

[资源分布]

大都分布在长江流域及其以南地区，山东、江苏、浙江、福建、台湾、湖南、广西、广东等地有分布。三清山、井冈山、九连山等江西全省各山区有分布。

[生物生态特性]

生于海拔900m以下的山谷、溪流边的常绿阔叶林中。耐阴，喜湿润环境和酸性或微酸性的山地红壤、山地黄壤。常与青冈栎、青栲、小叶槠、薄叶润楠等混生成林，为中层优势树种或局部小片纯林。生长较快，在适应环境下，10年生树高10m，胸径10~12cm。

[景观价值与开发利用]

红楠是亚热带和暖温带地区常绿阔叶林的重要建群树种或伴生树种，是地带性顶级森林树种，具有强大的生态功能，可作为改善环境、重建良好的人工生态系统的首选树种。树体高大，通直常绿，树冠浓密，光亮优美，可作庭院、城乡街道绿化观赏用。

边材淡黄色，心材灰色，纹理细致，硬度适中，供建筑、家具、船舶、胶合板、雕刻等用。种子含油率65%，可用来榨油供制皂和润滑油用。根、茎、叶、树皮、果实含有特殊芳香气味，可作特殊香料、油料、有机成分和中药特种原材料。树皮含有药用成分，可治疗头痛、中风、消化不良等症，有舒经活络之效。

[树木生态文化]

红楠有四大观赏特色。

一是春季顶芽相继开放，新生叶呈现出深红、粉红、金黄、嫩黄、嫩绿等不同颜色的变化，满树新叶似花非花，五彩缤纷、斑斓可爱，秋梢红艳，是优美的景观树种。

二是夏季果熟，果皮紫黑色，长长的红色果柄顶托着一粒粒黑珍珠般靓丽动人的果实，是理想的观果树种。

三是冬季顶芽粗壮饱满微红，犹如一朵朵含苞待放的花蕾，缀满碧绿的树冠，恰似“绿叶丛中万点红”，让人赏心悦目。

四是树形优美，树干高大通直，树皮灰白色宛如古村古墙色，使人有穿越时空的美感。枝叶浓密，葱翠欲滴，增添负离子让人体呼吸通透。故可作城乡道路、公园、庭院、住宅小区绿化、美化、彩化树种。

此树很特别，树皮灰白色，叶片浓密，深绿色有光泽，加之叶柄是紫红色，一看就是红楠。在婺源，当地山民称之为“野樟树”，意即有樟树的生态、生物特性，其价值用途也可与樟树媲美。其实从生态观赏角度看，红楠比樟树更优美，每当登山至沟谷溪流边时，看到几株红楠富有勃勃生机的深绿色树冠，加之潺潺溪流，整个树木、水花、岩山喷出的负氧离子使得爬山后疲惫的身心顿觉心旷神怡，精气焕发，踞足停息，不愿离去。

[保护建议]

参照湘楠条目。

[繁殖方法]

红楠的繁殖方法为种子繁殖。

本节作者：魏彬（江西省林业有害生物防治检疫中心）

51 闽楠 Phoebe bournei（Hemsl.）Yang

俗名：竹叶楠、兴安楠木。樟科楠属植物。世界自然保护联盟濒危物种红色名录：近危（NT）。国家二级重点保护野生植物；国家三级珍贵树种。江西三级珍贵稀有濒危树种；江西主要栽培珍贵树种。1945年命名。

[形态特征]

常绿大乔木，高达40m，胸径1.5m。树皮灰白色，块状剥落。叶革质，披针形，长7~13（15）cm，宽2~4cm，渐尖，基部楔形，下面被灰白色柔毛，侧脉11~13对，在上面微凹陷，网脉致密，呈明显的网格状；叶柄长0.5~1.1（2）cm。圆锥花序紧密，生于新枝中下部，被毛。果实长椭圆形，紫色，宿存花被紧贴，有毛。花期4月，果期10~11月。

主要识别特征：树皮灰白色；叶片革质，披针形，先端长渐尖至尾尖，上面光亮，下面有毛；果实长椭圆形，紫色；花被6片宿存，顶端3片长，另3片短。

[资源分布]

分布于福建、浙江（南部）、广东、湖南、湖北等地。江西遂川、崇义、石城、龙南、安远、井冈山、武夷山、安福、靖安、婺源、三清山、铜钹山等全省各地均有分布。

[生物生态特性]

多见于山地的沟谷阔叶林中。喜温暖湿润气候，根系深，在土层深厚、排水良好的沙壤土生长良好。常和浙江楠、红楠、青冈栎、丝栗栲、米槠、木荷、毛竹等混生，属喜阴树种。

[景观价值与开发利用]

闽楠树干通直圆满，为珍贵用材树种。其树形优美，枝叶浓绿，可吸收二氧化硫等有毒气体和尘埃，净化环境，为城乡优良的行道树及庭院绿化树种。

其木材黄褐色，有香气，结构细，强度中等，不变形，不翘不裂，易加工，纹理稍交错，削面光滑美观。楠木能抗腐木菌、白蚁等病虫害，木材可以埋在地下几千年不腐烂，冬天触之不凉，夏天触之不热，因此历代皇帝的棺柩多采用之。闽楠属樟科，有樟树香气味，百虫不侵，为上等家具、建筑、造船、雕刻、精密木模具的良材，亦可

作精密仪器、胶合板、漆器、手串等用材。茎、叶、皮可药用，治霍乱、吐泻、抽筋及足肿。

[树木生态文化]

根据《博物要览》（明代天启年间，1621—1627年谷泰撰）记载，楠木商品名称有三种：一种是香楠，作为一类商品名称，并不是专指哪一种楠木植物，是介于金丝楠和水楠之间的楠木，其木纹微紫而带幽香，纹理也很美观，比金丝楠差，比水楠好。

二是金丝楠（桢楠和紫楠的商品名称），木材纹理有金丝，实是楠木的木质纤维之间凝结出来的结晶体，这些结晶体非常细微，它们凝结在木质纤维之间的缝隙中。一旦有较强的光线照射，这些结晶体就会有很强的反光效果，看起来就像金丝一样。这是楠木中最好的一种。更为难得的是，有的楠木材料天然形成山水、人物、花鸟、鱼虫等花纹。为什么会出现金丝呢？因为楠木属樟科，树干内富含类似于樟脑油等油性物质。所谓金丝、金片、金光，就是楠木纤维被油脂、油性细胞浸透包裹或油脂、油性细胞在导管内及木纤维之间空隙处凝结，时日已久而形成结晶。油脂形成的半透明层加之已经形成的结晶体在光线的反射下形成了熠熠生辉的金丝，故名金丝楠。

我们热衷于金丝楠木的光影变幻和各式绚烂的纹理。它们其实都是含油脂凝结物的木质纤维在不同的排列组合下形成的。因而楠木的种类、油脂量、油性细胞、吸收相关矿物质能力和所生长地区的土壤成分等多方面的因素，决定了楠木中金丝能否生成和生成数量的多寡。

楠木中的油脂不是一成不变的。油脂会在常温下随时间和日照等因素，缓慢溶解挥发。而油脂结晶体的氧化速度和挥发速度相对缓慢。所以金丝楠木在长时间保存后，金丝会慢慢内敛，只有在特定环境光和强光下可见。保养或包浆好的金丝楠木家具，金丝不会减少、变暗。

三是水楠（闽楠、浙江楠、刨花楠、红楠等），木质较软，多用于家具制作。

古代封建帝王龙椅宝座都选用优质楠木制作，同时楠木还是古代修建皇家宫殿、陵寝、园林等的特种材料。

在元代，楠木已经广泛应用于宫廷家具的制作，成为皇家青睐的家具用材。元末陶宗仪《南村辍耕录》中就有关于楠木制作的宝座、屏风床和寝床的记载。

大明永乐四年（1406年）诏建北京宫殿时就“分遣大臣采木于四川、湖广、江西、浙江、山西”。明代的宫城、城楼、寺庙和行宫等主要建筑，其栋梁多用楠木。《明史·卷三十》记载：“正德十年，宣慰彭世麒，限大木三十、次者二百，亲督运京，赐敕宝谕。”

北京故宫及现存上乘古建多为楠木构筑，如文渊阁、乐寿堂、太和殿、长陵等重要建筑都有楠木装修及家具，并常与紫檀配合使用。明十三陵建成于明永乐十一年（1413年），明成祖朱棣的长陵恩殿占地1956m^2，金殿由60根直径1.17m、高14.30m的金丝楠木巨柱支撑，黄瓦红墙，垂檐殿顶，是中国现存最大的木结构建筑大殿之一。

宜丰县桥西乡潭村塔前有100亩的野生闽楠群落，胸径20cm粗的有上万株，40cm以上的有400株，是全国闽楠林相保护最好的原生态林。

江西遂川县的闽楠林分布面积全国最大，达3.34万亩，有55万余株，胸径30cm以上的超过1.1万株，为全国之冠；衙前、新江、五斗江、双桥4个乡镇有楠木群落166块。其中，位于衙前镇溪口村的楠木王，高37m，胸围5.45m，树龄1100多年，仍树冠如盖，枝繁叶茂，是2019年全省评选的十大树王之一。

[保护建议]

参照湘楠条目。

[繁殖方法]

闽楠的繁殖方法为种子繁殖。

本节作者：欧阳天林（江西省林业科技实验中心）

52 浙江楠 Phoebe chekiangensis C. B. Shang

俗名：浙江紫楠。樟科楠属植物。世界自然保护联盟濒危物种红色名录：易危（VU）。国家二级重点保护野生植物；国家二级珍稀濒危保护植物。中国主要栽培珍贵树种。1974年命名。

[形态特征]

常绿乔木，高达20m，胸径50cm。小枝有棱，密生黄褐色绒毛。叶革质，倒卵状椭圆形，长7~17cm，宽3~7cm，先端突渐尖，基部楔形，下面被灰白色绒毛，中脉、侧脉上面下陷，网状脉明显；叶柄密生黄褐色绒毛，长1~1.5cm。圆锥花序长5~10cm，有绒毛，花被片卵形，两面有毛。果紫色椭圆状卵形、近球形，直径8mm，外被白粉，宿存花被6片，革质，紧贴，成“尖”形。种子多胚，1粒种子可发2~3株苗。花期4~5月，果期9~10月。

主要识别特征：小枝有棱，有毛；叶片倒卵状椭圆形，宽3~7cm，反面被灰白绒毛；花序有绒毛；种子多胚性；宿存花被6片，革质，紧贴，成“尖”形。

[资源分布]

分布于浙江西北部和东北部、福建北部。江西庐山、婺源、德兴、玉山、铅山、资溪（马头山）、黎川、宜丰、安福、安远、崇义、大余、九连山等地有分布。

[生物生态特性]

生于海拔1000m以下的山脚、山谷溪流旁常绿阔叶林中。喜温暖湿润气候，酸性或微酸的黄壤、红黄壤上生长良好，伴生树种有薄叶润楠、枫香等。壮年期需光照，抗风、抗污染、抗病虫能力较强，属耐阴树种。

[景观价值与开发利用]

作为庭荫树或风景树孤植、丛植在草坪中，可显其雄伟壮观。浙江楠材质珍贵，早期生长迅速，成材期短，直干性好，自然整枝明显，经营管理方便，在广大丘陵区可作为珍贵用材树种种植造林，可与其他喜光树种混交配置，也可营造纯林。

浙江楠树体通直，树姿雄伟，枝叶浓密，特别是其材质坚实，纹理致密，花纹美观，木味香馥，为上等建筑、造船、家具、雕刻等珍贵用材。北京故宫的文渊阁、乐寿堂、太和殿都有用浙江楠的装饰和家具，故其具有很高的文化价值。

[树木生态文化]

浙江楠以浙江命名，是中国植物分类学家向其伯教授于20世纪60年代在浙江天目山、龙塘山科考时发现的新种。杭州云栖是其模式标本产地，浙江是主产区，分布中心在杭州西湖区，数量有3万多株，面积22.83hm^2。

将军楠是宁波市奉化区溪口镇雪窦寺大殿后两株浙江楠。一株树高19m，胸围158cm，冠幅12m×13m；另一株树高19m，胸围175cm，冠幅11m×14m，为爱国将领张学良将军囚禁于第一幽禁地雪窦山时（原中国旅行社雪窦山招待所期间）所植，故称。1937年1月，他从南京被押解到这里，在夫人于凤至和赵四小姐轮流陪同下，经常到雪窦寺走动。张学良托雪窦寺法师买来4株浙江楠树苗，亲手种植在大雄宝殿后面的空地上。1937年11月7日，招待所失火，张学良搬到雪窦寺暂住；11月9日，张学良被押送到第二个幽禁处黄山。当他离开雪窦寺那天，还一再嘱咐老僧帮他照顾好这四棵树。谁知，将军一走，再也没有回来，由浙到皖，再到赣、湘、黔，直至1946年被押送到台湾，移居美国夏威夷，越走离雪窦寺越远，直到逝世，再也没有看到这四棵浙江楠一眼。

1956年8月，雪窦寺遭强台风袭击，其中两株被毁，幸存的两株如今枝繁叶茂，遮天蔽日，成为雪窦寺一大亮点。1997年，将军楠被评为“宁波十大古树名木”之一。游客到此，无不驻足观看，一边为张将军大义凛然的民族情怀赞叹不已，一边为张将军客死异国，终生难圆回乡之梦深表遗憾！

[保护建议]

参照湘楠条目。

[繁殖方法]

浙江楠的繁殖方法为种子繁殖。

本节作者：曾昱锦（江西省林业科技实验中心）

53 湘楠 Phoebe hunanensis Hand.-Mazz.

俗名：湖南楠。樟科楠属植物。江西Ⅲ级珍贵稀有濒危物种；江西Ⅲ级重点保护野生植物；江西主要栽培珍贵树种。1921年命名。

[形态特征]

常绿小乔木或灌木，高3~8m。小枝有棱。单叶，革质，倒宽披针形、稀倒卵状披针形，长7.5~18cm，宽3~5cm，先端短渐尖，基部楔形，上面光亮，下面有时有短柔毛，苍白色或有白粉，中脉粗壮，下凹，侧脉常10~12对；叶柄长7~15（24）mm。花序近于总状，长8~14cm，生于当年生枝的上部，花长4~5mm，花被有缘毛。果实卵形，直径7mm；宿存花被片卵形，纵脉明显，松散，常有缘毛。花期5~6月，果期8~9月。

主要识别特征：小枝有棱；叶片革质，倒宽披针形、稀倒卵状披针形；下面被白粉；果实卵形，宿存花被片卵形，常有缘毛。

[资源分布]

分布于陕西、甘肃、湖北、湖南（中部、东南部及西部）、贵州（东部）等地。江西宜丰、泰和、井冈山、婺源等地有分布。

[生物生态特性]

生于海拔300~600m的沟谷阔叶林中。喜湿润肥沃之地，耐阴，生长速度中等。

[景观价值与开发利用]

木材坚实耐腐朽，不翘不裂，宜作高级家具。树木耐阴，属常绿小乔木或灌木，宜作为景观树种。

[树木生态文化]

《说文解字》："湘，水。出零陵阳海山，北入江。从水相声。"楠：楠木，常绿乔木，贵重木材。湘表示湘竹、湘江、湘云；楠表示香木、楠木。合起来可以趣解为世上很珍贵、意义优美的树种。20世纪初，在南京灵谷寺，突然"横空出世"一片万株湘楠林。南京的植物专家们在1952年和1983年对灵谷寺调查时都没有发现湘楠。南京农业大学生命科学院的李新华老师通过调查发现5种南京留鸟成了湘楠的传播者，它们通过呕吐帮植物更新、繁衍。

1961年，南京中山陵园管理处从外地引进27株湘楠，种植在灵谷寺庙无梁殿南。据观察，留鸟中的乌鸫、黑脸噪鹛、黑领噪鹛、红嘴蓝鹛和灰喜鹊在湘楠树上取食果食的次数都在180次以上，乌鸫、黑脸噪鹛甚至达到300次。

调查发现，所有鸟粪中没有湘楠种子，说明鸟儿不是靠粪便来传播湘楠种子的。在中山植物园，白头鹎等鸟类大量取食湘楠的肉质核果，然后飞到附近灵谷寺香樟、柏树林中栖息，并将剥离了的果肉吃掉，吐出果核。果核遇见好的土壤温湿度条件就会萌发新的湘楠幼苗，渐次长大成林。在南京，香樟和桂花的繁衍方式和湘楠相似，靠的是鸟儿的呕吐。

[保护建议]

湘楠等楠属植物多为珍贵植物，有些甚至是国家、省重点保护野生植物，因此应加强野生楠属植物的保护，大面积的野生种群应当建立自然保护小区，古树应纳入挂牌管理，安排专人看护。要利用科技手段加强种质资源保护和人工繁育，扩大人工种植面积。

[繁殖方法]

湘楠的繁殖方法为种子繁殖。

本节作者：曾昱锦（江西省林业科技实验中心）

摄影：张成、刘昂

54 白楠 Phoebe neurantha（Hemsl.）Gamble

樟科楠属植物。中国主要栽培珍贵树种。江西主要栽培珍贵树种。1914年命名。

[形态特征]

常绿乔木，高14m。树皮灰黑色。叶片革质，披针形或倒披针形，长8~16cm，宽1.5~4.5cm，先端尾状渐尖，基部狭延，中脉上面下凹，侧脉羽状，8~12对，下面明显突起；叶柄长0.7~1.5cm，稍有柔毛或近无毛。圆锥花序长4~12cm，在近顶部分枝。果实卵形；宿存花被革质，松散，先端外展，有明显纵脉。花期5月，果期8~10月。

主要识别特征：叶片革质，披针形或倒披针形，基部狭延。花被外面及花序生短柔毛、长柔毛或绒毛；果实卵形，长1cm以下；宿存花被片革质、松散，先端外展；果柄下面、老叶疏生短柔毛或近无毛。

[资源分布]

分布于湖北（西部）、湖南、广西、贵州、陕西（南部）、甘肃（南部）、四川、云南。江西庐山、武宁、修水、永修、铜鼓、宜丰、奉新、万载、玉山、铅山、萍乡、宜春、安福、井冈山、大余、崇义、婺源等地有分布。

[生物生态特性]

生于海拔300~1300m的山坡、山洼密林中。耐阴、生长较慢。深根性，萌生力强，能耐间歇性短期水浸。寿命长，病虫害少，能长成大径材。

[景观价值与开发利用]

因颜色别致，又有香气，为细

木工雕刻人士喜爱和市场青睐。木材黄褐略带浅绿色，结构细，强度中等，不太重，不变形，易加工，纹理削面光滑美观，木材内部温度受环境的影响很小，防寒性好，不易变形。白楠木耐腐蚀性强，木质内含有特殊的香味，具有驱散蚊虫的作用，故该木材具极强的防虫效果，为上等家具、建筑、雕刻、模具的良材，胶合板面板、漆具、木胎以及造船亦多应用。近年来，白楠用于城乡造林绿化、美化、香化、彩化的面积不断增加，为涵养水源，保持水土，净化环境，营造景观效果发挥了相应的作用。

[保护建议]

参照湘楠条目。

[繁殖方法]

白楠的繁殖方法为种子繁殖。

本节作者：李雪龙（江西省林业科技实验中心）

摄影：唐忠炳、栗茂腾、段来君

55 紫楠 Phoebe sheareri（Hemsl.）Gamble

俗名：黄心楠、紫金楠、金丝楠。樟科楠木属植物。中国主要栽培珍贵树种。江西主要栽培珍贵树种。1914年命名。

[形态特征]

常绿小乔木，高达15m。小枝、叶柄及花序均被黄褐色或灰黑色绒毛。叶革质，互生，常集生枝顶，倒卵形、椭圆状倒卵形或倒披针形，长8~27cm，宽3.5~9cm，先端突渐尖或尾状渐尖，基部渐狭，上面深绿色，下面密被黄褐色长绒毛，中脉、侧脉上面下凹，侧脉8~13对，弧形，网脉致密，结成网格状；叶柄长1~2.5cm。聚伞状圆锥花序，长7~18cm，于先端分枝。果实卵形，果柄有毛，宿存花被松散。花期4~5月；果期9~11月。

主要识别特征：小乔木，小枝、老叶下面、花序和果柄均被绒毛；叶片倒卵形、椭圆状倒卵形或倒披针形，常集生枝顶，是该属植物叶片较大的一种。

另一种桢楠（*P.zhennan* S.）为市场上流传的金丝楠木，其叶片长7~11cm，宽2.5~4cm，相对较小，椭圆形，稀披针形，先端渐尖，带点尾状。主产于鄂西、黔西北部及四川海拔1500m以下的阔叶林中，其他省份未见分布。但因其少，故将紫楠替代金丝楠木。

[资源分布]

分布于长江流域及以南各省份。江西庐山、宜丰、奉新、井冈山、宜春、安福、德兴、婺源、玉山、铅山、资溪、黎川、安远、崇义、大余、龙南九连山等地有分布。

[生物生态特性]

多散生于常绿阔叶林、毛竹林中或成小片纯林。喜温暖湿润气候及深厚、肥沃、排水良好的微酸性及中性土壤；深根性，萌芽性强，生长较慢，寿命长，在全光照下生长不良，属耐阴树种。

[景观价值与开发利用]

紫楠树形端正美观，叶大荫浓，宜作庭荫树及城乡绿化、美化、香化、彩化、优化风景树。在草坪孤植、丛植，或在大型建筑物前后配植，显得雄伟壮观。其还有较好的防风、防火效能，可作防护林带树种。

木材纹理直，结构细，质坚硬，耐腐性强，供车船、家具、手串、建筑等用。根、枝、叶均可用来提炼芳香油，供医药或工业用；种子用来榨油，供制皂和润滑油用。

[树木生态文化]

故宫是中国保存最大最完整的古建筑群，存有为数不多的清代的楠木家具。明十三陵长陵的祾恩殿是现存最大的楠木殿，殿内的60根巨柱，都是用整根金丝楠木制成的，直径粗的要两人合抱。

承德避暑山庄的澹泊敬诚殿也是美轮美奂的楠木殿。河北保定易县清西陵中的道光墓陵的隆恩殿与东西配殿虽规制精小，但其木结构全部使用金丝楠木，十分罕见，是世界最大的全部使用金丝楠木的宫殿。民间也有收藏楠木的罗汉床、拔步床、飞罩、牌匾和楹联等的。金丝楠木制品已经成为中国文化的经典收藏品。

依据国家标准（GB/T16734-1997）划分，紫楠为樟科楠木属，别名金丝楠，具有广泛的收藏价值。现实中鉴别依据是看楠木中是否有金丝，实际就是楠木材质中折射出的光是否为黄金的色彩和类似绸缎光泽。因为金丝楠木这个名称并不是一个专业技术名称，是历史上从皇帝到百姓对这种木材的通俗说法。首先要确定是楠木，包括桢楠、白楠、闽楠、浙江楠、湘楠、山楠等。楠木属树种在中国约有34种，只要显现金丝明显的均可确定为金丝楠。作为中国古典文化瑰宝代表的金丝楠木所制的家具及木雕因其极高的观赏价值、极稀少的数量和极优良的品质，有极大的升值潜力。

民间有“乾隆盗墓”的故事，说是当年乾隆看中了明陵的金丝楠木，将修葺明陵作掩护，“拆大改小”“偷梁换柱”，拆下上好的木料给自己修建寿陵。资料上也确有记载，乾隆修葺过明陵，而且运回了包括金丝楠木在内的大量明陵物料。在现代的考古中，考古学者也发现清陵建筑材料中使用了明朝的木料、砖石。乾隆成了中国身份最显贵的“盗墓狂人”，这事在京城坊间传得沸沸扬扬，有鼻有眼的，谁也说不清。

[保护建议]

参照湘楠条目。

[繁殖方法]

紫楠的繁殖方法为用播种和扦插繁殖。

本节作者：李雪龙（江西省林业科技实验中心）

（九）蕈树科 Altingiaceae

56 蕈树 Altingia chinensis（Champ.）Oliver ex Hance

俗名：山锂枝、阿丁枫、冬菇树。蕈树科蕈树属植物。江西Ⅲ级珍贵稀有濒危树种；江西Ⅲ级重点保护野生植物。1873年命名。

［形态特征］

常绿乔木，高20m，胸径60cm。树皮灰色，稍粗糙。冬芽卵形，有毛，有多数鳞片状苞片。叶互生，革质，倒卵状长圆形，长7~13cm，宽3~4.5cm，先端短尖头，基部楔形，侧脉7对，两面凸起，边缘有钝锯齿。雌雄同株，无花瓣；雄花短穗状花序；雌花头状花序，有花15~26朵。头状果序近球形。种子多数，褐色，光泽。花期5~6月，果期10月。

主要识别特征：头状花序有雌花15~26朵；果序近球形。同属还有一种细柄蕈树（A.*gracilipes*）的头状花序小，似倒圆锥形，雌花5~7朵。

［资源分布］

分布于广东、广西、福建、浙江、湖南、云南、贵州等省份。江西全省各山区均有分布。

［生物生态特性］

生于海拔400~1200m的山坡常绿阔叶林中。较喜光，幼苗稍耐阴，成长后需光渐强；在林间、林缘及疏林地多幼苗及幼树；大树在密林中散生，树干通直，枝下高长，常与壳斗科植物混生，局部地区有小片纯林。

［景观价值与开发利用］

木材为散孔材，边材红褐色或

黄褐色，心材红褐色，光泽，纹理斜错，坚重，结构细，强度中，干缩大，不易干燥，稍耐腐，有翘裂。供建筑和器具用。山区林农利用废料、梢材，放置林中培养香蕈，产量较高，故俗称蕈树、冬菇树。蕈树的根，性苦、平、入肝、肾二经，具消肿止痛功效，用于治疗风湿痹症，无论寒热、肢体肿胀、挛急疼痛、关节屈伸不利，或跌扑闪扭、筋骨破伤、局部青瘀、活动不灵等症状。从树皮流出的树脂可供药用，或作香料及定香之用。木材含挥油，可用来提取檀香油，供药用及香料用。

蕈树四季常青，叶厚，光亮，可用作园林绿化用，宜孤植、列植作园景树、街道树，也可驯化修剪供盆栽观赏用。

[树木生态文化]

覃类字读音。第一种读音：和“谈话”中的“谈”读音一样，拼音tán。其意为“长”“宽”“广”等意思，通常用在文言文中，或者非常正式的书面语中，在日常生活中已经比较少见。第二种读音：和“勤奋”中的“勤”读音一样，拼音qín。常用作姓。所以，如果一个人姓“覃”时，就读“勤”，可千万别读作“谈”。还有“蕈”（xùn）类植物是指灵芝、云芝、银耳、香菇、茶树菇等植物。

而“蕈树”是蕈树科蕈树属的一种乔木植物，从“长”“宽”“广”字意理解，该树是高大的乔木植物。同时，该树是用来种养灵芝、银耳、香菇等珍贵食品的最佳培养基质，比栎类基质产量多，品质高，更纯正，故名。现在科学家正在集中研究药用植物的效用，尤其是蕈类，许多蕈类中能有效抵抗真菌、细菌和病毒的生物活性物质已经得到确认。

[保护建议]

蕈树是重要园林观赏树种，一般分布在低山地，但由于前些年人为过度采伐，野生蕈树少见。故应定期开展监测，观察是否有病虫危害或异样变化，及时科学防治；控制周边区域除草剂使用量，免得对该树种造成伤害；控制乡村森林公园旅游人流量，防止人为破坏；改善其生长条件，合理施用复合肥，叶面喷水保湿。

[繁殖方法]

蕈树的繁殖方法多采用种子繁殖。

本节作者：廖利华（江西省林业科技实验中心）

57 枫香树 Liquidambar formosana Hance

俗名：路路通、山枫香树、枫香、枫树。蕈树科枫香树属植物。秦岭淮河以南主要栽培珍贵树种。1866年命名。

[形态特征]

落叶乔木，高达30m，胸径1m。叶互生，掌状分裂3~5，先端尾尖，基部心形，叶缘具锯齿，下面有毛或仅脉腋间有毛；叶柄长4~11cm，有短毛。花单性，雌雄同株，雄花短穗状花序，雄蕊多数；雌花头状花序，有花24~43朵。头状果序木质，圆球形。种子多数。花期3~4月，果期9~10月。

主要识别特征：单叶互生，掌状分裂3~5个，先端尾尖，基部心形，有锯齿，叶柄长4~11cm；雌花和蒴果有尖锐的萼齿。

[资源分布]

分布于秦岭—淮河以南，北起河南、江苏，东至台湾，西南至四川、云南、西藏，南至海南岛。江西全省各地均有分布。

[生物生态特性]

多生于平地，村落附近，及低山的次生林。村庄附近常有大树。多生于酸性土或中性土壤，常为次生林优势树种。性喜光，深根性，抗风，耐旱，耐火烧，适应性强。不耐水湿。速生萌芽力强。在采伐、火烧迹地为先锋树种。

[景观价值与开发利用]

枫香树高干直，树冠宽阔，树姿宏伟，深秋叶片色彩变化大，或变黄或变红或绿黄红三色渐变，为著名秋叶造景树种。在江西省南方低山、丘陵地区营造风景林很合适，适应性强，根系发达，叶大且多，是丘陵地区造林先锋树种，可固土、涵养水源、防止水土流失。也可在园林中栽种，作庭荫树、行道树，在草地孤植、丛植，或在山坡、池畔与其他树种混植。

枫香木材红褐色或浅红褐色，纹理交错，结构细，易翘裂，经干燥处理后耐腐，可作胶合板、茶叶箱、食品箱、砧板等用材。树皮可割取枫香树脂制作香料和药用。

[树木生态文化]

江西农村村旁的大枫香树常被村民视作神树，每逢家中婚嫁、育儿、上学考取功名等诸多好事喜事时，就会扎上红布条，顶礼膜拜，求神树保佑，消灾除魔，祈求风调雨顺、五谷丰登。

2019年江西全省十大树王中的枫香树王位居大余县南安乡梅山村，树高32m，胸径5.15m，树龄1400年。

[保护建议]

现已广泛栽植，对野生种群和古树应加强保护，做好种质资源的保护和收集工作。

[繁殖方法]

枫香树的繁殖方法为种子繁殖。

本节作者：黄明辉（全年县天龙公司）

58 半枫荷 **Semiliquidambar cathayensis** Chang

俗名：阿丁枫、闽半枫荷、小叶半枫荷。蕈树科半枫荷属植物。世界自然保护联盟濒危物种红色名录：易危（VU）。国家二级珍贵濒危保护植物。江西II级珍贵稀有濒危树种。1962年命名。

[形态特征]

常绿乔木，高15~20m，胸径60cm。叶簇生于枝顶，革质，异型，不分裂叶片卵状椭圆形，似木荷叶，顶端渐尖，基部宽楔形，两侧稍不等；开裂叶为掌状3裂，有时单侧叉状分裂，边缘具腺锯齿；叶柄长2.5~4cm，上面有槽沟。雌雄同株，雄花多数穗状排列成总状花序；雌花多数头状花序，单生，长4.5cm。头状果序近球形，木质，蒴果22~28个。种子多数。花期2~3月，果实成熟期秋季。

主要识别特征：叶异形，有分裂叶和不裂叶同生，革质，长10cm以上，叶柄长2.5~4cm。

[资源分布]

半枫荷属中国特有种。分布于广西（北部）、贵州（南部）、广东。江西石城、瑞金、龙南、全南、寻乌、安远等地有分布。

还有一种闽半枫荷，分布在福建；细柄半枫荷分布在广东北部和广西北部。

[生物生态特性]

生于海拔200~900m的山地常绿阔叶林及混交林中下层。喜土层深厚、肥沃、疏松、湿润排水良好的酸性土壤，pH 5~6。属中性树种，幼年期耐阴，天然更新能力差，萌蘖力弱。常与蕈树、丝栗栲、枫香、杨梅、细枝柃、油茶、中华里白等混生。

[景观价值与开发利用]

半枫荷因其幼耐阴，叶片红色、绿色，加之怪异3裂，可培育盆栽观赏。在景观应用中常孤植或列植。

半枫荷也是一种珍贵的药用植物，根、树皮味辛，微温，具祛风除湿、舒筋活血的功效，可治风湿痹痛、跌打损伤、腰腿痛、痢疾症状；外用刀伤出血。侗、瑶、壮、苗等少数民族用半枫荷治病，积累书写了很多医药论著，如《侗医学》。半枫荷是治疗骨关节病的良药，被誉为药用植物中的国宝。半枫荷木材材质优良，旋刨性良好，可作旋刨制品。

[保护建议]

半枫荷生长在较阴湿环境，所以这是保护野生半枫荷植株的首要条件，同时要对野生种群和古树加强保护，做好种质资源的保护和收集工作。

[繁殖方法]

半枫荷常采用种子繁殖。

本节作者：刘良源（江西省林业有害生物防治检疫中心）

（十）金缕梅科 Hamamelidaceae

59 长柄双花木**Disanthus cercidifolius** subsp. **longipes**（H. T. Chang）K. Y. Pan

金缕梅科双花木属植物。世界自然保护联盟濒危物种红色名录：濒危（EN）。国家二级重点保护野生植物。江西II级珍贵稀有濒危树种。中国特产单种属孑遗植物。1991年命名。

[形态特征]

落叶灌木。小枝弯曲状，褐色，有小皮孔。叶互生，膜质，宽卵圆形，长5~8cm，宽6~9cm，先端钝，基部心形，下面常有粉白色蜡被，掌状脉5~7条，全缘；叶柄长3~5cm。头状花序，腋生，两朵对生，花序梗长1.5~3.2cm。种子黑色，光泽。花期10~12月，果期11月至翌年春。

主要识别特征：叶宽卵形，掌状脉，叶柄长3~5cm，两性花2朵并生，花瓣红色。

[资源分布]

分布于湖南省常宁县阳山、道县空树岩、宜章县与广东交界的莽山、浙江开县化等地。江西德兴三清山、宜丰官山、铅山武夷山、南丰军峰山等有零星分布。在武功山金顶步行下山至茅草与灌丛相交处，海拔1600m左右，发现有分布。

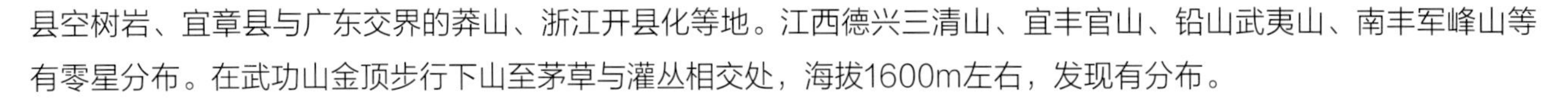

[生物生态特性]

生于海拔800~1500m的山坡林下或灌丛中。长柄双花木喜温凉多雨、云雾重、湿度大的山地气候。耐阴树种，长在林下的植株可形成主干；长在山脊陡坡上的，因大风日照强，易受日灼，树干多弯曲、丛生。常与交让木、厚皮香、绵椆、硬壳椆、美丽马醉木、老鼠矢、满山红等植物伴生。长柄双花木对环境的要求有“三喜”“二怕”。“三喜”是喜湿润凉爽山地气候；喜肥沃疏松土壤；喜空气湿度大的森林环境，阴坡或半阴坡更适合其生长。“二怕”是怕积水烂根；怕干旱日灼。试验发现，在山顶也可生长，但生长不良。

[景观价值与开发利用]

长柄双花木秋季开花，其花红色；树叶秋季变红、变黄，点缀于青翠的常绿阔叶林间，景色秀丽，是优良的观花观叶树种。耐阴植物，可群植在群落中间层，一般要求在林缘，侧方遮阴较强的地段；园林中最好种植在建筑北面，能在一天时间中有部分时间被光遮挡的地方最好。注意满足凉爽、湿润、排水良好的条件，可驯化盆栽，以观红叶、红花、双果、枝曲多态的树姿。

[树木生态文化]

长柄双花木最早是由中山大学张宏达教授发表于《中山专刊》，凭证标本由植物标本采集家陈少卿先生于1942年10月在湖北省宜昌市莽山水口庙采集。

古怪的红色花朵并蒂双生，在漫长的岁月里，保持着自己最原始的面目。叶柄和花序柄都较长，花朵则背靠背对生在花序柄顶端，故得此名。

[保护建议]

由于森林的砍伐破坏，长柄双花木的个体数量越来越少，且适宜的生存区域也日渐狭窄，已成为濒危物种，要加强保护。可以设立固定样地，专人进行长期定位监测与研究，更多地了解其生物学与生态学特性及濒危情况。加强民众对长柄双花木的保护宣传，增强保护意识，尽可能就地保护其原有生境。同时，采种育苗，利用回归引种方法，缓解长柄双花木自然繁殖能力弱的困境。

[繁殖方法]

长柄双花木可用种子育苗、嫩枝扦插和压条法繁殖。

本节作者：朱小明（江西省林业科技实验中心）

摄影：林秦文、刘军

（十一）黄杨科Buxaceae

60 黄杨 Buxus sinica（Rehd. et Wils.）Cheng

俗名：锦熟黄杨、瓜子黄杨、黄杨木。黄杨科黄杨属植物。中国主要栽培珍贵树种。江西主要栽培珍贵树种；江西Ⅲ级珍贵稀有濒危树种；江西Ⅲ级重点保护野生植物。1980年命名。

［形态特征］

常绿小乔木或灌木，高1~6m，胸径可达28cm。小枝具4棱，被柔毛。叶革质，对生，阔椭圆形或卵状椭圆形，长1.5~3.5cm，宽0.8~2cm，先端圆或钝，有小凹缺，基部圆或楔形，基部有细毛，叶面光泽，中脉凸起，密生白色短线状钟乳体；叶柄长1~2mm，上面有毛。花单性，雌雄同株，无花瓣；花序腋生，头状，10朵密集，有毛。蒴果近球形，熟时沿背3瓣裂。花期3~4月，果期5~7月。

主要识别特征：叶革质，对生，阔椭圆形或卵状椭圆形，长1.5~3.5cm，宽0.8~2cm。上面有侧脉，下面无侧脉；雄花近无柄。

［资源分布］

分布于华北、华中、华东、西南各省份。江西南北有产，武夷山自然保护区近黄岗山顶部的山中上部的南坡地有群落分布。

黄杨为东亚黄杨属的代表种，广泛分布，变异多，由此派生了几个不同的种。如越橘叶黄杨（变种）、小叶黄

杨（变种），庐山五老峰有分布，生于海拔1000~1500m的向阳处或灌丛中。尖叶黄杨（亚种）产于井冈山、武夷山、黎川岩泉等地，生于海拔600~1700m的溪边岩上或灌丛中。

[生物生态特性]

喜海拔1000~2600m处湿润、肥沃、深厚的中性土壤，多生长在高山峻岭和悬岩陡壁及石灰岩山地、山谷多石的地方，溪边林下也常有分布，浅根性，较耐阴。耐热耐寒，可经受夏日暴晒和耐-20℃左右的严寒。分蘖性极强，耐修剪，易成型，秋季叶片可转为红色。

[景观价值与开发利用]

黄杨四季常青，树枝优美，叶小如瓜子瓣，质厚光泽，终年观赏，耐修剪，耐寒，耐旱，耐阴湿，抗性强，供园林绿化和庭院美化，盆景配上假山石是盆景爱好者和文人墨客灵感的源泉。

黄杨木材鲜黄色，心材和边材区别不明显，有光泽，纹理斜，结构细，坚硬致密，耐腐朽，抗虫蛀，是各种雕刻、工艺美术作品的上等材料。“黄杨根、叶入药，具祛风除湿，行气活血之功效。”幺老药、瑶药、彝药都有记载，黄杨是中华民族中草药奇葩。

[树木生态文化]

古话说“家有黄杨，世代栋梁”。黄杨在民间有辟邪的作用，如果在家中种植黄杨或摆放黄杨摆件，可以驱邪、生财，为家庭带来祥瑞之气。清代李渔（1611至约1679，戏曲理论家、作家，浙江兰溪人）称黄杨为“木中君子”，著《闲情偶寄》记有“黄杨每岁一寸。不溢分毫，至闰年反缩一寸，是天限之命也。”苏轼也认为“园中草木春无数，只有黄杨厄闰年。”其实黄杨在闰年并非缩减一寸，而是不长。黄杨木雕就是说的黄杨木雕刻件，其色呈乳黄色，时间愈久，颜色由浅入深，给人以古朴典雅之美感，与浙江的东阳木雕、青田石雕并称“浙东三雕”。

[保护建议]

现已广泛栽植，对野生种群和古树应加强保护，做好种质资源的保护和收集工作。

[繁殖方法]

黄杨繁殖方法有播种育苗和扦插繁殖。

本节作者：汤玉莲（江西省林业科技实验中心）

（十二）连香树科 Cercidiphyllaceae

61 连香树 **Ceridiphyllum japonicum** Sieb. et Zucc.

俗名：紫荆叶树。连香树科连香树属植物。国家二级重点保护野生植物；国家二级珍贵树种；中国主要栽培珍贵树种；国家二级珍稀濒危保护植物。江西II级珍贵稀有濒危树种；江西主要栽培珍贵树种。1846年命名。

[形态特征]

落叶乔木，高25~40m，胸径达1m。老树皮灰褐色，纵裂，呈薄片状剥落。小枝褐色，皮孔明显，有长短枝之分，叶在短枝上单生，在长枝上对生。叶纸质，生于短枝上的近圆形、宽卵形或心形，基部心形，生长于长枝上的卵形，长3.5~7.5cm，宽3~6cm，上面深绿色，下面淡绿色，先端圆或钝尖，基部圆形或心形，具钝圆锯齿，掌状脉5~7。花单性，雌雄异株；雄花常4朵丛生；萼片膜质，卵形；花丝细，长4~6mm；无花瓣；雌花2~6朵丛生，有4片较大的绿色萼片，花先叶或与叶同时开放。蓇葖果2~4个，圆柱形，微弯，长0.8~1.8cm，暗紫褐色，微被白粉，花柱残存。种子褐色，先端有翅。花期4~5月；果期9~10月。

主要识别特征：小枝无毛，短枝在长枝上对生；叶基部圆形或心形，边缘有钝圆锯齿，掌状脉5~7。

[资源分布]

分布于河南、山西、陕西、甘肃、四川、湖北、安徽、浙江等省份。江西婺源、庐山、武夷山、武功山等地有分布。

[生物生态特性]

生于海拔650~2700m山谷阔叶林中、林缘湿地。喜冬暖夏凉、空气湿润的环境，耐阴，幼树生在林下弱光处，成年需一定的光照。土壤为棕壤和红黄壤，在土层深厚、有机质含量丰富的林区中生长更好。深根性，抗风，耐湿，生长缓慢，结实稀少。

[景观价值与开发利用]

连香树树体高大，树姿优美，叶形奇特，叶色季相变化丰富，春为紫红，夏为翠绿，秋为金黄，冬为深红色，是典型的彩叶树；且落叶迟，农历腊月末才开始落叶。发芽早，翌年正月开始发芽，极具观赏价值，是园林绿化、景观配置的珍贵树种。一般丛植于林缘，以常绿阔叶树为背景，下部配置常绿灌木，能显其清雅脱俗的清姿丽质；也可植于草坪角隅或对植于屋前和路口处，赏其优雅姿态。另外，其木材纹理通直，结构细致，耐水湿，是制作乐器、家具等稀有珍贵用材。

[树木生态文化]

连香树春天叶芽为紫红色，夏天为翠绿色，秋季由绿变青，由青变橙色、黄色、红色，往往一棵树上，五色具备，色系丰富，非常美丽。更有趣的是，如果摇晃它，就会散发出棉花糖的甜香味，越摇越香，百米外可闻，故名“连香树”。连香树树干通直，生长迅速，树形优美，新叶紫绿色，秋叶黄色、红色，其形态似紫荆叶，故又名紫荆叶树，是较好的庭荫树。其树皮具有耐火能力，故在建筑物周围植之，不但可美化环境，又具防火功能。

重庆南川金佛山自然保护区发现一株树龄500年古连香树，高20余米，胸径3.92m。早期遭遇雨雪灾害死亡后，再由茎根部重新萌发生成5株20多米的大树。

[保护建议]

连香树结实率低，幼苗易受暴雨、病虫害等外界条件危害，故天然更新困难，林下幼树极少，导致连香树分布区逐渐缩小，成片群落更为罕见。为此，一方面要就地保护，成立连香树自然保护区，加强管理；另一方面采取迁地保护。

[繁殖方法]

连香树的繁殖方法有种子育苗、梗枝扦插和嫩枝扦插。

本节作者：钟明（江西省林业科技实验中心）

摄影：刘军、宋鼎

（十三）豆科 Fabaceae

62 紫荆 *Cercis chinensis* Bunge

俗名：老茎生花、紫珠、裸枝树、满条红、白花紫荆、短毛紫荆。豆科紫荆属植物。江西Ⅲ级珍贵稀有濒危树种；江西Ⅲ级重点保护野生植物。1835年命名。

[形态特征]

落叶灌木或小乔木，高达10m，常丛生或单生。树皮和小枝浅灰白色。叶纸质，近圆形或三角状圆形，长5~10cm，宽与长相等或稍短于长，先端急尖，基部心形，嫩叶绿色，仅叶柄稍带紫色，叶缘膜质透明。花紫红色或粉红色，2~10朵成束簇生在老枝或主干上，先叶开放。荚果扁狭长形，沿腹缝线有狭翅。种子2~8粒，扁圆形，光亮。花期3~4月，果期8~10月。

主要识别特征：树皮和小枝灰白色；叶纸质，宽与长相若或略短于长，基部心形；花先叶开放，2~10朵成束簇生于老枝和主干上；荚果沿腹缝线有狭翅。

[资源分布]

紫荆原产中国，分布于黄河流域以南，西北至陕西、甘肃、新疆，西至四川、西藏，南至贵州、云南、广东、广西。常见的栽培植物，现各城市均有引种栽培。

[生物生态特性]

生于山坡、溪旁、灌丛中，或栽培于庭园。暖温带树种，喜光，喜温湿肥厚土壤，在pH 8.8、含盐量0.2%的盐碱土中生长仍健壮，忌水湿。幼苗移栽易，大树移栽难成活。萌蘖性强，耐修剪。

[景观价值与开发利用]

树可抗毒性气体，净化空气。花多而丽，为著名观赏树，可以孤植或列植，一般在庭院、公园等地栽植。

边材淡褐色，心材灰黄色，纹理直细，坚垂，供建筑器具用。树皮、木材、根药用，可消肿、活血、解毒，树皮、花梗为外科疮疡用药。

[树木生态文化]

在中国古代，紫荆花常被人们用来比拟亲情，象征兄弟和睦、家业兴旺。传说南朝时，京兆田真与兄弟田庆、田广三人分家，当别的财产都已分置妥当时，最后才发现院子里还有一株枝叶扶疏、花团锦簇的紫荆树不好处理，当晚兄弟三人商量将这株紫荆树截为三段，每人分一段。第二天清早，兄弟三人前去砍树时发现，这株紫荆树枝叶已全部枯萎，花朵也全部凋落。田真以此紫荆对两兄弟感叹道："是人不如木也。"后来，兄弟三人又把家合起来，并和睦相处。那株紫荆树好像颇通人性，也随之恢复了生机，且生长得花繁叶茂。唐朝诗人李白《上留田行》中感叹道："田氏仓卒骨肉分，青天白日摧紫荆。"

唐朝诗人韦应物的五言绝句《见紫荆花》："杂英纷已积，含芳独暮春。还如故园林，忽忆故园人。"

元朝诗人张雨《湖州竹枝词》："临湖门外是侬家，郎若闲时来吃茶。黄土筑墙茅盖屋，门前一树紫荆花。"落英缤纷，那一地的紫色花瓣，让游子心头再次涌上归思。忆念故里的感情，着墨不多却透视出款款深情，感人至深。

在河南，紫荆树已成为一个符号、一种象征。河南的紫荆是以'四季春1号'（栽培变种）为代表的紫荆属观花大乔木集合，除乡土树种巨紫荆（湖北紫荆）外，还有新叶金黄色的'四季2号'、两季开花的'四季3号'、花色牙白的'四季4号'、叶背有绒毛的'四季5号'以及新叶红褐色的'鸿运当头'，等等，这些树种和品种为河南乃至全国的城市绿化建设提供了优质的植物素材。

[保护建议]

现已广泛栽植，普遍用于城市景观中，但对野生种群和古树应加强保护，做好种质资源的保护和收集工作。

[繁殖方法]

紫荆多用种子繁殖，也可用压条嫁接、分株和插条繁殖。

本节作者：欧阳蔚（江西省林业科技实验中心）

63 黄檀 **Dalbergia hupeana** Hance

俗名：不知春、望水檀、檀树、檀木、白檀、上海黄檀。豆科黄檀属植物。江西Ⅲ级珍贵稀有濒危树种；江西Ⅲ级重点保护野生植物。1882年命名。

[形态特征]

落叶高大乔木，高10~25m。树皮暗灰色，片状剥落。幼枝淡绿色，无毛。奇数羽状复叶，小叶7~15片，长圆形或宽椭圆形，长3.5~6cm，宽2.5~4cm，先端钝或微凹，细脉隆起，叶轴及小叶柄有白色疏柔毛。圆锥花序顶生或腋生，淡黄白色。荚果长圆形，扁平。种子1~3粒，肾形。花期5~6月，果期9~10月。

主要识别特征：奇数羽状复叶，小叶互生；荚果含种子1~3粒而不裂。

[资源分布]

广布于华东、中南（河南无）、西南各省份。江西三清山、铜钹山等全省各地均有分布。

[生物生态特性]

生于海拔600~1400m山地林中、溪沟边和村旁。喜阳光，耐干旱、瘠薄土壤，在石灰岩地区也能生长。深根性，具根瘤，能固氮，萌芽力强，是荒山荒地造林的先锋树种。

[景观价值与开发利用]

因黄檀根可产生根瘤，可固氮，所以它是荒山荒地绿化的先锋树种，亦可作石灰质土壤绿化树种。可作庭荫树、风景树、行道树用，还可与马尾松、湿地松等针叶树种营造混交林。因种子富含蛋白质，是鸟类最喜爱的食物，这样也可利用鸟类吃食松毛虫等害虫。其叶也富含蛋白质，可在林下养鸡、孔雀等禽类，产生立体效益。因秋冬叶色转淡红、淡黄，可作园林风景观赏树。

黄檀木材黄色、浅黄褐色，纹理细，光泽，坚韧，负重力、拉力极强，难切割，切面光亮，易黏胶，握钉力强，耐冲击，富弹性，材色美观悦目，可做运动器械、玩具、雕刻、农具、细木工等各种高级器具用，是优质用材树种。种子榨油可供工业润滑油用。花是蜜源，黄檀蜜具清香味。黄檀可放养紫胶虫，其产生的紫胶是优良化工原料。

[树木生态文化]

浙江省温州市乐清市城北乡有一个黄檀硐古村落。名字听起来就格外优雅美好，村庄始建于宋代宝庆年间，已有约800年历史，面积

207hm², 海拔逾400m，由于深居山中，古朴静美，至今都是温州市难得保存完整的古村落之一。因村庄的山坡上有一片黄檀树林，而黄檀树林上面的悬崖峭壁深藏一洞穴，故这个村落叫作“黄檀硐”。村落四面环山，除东南西北四处寨门外，别无路径出入，大量的明清建筑得以保存。自然风光独特，东西有瀑布垂流，南北峭壁高耸，清澈的溪流穿村而过，石桥横卧，山间田园村落、宅院毗邻相接，有“寻德桃源”之说。

海南省有一种降香黄檀，有香味，树高20m，胸径80cm，其木材有着巨大的经济和文化价值。用作家具的降香黄檀就是花梨木，其质地细腻，密度大，表面光滑，赏心悦色，市场上花梨木的价值比紫檀还高，是用斤论卖的，加之木材的降香味，可是珍贵之极。

还有一种分布在云南西双版纳的黑黄檀，又名版纳黄檀。因其木质酷似牛角，故又称“牛角木”。其花与木材有酸香气味，又称“酸香树”，位列我国《红木国家标准》中黑酸枝，其心材黑褐色，黑中带红，材质坚重致密，入水即沉，光滑油润，不翘不裂，花纹瑰丽，硬度极高，耐腐蚀，抗白蚁，抗虫蛀，耐磕碰，有很好的耐久性，是制作高档家具、农具、细木工、高档装饰的上等用材。

在我国，黄檀属约有28种1变种，产于西南部、南部及中部等地区，江西有6种。在《红木国家标准》中列入的33个树种中，降香黄檀、黑黄檀均已入列红木高档用材，江西不产这两种黄檀，但现在已引种栽培。如吉安市林业科学研究所，早在20世纪60年代就开始引种黑黄檀（黑紫檀），已初步取得驯化引种效果。

[保护建议]

黄檀俗名不知春，萌发较晚，生长缓慢，常有黄檀尺蠖危害，需及时科学防治。对黄檀古树要造册登记、定位、观察，发现问题及时处理。

[繁殖方法]

黄檀用种子育苗繁殖。

本节作者：刘良源（江西省林业有害生物防治检疫中心）

64 皂荚 **Gleditsia sinensis** Lam.

俗名：刀皂、牙皂、猪牙皂、皂荚树、皂角、三刺皂角。豆科皂荚属植物。中国主要栽培珍贵植物。江西主要栽培珍贵植物。1788年命名。

[形态特征]

落叶乔木，高5~25m，胸径达1.2m。树皮暗灰色或灰黑色，粗糙。有枝刺，刺粗壮，圆锥形。一回羽状复叶，幼树及萌芽枝有二回羽状复叶，小叶3~9对，卵状披针形或长圆形，长2~8.5cm，宽1~4cm，先端渐尖，有小尖头，基部圆心形，边缘细锯齿，上面有短柔毛，下面中脉稀有柔毛，网脉两面突起。花杂性，浅黄色，排列成总状花序腋生或顶生。荚果带状，果肉厚，两面隆起，褐棕色，被白色粉霜。种子多粒，长圆形，棕色，光亮。花期4~5月，果期10月。

主要识别特征：刺圆锥形；小叶片上面网脉突起，边缘有细锯齿；荚果肥厚，不扭转或指状稍弯状。

[资源分布]

分布于东北、华北、华东、华南及四川、贵州。江西全省广布。

[生物生态特性]

生于海拔100~1500m的山坡、山谷、林中，或村旁、路旁、沟边。深根性，喜温湿、肥沃土壤，在石灰岩山地、微酸性及轻盐碱土上都能长成大树。干燥贫瘠之地生长不良。其寿命600~700年，需6~8年营养生长才能开花结果，结果期可达数百年。属喜光树种。

[景观价值与开发利用]

高大的树体，叶片翠绿紧密，形如撑开的绿色巨伞，缤纷美艳。秋霜染红树叶，间缀串串累累红褐色带状果实，是城市绿化和行道树的优良品种。皂荚耐旱节水，根系发达，又耐热、耐寒、抗污染，还固氮，是具适应性、抗逆性等综合价值的退耕还林、防护林、水土保持林、草原林牧结合的优选树种。

木材黄褐色，有光泽，难干燥，易开裂，坚硬，可供器具用。果含皂素，可代肥皂，尤宜洗涤丝绸、毛织品，不损光泽，捣碎泡水，洗头发，散发清香。叶、荚煮水可杀红蜘蛛等螨类害虫。皂荚刺为传统中药材，是治疗乳腺癌、肺癌等多种癌症的配药之一。果荚有祛痰、利尿、杀虫等效。皂荚中的皂苷素是三萜烯类和低聚糖，有消炎抗溃疡、抗病变的效果，还有抗癌和提高艾滋病免疫力等功效。种子供榨油，作工业用油；种仁经炒熟后可食，先甜后辣，但不宜多食，有微毒。药用皂角刺具有消肿脱毒、排脓、杀虫的功效。

[树木生态文化]

河南洛阳偃师市高龙镇辛村二组辛平山有一株树龄约600年的古皂荚树，树高15m，胸径5.43m，冠幅224m^2。迄今，树叶绿色，无焦黄叶；树枝正常，无枯死枝；主干有腐斑、树洞；冠形饱满，无缺损，总体生长状况良好，有沫蝉危害。

相传，当地有一户农家，儿子不孝，将年迈的父母赶出家门，居住在辛村一间破草房里，衣食无落。一天，老父梦见一位神仙说，门前青石下面有一罐金子，可拿来度日，但不可告知任何人，包括你儿子在内，否则这些金子就会变成一株树。父亲按照神仙的指点，果然取出金子，过着衣食无忧的日子。后来，儿子听说此事，便数番给父母赔罪，要孝敬父母，并向父母诉说自己生活的艰辛，请父亲告知藏金子的地方，而父亲一直没有理会他。

后来，父亲生病了，儿子、儿媳装着难过，殷勤侍奉老人。父亲心软了，加之儿媳哭诉和老伴的劝说，终于忍不住把藏金子之地告知了儿子。儿子随即离弃患病的父亲，急忙去取金子，但当他满怀希望找到地方时，只见青山下面刚长出一株皂荚树幼苗，却没有金子。当他失望返回想要询问个究竟时，老父不见了。皂荚树越长越大，村子几经变迁，树干空了，但仍枝繁叶茂。如今，谁家的孩子不孝顺，当地人都会用此树的传说教育子女，故称此树为辛村劝孝树。

[保护建议]

皂荚分布广泛，适应能力强，对大树、古树要定期开展监测，做好记录，发现病虫或异常，及时进行分析研究和科学防治。作为传统中药材树种，要加强种质资源保护，保持种群遗传多样性。

[繁殖方法]

皂荚主要采用种子育苗、嫁接及根蘖繁殖。

本节作者：卢建红（江西省林业科技推广和宣传教育中心）

65 花榈木 **Ormosia henryi** Prain

俗名：红豆树、臭桶柴、花梨木、花狸、亨氏红豆、马桶树、烂锅柴、硬皮黄檗。豆科红豆属植物。世界自然保护联盟濒危物种红色名录：易危（VU）。国家二级重点保护野生植物；国家二级珍稀濒危树种。江西Ⅰ级珍贵稀有濒危树种。中国主要栽培珍贵树种；江西主要栽培珍贵树种。1900年命名。

[形态特征]

常绿乔木，高达16m，胸径可达40cm。树皮灰绿色，嫩枝折断有臭味。小枝、裸芽、叶轴、花序密被灰黄色绒毛。奇数羽状复叶，小叶长4.6~16cm，宽2.1~6.5cm，基部圆钝，叶缘微反卷，叶背及叶柄密被灰黄色绒毛。圆锥花序顶生，密被绒毛，花冠淡绿色。荚果扁平，长椭圆形，顶端有喙。种子4~8粒，椭圆形或卵形，种皮鲜红色。花期7~8月，果期10~11月。

主要识别特征：除主干外，全体有毛。嫩枝折断有臭味。

[资源分布]

分布于东南亚热带地区。在海南、广东、广西、湖南、浙江、福建、湖北等地有分布。江西花榈木资源较为丰富，井冈山、武功山、铜钹山、三清山等全省各地均有分布。

[生物生态特性]

垂直生于65~750m的丘陵及低山区，呈小面积斑块分布或零星分布。常见于山坡、溪谷、路边附近天然林内，也常与杉木、马尾松、枫香、苦槠、青冈、竹林、罗浮栲等混生。花榈木喜黄壤和红壤。

[景观价值与开发利用]

花榈木树体高大通直，树皮绿色光洁，枝叶浓密，花蝶形淡绿色，荚果吐红。可植为用材林、风景树、园林或行道树，种植在森林公园、溪流河岸、四旁绿化和庭院等地。

著名的用材树种，材质坚硬，心材橘红色，干后深栗褐色，纹理清晰美丽，为制作高档家具、雕刻及高级装饰品等用材。

[树木生态文化]

花榈木，亦名“花榈”，其木纹若鬼面者，亦类狸斑，又名“花狸”、花梨木。老者纹拳曲，嫩者纹直。花纹圆晕如钱，大小相错，色彩鲜艳，纹理清晰美丽，可作家具及文房诸器用材。花梨木有老花梨与新花梨之分。老花梨又称黄花梨木，颜色由浅黄到紫赤，纹理清晰美观，有香味。新花梨的木色显赤黄，纹理色彩较老花梨稍差。在《红木国家标准》中，花梨木类归为紫檀属，许多商家将其称为“紫檀花梨”。花梨木材又分为越柬紫檀（中南半岛）、安达曼紫檀（安曼达群岛）、刺猬紫檀（缅甸）、印度紫檀、大果紫檀（中南半岛）、囊状紫檀（老挝、印度、斯里兰卡）、乌足紫檀（中南半岛）七种品种。

中国古代对花榈木（即花梨木）就有较深的理解。《古玩指南》中提到对花榈木的定义：“花梨为山梨木之总称，非凡皆本之梨木，其木质均极坚硬而色红，唯丝纹极粗。”

古籍《博物要览》中提到花榈木“花梨产交广溪涧，一名花榈树，叶如梨而无实，木色红紫而肌理细腻，可作器具、桌、椅、文房诸器。”《广州志》中有这样的记载：“花榈色紫红，微香，其纹有若鬼面，亦类狸斑，又名‘花狸’。老者纹拳曲，嫩者纹直，其节花圆晕如钱，大小相错者佳。”明代学者黄省曾所写的《西洋朝贡典录》记载，花梨木已成为南洋诸国朝贡的贡品。

花榈木在中国应用的历史相当久远，早在唐朝时期，花榈木就被广泛的使用，用花榈木制作的器物更是受到人们的喜爱。唐朝《本草拾遗》中记载：“花榈出安南及南海，用作床几，似紫檀而色赤，性坚好。”明朝的《格古要论》详细地描述了花榈木的产地和特性：“花梨木出南番、广东，紫红色，与降真香相似，亦有香。其花有鬼面者可爱，花粗而色淡者低。”

如何识别花梨木？

一看带状条纹：木纹较粗，纹理直且较多，心材呈大红色、黄褐色和红褐色，纵切面带状纹明显。

二看交错纹理：纹理呈青色、灰色和棕红色等，且几种颜色交错分布。

三看偏光：从切面看有折射的光线，只有一个角度可看到折射光线最亮最明显，而其他角度则不明显。

四看鬼脸：其纹有若鬼面，亦

类狸斑，圆晕如钱，大小相错。

五看牛毛纹：从弦切面看，能明显看到类似牛毛的木纹。

六看荧光：将一小块花梨木放到水中，就能看到水里漂浮着绿色的物质，此物质能发出一种荧光。如果下雨时淋湿了堆放的花梨木，从流出的雨水中也能看到这种荧光。

七闻檀香味：拿花梨木木材用鼻子一闻，可闻到一股檀香味，很香，但比降香黄檀的香味要淡。

常见木纹如下。

“鬼脸纹”：顾名思义，有脸廓、眼、鼻，似人的脸谱或猴样的脸谱，或自然界中各种动、植物、昆虫形状。这是有趣的自然艺术杰作，是鉴别花梨木的一大依据。

“山水纹”“竹丝纹”：木质纹理自然起伏，构造如同山水般的形状，或与竹纹理一般的柔软形状。

“瘿木纹”：是花梨木遭受外力伤害或自身病变所产生的材质变异现象。将瘿木锯开并刨平，其半透明的板面上会突显出金豆般闪烁的颗粒。

“狸猫纹”：椭圆形螺旋状的木结疤纹理，形状酷似云豹或狸猫身上皮毛的斑纹。花梨木亦称“花狸”木，便是名于此。

“凤眼纹”或“观音眼纹”：因其椭圆的眼形与工笔画下的凤凰眼或观音眼极为相似而得名，其椭圆形或淡或浓的圈纹，如烟似雾。

“行云流水纹”或称“烟雨纹”：木材纹理显现出幅幅不同的动感图案，宛如行云流水或烟雨苍茫的景象。这是花梨蕴藏着丰富的自然艺术和文化内涵，似一幅山水画，体现出大自然的审美。

[保护建议]

花榈木对自身的生长条件要求苛刻，自身繁殖能力差，幼苗的存活率低，加之花榈木为珍贵用材树种，人为干扰严重，其生态环境遭到严重破坏，而且花榈木的果实又多受豆荚野螟和小卷蛾等害虫危害，导致健全种子较少，花榈木大树已很难找到，处于濒危边缘。故应加强对花榈木的保护和研究，为该物种复壮提供良策和实际措施，达到保护资源之目的。建议加强对有花榈木分布的风水林、自然保护区的建设与管理，完善自然保护区管理机制，加强保护区内野生植物资源的监测与巡护；对于散生于林区、村镇附近及乡村道路沿线难以得到有效保护的花榈木，对当地村民加强关于保护花榈木资源的普及教育，减少或杜绝滥砍滥伐现象，发现一起严惩一起，以警示广大人民群众。

[繁殖方法]

花榈木的繁殖方法为种子繁殖和扦插繁殖。

本节作者：欧阳天林（江西省林业科技实验中心）

66 槐 **Styphnolobium japonicum**（L.）Schott

俗名：国槐、守宫槐、槐花树。豆科槐属植物。中国传统普遍栽培植物。北京市的市树。1767年命名。

[形态特征]

落叶乔木，高15~25m。树皮灰色或黄灰色，具纵裂纹。芽叠生，为叶柄基部覆盖。奇数羽状复叶，叶轴基部膨大，小叶片7~11对，互生，长椭圆形或卵状长圆形，长2.5~7.5cm，宽1.5~3.0cm，先端渐尖，且具细突尖。圆锥花序疏松，顶生或腋生，花萼钟状，密生棕色短柔毛，花冠乳白色，具短爪，有紫脉。荚果串珠状，条形，无毛，不裂。花期6~7月，果期9~10月。

主要识别特征：芽叠生，无芽鳞，为叶柄基部所包围；小叶片互生，下面苍白色，近无毛；花冠乳白色，花序直立；荚果串珠状。

[资源分布]

原产于中国，现南北各省份广泛栽培，华北和黄土高原地区尤为多见。婺源、德兴、玉山（三清山）、铅山（武夷山）和全省各地山林中有分布。

[生物生态特性]

生于海拔800~1400m山地沟谷或山坡落叶阔叶林中。宜湿润肥沃土壤，但石灰岩地区也可生长，为深根性喜光树种。

[景观价值与开发利用]

槐树是庭院常用的特色树种，其枝叶茂密，绿荫如盖，适作庭荫树。夏秋可观花，花芳香，为优良的蜜源植物，花蕾也可作染料。荚果串珠状，也具有观赏性。可植于公园、建筑四周、街坊住宅区及草坪上，也可作工矿区绿化之用，对二氧化硫、氯气等有毒气体有较强的抗性。

[树木生态文化]

《天仙配》老槐树的传说：董永的故乡是山东省滨州市博兴县湖滨镇弯头村。相传为董永与七仙女做媒的千年

古槐（树高18m，胸围4.85m）就坐落在麻大湖畔。七仙女听说当地人董永卖身葬父，深为感动，毅然下凡变为村姑，于槐树下许婚于董永并纺织替他还债。老槐树被七仙女的诚心实意所感动，为其做媒证婚，董永七仙女遂成百年之好，老槐树从此更加繁茂，且惠及同类，故有“山东无死槐”之说。

“门前栽槐树，不升官就发财。”古人为图个吉利，不论是官宦门第，还是普通人家，庭院附近总少不了栽植槐树。早在先秦时，槐树已成为官方选定的绿化树种之一。槐树还是后世皇家宫苑内必植之树，故槐树又有“宫槐”的别称。此外，衙门、学校也都喜欢栽植槐树。西汉时，人们称政府机构为“槐衙”，称读书人聚集的会市为“槐市”“槐书院”，就是因为这些地方遍植槐树。山东曲阜周公庙有1株千年古槐，至今生机盎然。

槐树真正被赋予感情寄托是在明朝。明朝初年，历经战乱的山东、河北、江淮地区十室九空，明太祖朱元璋大量迁徙山西人口填充山东、河北、江淮地区，这就是山西大槐树移民。朝廷将山西人口大规模迁往全国各地，多数人迁徙的出发地点是洪洞县一株大槐树处，故有民谚“问我祖先何处来，山西洪洞大槐树；问我老家在哪里？大槐树上老鸹窝。”他们拖儿带女，扶老携幼，悲伤哭啼，频频回首，渐行渐远，亲人们的面孔逐渐模糊，只能看见大槐树上的老鸹窝。槐树也从此成为中华民族寻根文化的符号。所以，移民们到达新地建立村庄时，多在村中最显要的地方种上一株槐树，以此表达对迁民活动的纪念和对故土祖先的怀念之情。随着时间的推移，幼槐树成了古槐树，古槐树成了故乡、祖先的象征，也成了迁民怀祖的寄托。

[保护建议]

现已广泛栽植，对野生种群和古树应加强保护，登记造册，严密观察，发现病虫害，及时上报，科学防治，同时做好种质资源的保护和收集工作。

[繁殖方法]

槐树用种子实生育苗，用半木质化枝条扦插，亦可埋根、嫁接繁殖。

本节作者：李文强（江西省林业科技实验中心）

67 紫藤 **Wisteria sinensis**（Sims）DC.

俗名：紫藤萝、白花紫藤。豆科紫藤属植物。江西Ⅲ级重点保护野生植物。1827年命名。

[形态特征]

落叶木质大藤本，长5m以上。茎（藤）左旋缠绕他物生长。幼枝有白色柔毛，后无毛。干皮深灰色，不裂。奇数羽状复叶，小叶片4~6对，纸质，卵状椭圆形或卵状披针形，上部叶较大，基部一对叶最小，长5~8cm，宽2~4cm，先端渐尖至尾尖。总状花序，下垂，芳香；花瓣紫色，紫红色，蝶形，旗瓣圆形，先端略凹陷，开后反折。荚果扁，长条形，下垂，密生黄色绒毛。种子褐色，光泽，圆形、扁平。花期4~5月，果期5~8月。

主要识别特征：茎（藤）左旋；小叶片4~6对，老叶无毛或被稀毛；花序长10~35cm，花紫色（变型白色）。

[资源分布]

紫藤原产中国，有1200多年栽培历史，分布于黄河流域以南和辽宁、内蒙古、河北、陕西、云南、贵州等省份。江西全省均有分布。

[生物生态特性]

生于海拔100~1300m的山坡、山脚、林中、林缘。主根深，侧根浅，对气候和土壤的适应性强，较耐寒，能耐水湿，较耐阴，生长快，缠绕能力强，寿命长，对其他植物有绞杀作用。暖温带喜光植物。

[景观价值与开发利用]

紫藤对二氧化硫等有毒气体有较强的抗性，有吸附灰尘能力，能净化环境、固碳释氧，生态、社会、经济三效益显著。紫藤还有很多变种、变型，主要有白花紫藤（变型），其花白，先花后叶，花序下垂，美丽动人，还有红玉藤、多花紫藤、银藤、南京藤等。上海有紫藤园、紫藤镇，苏州有古藤园。主要栽培繁殖基地在苏、浙、湘等地。适栽于湖畔、地边、假山、石坊等处，具独特风格。盆景常用，置于高几架、书柜顶上，繁花满树，老桩横斜，别有韵味。可用于绿化门廊，或在山石、草坪丛植，颇有欣赏价值。

紫藤茎、皮、花、种子入药，性甘、苦、温，有小毒，含有氰化物，具止痛、杀虫之功效，用于治腹痛、蛲虫病。茎皮纤维洁白，可作纺织原料。花可食用。

[树木生态文化]

古紫藤不仅有历史文化背景，而且树龄悠久，细枝纷繁，翠叶浓密，花串垂长，白紫馨韵。

紫藤古时称藤萝，在我国自古以来就是庭院、园林栽培观赏植物，文人墨客常以其为题材咏诗作画。如唐代李白《紫藤树》五言绝句："紫藤挂云木，花蔓宜阳春。密叶隐歌鸟，香风留美人。"此诗为李白谪夜郎（在今贵州西部）假道滕州途中之所作。

相传，南宋时杭州人俞德在松阳任儒学教谕，他去世后，儿子俞义护送灵柩回杭州，路过浙江省武义县城西南约20km的俞源村投宿时，停放在溪边的灵柩被紫藤缠绕起来。俞义认为这里是神地，便将他的父亲葬在此地，守墓时与当地人通婚，繁衍至今已第30代。故该村村民大都姓俞，是全国规模最大的俞姓聚集地之一。明清古建筑有395幢之多，比“中国第一村”江西乐安流坑古村还要多，而且保存非常完好。

在湖南衡阳县曲兰镇王船山（王夫之，1619—1692年，明清之际思想家，湖南衡阳人，晚年居衡阳石船山，学者称船山先生）故居湘西草堂旁边，有一株“全国第一紫藤”，树龄450余年，胸径40cm，在树高1.8m处茎藤向南北分枝，各枝长超过10m。龙头向东，蜿蜒盘旋在1株闽楠和5株黄连木上，沿着它们的身躯向上缠绕；向西是龙尾，胸围很细，盘绕在1株黄连木上，不断向下生长。相传，东海龙王下凡在人间微服私访走累了，便在石船山下小憩，解带宽衣，离开时忘记带走金腰带，于是金腰带就化为一株龙形紫藤，长势不减，经年不衰。过去，当地村民对这株紫藤顶礼膜拜，认为是祛病消灾的灵丹妙药。村里小孩生病了，父母就牵着孩童来到古藤旁，诚心作揖膜拜，轻手刮一丁点儿藤皮，煎水给孩童饮食，过段时间，病就痊愈了。随着科学技术的发展，这种现象已不复存在。如今，每年3月底4月初，当紫藤绽放烂漫绚丽的白色、紫色花朵，串串珠珠蝶形花序悬挂于绿叶藤蔓之间迎风弄摆，别致的景观吸引慕名而来的八方游客络绎不绝。

河南、山东、河北一带，人们采紫藤花蒸食，清香味美。北京的“紫罗饼”“紫藤糕”“紫藤粥”“炸紫藤鱼”“凉拌葛花”“炒葛花”等，均是加入紫藤花做成的，当作下酒菜，更是餐饮习俗。

[保护建议]

定期开展监测，观察是否有病虫害，做好记录，发现病虫情及时上报，处理枝干腐烂等。合理肥水管理，保证树木生长养分供给和地面透水通气，割去周边杂草，控制、减少人为活动对树木的影响。

[繁殖方法]

紫藤繁殖可用播种、扦插、压条、分株、嫁接等方法，扦插应用最多的是选1~2年生的粗壮枝。

本节作者：张祥海（江西省林业科技实验中心）

68 任豆 Zenia insignis Chun

俗名：任木、翅荚木、翅荚豆。豆科任豆属植物。世界自然保护联盟濒危物种红色名录：近危（NT）。石灰岩地区珍贵速生树种。1946年命名。

[形态特征]

落叶乔木，高达30m，胸径达1.0m。幼树皮灰绿色，老时棕褐色，纵裂，无顶芽，腋芽纺锤状椭圆形，密被柔毛。奇数羽状复叶，小叶互生，9~13对，长圆状披针形，长6~10cm，宽2~3cm，先端尖或渐尖，基部圆形，上面无毛，下面密被白色柔毛；小叶柄2~3mm，被疏毛。花两性，复聚伞花序，顶生，红色，花瓣5。荚果膜质扁平，腹缝具0.6~1.0cm宽的翅，红棕色，网纹明显。种子6~8粒，扁圆形，茶褐色。花期5~7月，果期9~10月。

主要识别特征：树皮棕褐色，无顶芽，有腋芽；奇数羽状复叶，小叶互生，下面被白色毛；花红色，花萼、花瓣各5片；荚果红棕色，网纹明显。

[资源分布]

分布于云南南部、贵州西南部、广西东部和西部、广东北部和南部、湖南南部。常见于广西石灰岩地区的山腰、山脚，甚至石崖缝中。赣南树木园2003年引种栽培，全南有引种栽培，生长良好。

[生物生态特性]

生于海拔200~1000m山谷山坡阔叶林中，喜光树种，不耐荫蔽和水淹，耐高温，叶耐寒，年平均气温17~23℃生长良好，-4℃无冻害，年降水量1500mm，pH 6.0~7.5的棕色石灰岩土生长正常。在酸性红土和赤色土地也能生长。耐干旱瘠薄，喜钙，能在石缝中生长，速生，萌芽性

强，浅根性，侧根粗壮发达。

[景观价值与开发利用]

因其花红色，果红棕色，为观赏树种。可作行道树、庭院观赏树，可列植、片植、群植，作公路、铁路景观林带用。

其树干通直，树皮薄，出材率高，木材淡黄色、坚实，纹理清晰，不变形，耐腐耐湿，供建筑、造船、桥梁、家具用。商品名称叫鸡翅木，是上等家具用材。木纤维长而韧，为造纸优良原料，其边角剩余木料可放养鲜菌菇之类。枝叶为家畜饲料。落叶可保持水土，增加林地肥力。可作紫胶虫寄主树。花含蜜量高，是良好的蜜源树。

[树木生态文化]

任豆主要分布在广西等南方石灰岩地区。在靖西市三合乡三路村石山上发现了最大的任豆树王，其树高49.5m，主干高20m，胸径1.90m，树龄约270年。

任豆树由于生长快，耐贫瘠，已成为我国石漠化治理先锋树种，现用于国土修复等工程中。

[保护建议]

任豆曾列为国家二级重点保护野生植物，可见其珍贵性。现在人工繁育技术成熟，对野生资源应加强保护，做好种质收集工作。人工林要加强管护，注意病虫害和霜冻害。

[繁殖方法]

任豆的繁殖方法为种子繁殖。

本节作者：赖建斌（江西省林业科技实验中心）
摄影：江军

（十四）蔷薇科 Rosaceae

69 黄山花楸 *Sorbus amabilis* Cheng ex Yü

黄山花楸主产于黄山，模式标本采自黄山，故名。蔷薇科花楸属植物。江西Ⅲ级重点保护野生植物。中国特有种。1963年命名。

[形态特征]

落叶乔木，高达10m。小枝有褐色毛，后渐脱落，有皮孔。冬芽长卵形，鳞片红褐色，有褐色柔毛。奇数羽状复叶，小叶片9~13枚，披针状长椭圆形，长3~5cm，宽1.3~2cm，基部一侧偏斜，边缘1/3以上有粗锯齿，上面暗绿色无毛，下面沿中脉有褐色柔毛；叶轴上面有浅沟；托叶半圆形，有粗大锯齿。花多数，顶生，复伞房花序，总花梗、花柄密生褐色柔毛，至果期近无毛；花瓣白色。浆果，球形，红色。花期5月，果期9~10月。

主要识别特征：叶缘锯齿尖锐，中脉及叶下面被锈褐色柔毛。本种近似华西花楸，唯后者叶缘锯齿较浅，叶轴和叶下面无毛或仅在中脉上少有毛。和日本产的红毛花楸比较，本种的小叶片锯齿较短，花梗和萼筒上的锈毛较少。

[资源分布]

该属有80余种，产于亚洲、欧洲、北美洲。我国有50余种。分布于湖北、安徽、浙江、福建等省。江西产于武功山、三清山、铜钹山、婺源大鄣山、五龙山。庐山有栽培。

[生物生态特性]

生于中亚热带海拔650~1500m山坡阔叶树混交林内。因构成乔木层中下层林分，多见于林缘或林窗阳光较充

足之地。所在地云雾多，湿度大。土壤为黄棕壤，pH 4.5~5.5。主要伴生植物有黄山松、南方六道木、黄山栎、华中山楂、黄山杜鹃等。

[景观价值与开发利用]

黄山花楸系20世纪60年代才发现的中国特有种，春赏白色花，秋观红色果，是美丽珍贵的绿化彩化观赏树种。

木材坚硬致密，供建筑、模具、家具等用。树皮可供提制栲胶、造纸。嫩枝、叶可作饲料。种子含油分及苦杏仁素，榨油供制肥皂及医药工业用。果实可食及酿酒，加工成果酱、果糕，又可药用，治虚劳、支气管炎。

[树木生态文化]

在安徽歙县清凉峰保护区海拔1460m处的阔叶林中，有1株黄山花楸，高12m，胸围2.4m，冠幅8m×10m，树龄300年以上。其灰白色的皮孔，斑驳有序；长圆形的奇数羽状复叶迎风摆舞，绚丽可爱。初夏时节，簇状白色花朵布满枝头，宛如绣球，美丽至极；金秋时节累累硕果，朱红鲜艳，别具韵味。它与黄山杜鹃、大女花、湖北海棠、珍珠黄杨等珍贵名木混生在一起，那潇洒的树姿，艳丽的花果，在群芳争艳中大有奇魅之势。它树姿优美，枝叶婆娑，果实艳丽，是园林观赏珍品。

[保护建议]

黄山花楸自然群落遗传多样性较低，对环境变化适应能力差，其群落间的遗传差异与地理分布有关。自身特殊的进化历史和小群落的遗传漂变作用水平低，加之人为砍伐和自然灾害，导致种子可孕率低，天然更新能力差，幼树极少，所以黄山花楸有衰退现象，成为渐危物种。为此，安徽黄山、清凉峰、福建武夷山和浙江凤阳山已建立黄山花楸自然保护区。要定期观察，发现病虫害及时上报，科学防治。加强肥水管理，适时中耕除草，做到地面通水透气，防止人为过多干预。

[繁殖方法]

黄山花楸扦插很难生根。主要采用种子繁殖，需做发芽试验后再扩大繁殖。

本节作者：李雪龙（江西省林业科技实验中心）

摄影：刘军

（十五）鼠李科 Rhamnaceae

70 枳椇 **Hovenia acerba** Lindl.

俗名：南枳椇、金果梨、鸡爪树、万字果、枸、鸡爪子、拐枣。鼠李科枳椇属植物。江西主要栽培植物。1820年命名。

[形态特征]

落叶乔木，高达25m，胸径达1.2m。小枝有短柔毛，白色皮孔明显。叶片互生，厚纸质，稍粗糙，宽卵形，卵状长椭圆形，长8~17cm，宽6~12cm，先端长渐尖，基部截形或心形，边缘有整齐浅而钝的细锯齿，树上部的叶片锯齿不明显，叶下面沿脉或脉腋有短柔毛；叶柄长2~5cm。花小，两性，白色或浅黄色，二歧式对称聚伞状圆锥花序，花瓣椭圆形。顶生果腋生，浆果状核果近球形，黄棕褐色，直径5~4mm，果序轴明显增大，肉质肥厚，味甜可食。种子3粒，暗棕色，光泽。花期5~7月，果期8~10月。

主要识别特征：叶缘具整齐的浅钝细锯齿；花序为二歧式聚伞圆锥花序；果序轴增大或“拐”形，果实较小。而北枳椇叶缘具不整齐的深粗锯齿，花序为不对称的聚伞圆锥花序，果实较大。这是两种的明显区别之处。

[资源分布]

华东（山东无）、中南及陕西、甘肃、四川、贵州等省份有分布。江西庐山、修水、宜丰、奉新、宜春、永丰、吉安、永新、遂川、信丰、瑞金、寻乌、安远、定南等全省各地有分布。宜春市春台公园有一株枳椇树，高25m，胸径86cm，每年硕果累累。

[生物生态特性]

生于海拔300m~2100m的排水良好的湿润、肥沃沙质壤土的开旷地，喜光，深根性，干燥瘠薄而多石砾的山坡则生长不良。寿命较长。

[景观价值与开发利用]

树形美观、叶茂且大，夏天可荫蔽，秋末果序轴味甜爽口，落叶可增加腐殖层，又可涵养水源，保持水土，可作山区丘陵地带绿化、美化景观栽培树种。

其心材色彩艳丽，易加工，切面光滑，油漆后光亮，易胶黏，不裂，为优良家具、胶合板、建筑等用材。肉质果序可食，营养价值大于常见水果。种子入药，为利尿剂。

[树木生态文化]

《苏东坡集》中记载了这样一则故事：苏东坡的一个同乡揭颖臣得了一种饮食倍增、小便频数的病，许多人说是“消渴”。他服了很多治疗消渴的药，病非但不见好转，反而日渐加重。后来，苏东坡向他推荐一个名叫张肱的医生，张肱诊后认为此病不是消渴，而是慢性酒精中毒。酒性辛热，因此病人喜欢饮水，饮水多，故小便亦多，症状极似消渴，却不是消渴。于是张肱用醒酒药为他治疗，多年痼疾就此痊愈。而张肱所用的一味主药就是“枳椇子”。苏东坡不仅记录了这个小医案，还以枳椇子作为醒酒良药向友人推荐。

相传，很早以前山区一户人家盖房用的木料是枳椇，木工师傅不小心将一片枳椇刨花片掉进了酒缸，过后这坛酒就全部化成了水，证明枳椇确实有醒酒的功效。“枳”字辈常用药材一味叫“枳壳”，是酸橙的果实，是消食的。而“枳椇”是醒酒用的。

枳椇不能早早地打下来吃，要等天气冷了，霜降以后，这个霜降不是节气的霜降，而是真的有霜降下来的日子。被霜打过后的枳椇，甜味风味都会好很多，受到人们的青睐!

[保护建议]

对古老的枳椇，要建立保护点，要有专人负责，确保其健康成长。对枳椇景观林则每年要中耕除草、施肥各1~2次。如若专门营造枳椇用材林，则要进行抚育间伐，让其生长成参天大材。

[繁殖方法]

枳椇常用种子繁殖。

本节作者：田承清（江西省林业科技实验中心）

（十六）榆科 Ulmaceae

71 榔榆 **Ulmus parvifolia** Jacq.

俗名：秋榆、小叶榆、脱皮榆、豹皮榆。榆科榆属植物。中国主要栽培珍贵树种。江西主要栽培珍贵树种。1798年命名。

[形态特征]

落叶乔木，高可达25m，胸径可达1m。树皮灰色或灰褐色，裂成不规则鳞状薄片脱落，露出红褐色内皮，微凹凸不平，故名豹皮榆、脱皮榆。当年生枝紫褐色至棕褐色，有柔毛。叶片硬纸质，卵圆形，长1.5~5cm，宽1~2.8cm，先端短尖，基部偏斜，脉腋有簇生毛，边缘有单锯齿；侧脉每边10~15条，细脉明显。花淡黄白色，3~6朵，簇生叶腋或短聚伞花序。翅果椭圆状卵形，先端凹陷，种子位于中间，果梗疏生短毛。花期8～9月，果期10月。

主要识别特征：树皮灰褐色，鳞片状剥落，露出红褐色内皮；叶质地厚，基部偏斜；秋花植物，花冠淡黄白色，上部杯状，下部急缩成管状，花萼裂至杯状花的基部或中下部。

[资源分布]

广布于华北、华东、中南、西南地区。江西省南昌、九江、宜春、赣州等地有分布。

[生物生态特性]

生于海拔850m以下的山地、丘陵、平原。适应性强，喜光，耐干旱。在酸性、中性及碱性土上均能生长，但以气候温暖、土壤肥沃、排水良好的中性土为适宜。

[景观价值与开发利用]

树形优美，树皮斑驳，枝叶细密，秋季叶红，可人工修剪用于盆景，是国内外传统的假山石盆景树种，形态各异，令人臆想连连。也可用作矿山修复、园林庭院观赏用。可配于山石之间，萌芽力强，适应性强，抗有毒气体，是城乡通道、河流溪岸造林绿化、美化、彩化栽培树种。

边材淡褐色或黄色，心材灰褐色或黄褐色，紧密坚实，耐水湿，纹理直，供器具用。树皮供纤维用。根、树皮、嫩叶供药用，有消肿止痛、解毒去热功效，捣碎外敷治水火烫伤。叶用于制土农药，杀红蜘蛛。

[树木生态文化]

湖北省房县五谷庙四组有一株“五谷神树”，即榔榆，树龄3600余年，是全国最古老的一株榔榆树。其树高22m，胸径1.87m，平均冠幅12m^2，迄今生长良好，树势旺盛。这株树十分奇特，传说它可以预测天气晴阴、年成好坏、灾荒大小，当枝叶茂盛时，则风调雨顺，五谷丰登；若是枝叶枯萎，必有大旱；若树干潮湿，定要下雨；更为奇特的是树的哪个方向枝叶茂盛，哪个方向的庄稼就长得好，因此得名“五谷神树”。

传说湖北省房县一个姓石的大户人家养了一条看家护院的黄狗，名叫石龙。当天庭九龙布云降雨时，它预感到大难临头。在下雨前，它跳进泥浆里，后钻进五谷粮仓中，将全身粘满五谷良种，向东方跑去，在洪水中前行，仅有尾巴露出水面，石龙游到一株榔榆树枝丫上停下来。待洪水退后，人们重新整理土地，石龙把尾巴上的五谷良种

播进田里。从此，五谷又获新生。人们为了纪念石龙和老榔榆树，在树附近的山岩上，凿建了一座五谷庙，于是当地的地名也改为五谷庙村，古树也改为五谷神树。每年谷雨时节老百姓都到五谷庙烧香，为神树挂红幔，企盼有个好年成。

江苏省宿迁市宿豫区丁嘴镇储嘴村张圩组张用志家门前池塘边有一棵榔榆树，系新四军老排长张定贤于1938年亲手所植。新中国成立前，张家两次遭土匪抢劫，又遭日军飞机轰炸。张家生活困难，是榔榆树的叶、皮做出了贡献，供人们充饥。这棵树历经沧桑，如今已长到高9.5m，胸径40cm。当年栽植此树的老排长于1940年在黄桥战役中光荣牺牲。如今，这棵榔榆树留给人们永远的怀念。

我国目前发现最大的榔榆在陕西省宁陕县江口镇南梦溪村，胸径2.1m，伞形树冠，树龄约3000年，仍枝繁叶茂。

[保护建议]

分布广泛，对野生种群和古树要加强保护，做好种质资源的保护和收集工作。在景观中种植的榔榆要定期开展监测，观察是否存在异常和病虫害，做好记录，科学防治；合理控制人为干预；适时增施复合肥；干旱时节，采取叶面喷水，加强地面透气透水，满足其生长营养需要。

[繁殖方法]

榔榆主要用种子繁殖和扦插繁殖。

本节作者：徐伟红（江西省林业科技实验中心）

72 榆树 Ulmus pumila L.

俗名：白榆、家榆、榆、琅琊榆。榆科榆属植物。1753年命名。

[形态特征]

落叶乔木，高达15m，胸径1m。树皮暗灰色，粗糙，不规则纵裂。小枝柔软，有短柔毛或近无毛。叶椭圆状卵形、长卵形、椭圆状披针形或卵状披针形，长2~7cm，宽1.5~2.5cm，先端尖锐或渐尖，基部圆形或楔形，上面暗绿色，无毛，下面光滑或有短毛。花两性，簇生在上一年的枝条叶腋。翅果近圆形，先端凹，熟时淡黄白色。花期3~4月，果期4~5月。

主要识别特征：一年生枝黄绿、黄褐或灰褐色；叶椭圆状卵形、长卵形、椭圆状披针形或卵状披针形，叶缘具单锯齿兼有重锯齿；翅果近圆形，稀倒卵状圆形。

[资源分布]

分布于我国东北、华北、西北、华东等地区。江西省南昌、九江、宜春、赣州等地有分布。

[生物生态特性]

垂直分布大都在1000m以下，常见于河堤岸、村旁、道旁、宅旁，山麓和沙地亦有生长。耐寒、耐旱、耐盐碱，但在土壤湿润、深厚、肥沃之地生长良好，能形成树冠高大群体。属喜光树种。

[景观价值与开发利用]

榆树对烟和氯化氢等有毒性气体抗性较强，适合通道绿化，能吸附车辆尾气。

榆树生长快，寿命长，20~30年即可成材。木材光泽，纹理通直，花纹美丽，略硬直，稍耐磨，力学强度高，是建筑、车辆、家具、农具等用材。树皮含纤维16.14%，可作绳索、人造棉、造纸用材。树皮、根皮有黏性的胶质物，可作造纸糊料。

[树木生态文化]

在河北省张家口市赤城县样田乡上马山村有两株榆树，其中一株高28m，胸围7.5m，冠幅23m^2，树龄650年。相传很久以前，兄弟上山砍柴，哥哥被雷击中，成了一株榆树，弟弟为了找寻哥哥，也变成了一株白榆，故当地村民称为“兄弟榆”。两树相距咫尺，情同伯仲。迄今，两树巍然耸立，枝繁叶茂，枝如虬龙，旁逸斜出，树形奇特美观。

榆树在我国先秦时已受到重视，广泛栽植。《诗经·唐风》中的《山有枢》即提到榆树：“山有枢，隰有榆。”

榆树的皮、根、叶、花均可食用，荒年当粮用。《神农本草》称，榆树皮久服轻身不饥，与槐实、枸杞同列为上品。北宋嘉祐年间，丰沛（今江苏徐州一带）人缺食多用之，度过了灾荒。明朝李时珍《本草纲目》称：“荒岁，农人取皮为粉，食之当粮，不损人。”古人对榆树的名称也很在意。榆树的果实榆荚俗称“榆钱”，其谐音“余钱”，古人以此讨个口彩说“阳宅背后栽榆树，铜钱串串必主富”。

1. 榆木家具

榆木素有“榆木疙瘩”之称，言其不开窍，难解难伐之谓。其实，老榆木更像一个多财善贾的“市场”老手，不管是王谢堂前，还是百姓后院，都可见它潇潇伫立的身影，豪放爽朗的笑声，点缀装饰的才情。雅俗共赏的老榆木，以自己坚韧的品性，厚重的性格，通达理顺的胸怀，占据着巨大的市场份额，赢得了众人一致的好评和赞赏。

榆木本性坚韧，纹理通达清晰，硬度与强度适中，一般透雕浮雕均能适用，刨面光滑，弦面花纹美丽，可供家具、装修等用。榆木经烘干、整形、雕磨漆，可制作精美的雕漆工艺品，在北方的家具市场随处可见。

榆木与南方的榉木有“北榆南榉”之称。材幅宽大，质地温存优良，变形率小，雕刻纹饰多风格粗犷，是木中的大丈夫。榆木有黄榆和紫榆之分。黄榆多见，木材为淡黄色，随年代久远颜色逐步加深。而紫榆天生黑紫色，色重者近似老红木的颜色。北方以榆木为大宗，有擦蜡做，也有擦漆做。榆木家具从明朝早期至清朝晚期从未停止生产，早期的以供奉家具为主，如供桌供案，形制古拙，多陈设在寺庙、家祠等处。有一榆木雕刻的木盆，无漆无饰，经长久抚摸和空气氧化，包浆油亮夺目，木纹苍老遒劲，百年遗物，完整无缺，抚之仿佛抚摸岁月沧桑的容颜。

榆木也可收藏，其天然纹路美观，质地硬朗，纹理直而粗犷豪爽，加上榆木特有的质朴天然的色彩和韵致，与古人所推崇的做人理念相契合。所以，从古至今，榆木倍受欢迎，是上至达官贵人、文人雅士，下至黎民百姓制作家具的首选。

就其历史而言，从有了家具的时代开始，便有了榆木家具。它所代表的不仅是一种传统，更是一种文化，一种品味，一种格调。所以，榆木家具逐渐被越来越多的人收藏玩赏。收藏榆木家具时，要从工艺着手，雕刻要细腻，线条要流畅，既要看品相是否完整美观，还要看做工是否精细完美，如供桌的制作一般要精细，其价值甚至要比一件家具都要高。

收藏家看它能否保值，主要考虑以下几点。

（1）家具造型是否美观，无论繁复、简洁，都要看它是否耐看。

（2）材质优异，可长久保存，这样才能愈用愈温润。

（3）做工考究，典雅大方，清秀隽逸，审美意向好。

2. 榆树三兄弟

榆树三兄弟位于吉林省农安县万顺乡光辉村四社庙西屯的一株榆树高15m，胸径170cm，树冠230m^2，树龄450年。主干低矮，三大主枝连在一起。一枝向上，一枝横卧，错落有致，树姿优雅。

传说，屯里有户人家的三个儿子长大成人后，父亲要给他们分家立户，但三个儿子说什么也不同意。他们说只有团结在一起，齐心协力，日子才会兴旺发达。父亲听了十分高兴。后来，他们的日子果然越来越好。去世后，他们葬在一起，然后长出了这棵连体树，表明三兄弟世代同心。

3. 古豹榆木树

在陕西省咸阳市永寿县甘井镇境内，一株榆树高近20m，胸径6.71m，需七人合抱才能围绕，树冠242m^2，树龄1600余年。树冠雄伟，挺拔高大，树根凸露地面，盘根错节，酷似蛟龙卧地。奇特的是树皮极似豹纹，四季色变，甚为罕见，在全国仅有4株。

4. 彭总榆

中国民间有食用榆树钱（榆树花白色成串，似铜钱）及嫩果的习惯。抗日战争中，八路军总部设在山西武乡，山里人穷，春天以榆钱为食。彭德怀司令员就在总部门口栽了一棵榆树，现在已经有参天之高，老乡呼之为“彭总榆”，成了永久的纪念。

5. 榆树钱传说

相传很久以前，在东北松花江畔一个小村里，住着一户善良的农民。有一天，农夫出去打柴，看到路上躺着一位衣衫褴褛、奄奄一息的老者。农夫把老者背回家，老伴赶紧把家里仅有的一碗米煮粥给老者吃。老者说：“你们的日子过得这样苦，还把仅有的一点米给我吃了，真不知道怎样感谢才好。”农妇说：“莫说感谢，天下穷人是一家，家里人不帮助，还有谁能帮呢？”老者很受感动，从怀里掏出一粒种子递给了农妇，说：“这是一颗榆树的种子，把它种到院子里，等到长成大树时，如果遇到困难，需要钱时，就晃一下树，就会落下钱来，切记不要贪心。”说完，老者就走了。

后来，农夫把这粒种子种到院子里，果然长出了一棵树。在老两口几年精心管理下，该树长成了参天大树，更奇怪的是树上竟结出了一串串铜钱。即使有了这棵树，老两口还是靠种地维持生计。只有非常困难或帮助别人的时候，才会到树下晃几个铜钱来。后来地主恶霸知道了这个消息，把农夫赶出家门，霸占了这棵树，抱着这棵树晃动，从早晨晃到中午，最后地主和他们的打手都被铜钱埋了起来，压死了。从此以后，这棵树就再也不落钱了。

次年大旱，村民眼看都要饿死了，有几个小孩看见树上又结出一串串绿乎乎的东西，爬到树上，忍不住放到嘴里吃，觉得有点甜，很好吃。这样村民们都来到树下，吃这种东西，吃了后不感觉饿，还浑身有力气。全村人就靠这棵树度过了荒年。

村民为了纪念这棵曾经救活了全村人性命的树，又因它长得像一串串的铜钱，就起了好听的名字叫“榆树钱”。这样“榆树钱”的种子随风飘落，落到哪里，就在哪里生根、开花、结果。数年后，这个村周围就长出了一片片的榆树。以后遇到荒年，村民就以“榆树钱”充饥，附近的村民都搬到这个村来住，于是便有了榆树村。后来，人口越来越多，小村庄就成了榆树县，直到如今的榆树市。

[保护建议]

榆树分布广泛，对野生种群和古树要加强保护，做好种质资源的保护和收集工作。

[繁殖方法]

榆树采用种子繁殖育苗。

本节作者：周思来（江西省林业科技实验中心）

摄影：朱仁斌

73 大叶榉树 Zelkova schneideriana Hand.-Mazz.

俗名：大叶榆、黄栀榆、鸡油树。榆科榉树属植物。世界自然保护联盟濒危物种红色名录：近危（NT）。国家二级重点保护野生植物。中国主要栽培珍贵树种；江西主要栽培珍贵树种。中国特有。1929年命名。

[形态特征]

落叶乔木，高可达25m，胸径达100cm。树皮灰褐色，呈不规则片状脱落。嫩枝灰绿色或灰褐色，密生灰色柔毛。冬芽2个并生，球形。叶厚纸质，表面粗糙，卵形、椭圆状卵形、卵状披针形，大小多变化，先端渐尖，尾状渐尖或锐尖，基部稍偏斜，边缘具锐尖锯齿，上下两面有毛；侧脉8~15对，直达齿尖；叶柄粗短，被柔毛。雄花1~3朵生于当年生枝下部叶腋，雌花或两性花单生于当年生枝上部叶腋。核果斜卵形，有网纹。花期3~4月，果期10~11月。

主要识别特征：该种与榉树极相似。此种冬芽2个并生于叶腋，当年生枝灰绿色或灰褐色柔毛；叶厚纸质，上面粗糙，有脱落性硬毛，下面密生柔毛。而榉树冬芽1个；当年生枝紫褐色或棕褐色，无毛或稍有短柔毛；叶片两面无毛，或在下面沿脉有疏柔毛，上面疏生短柔毛。

[资源分布]

分布于秦岭—淮河一线以南至西南各地。江西北部、东部、西部县（市）有分布，三清山有野生种群分布。

[生物生态特性]

生于海拔200~1100m溪涧水旁或山坡土层深厚的疏林中，西藏、云南分布海拔可达1800~2800m。喜温暖湿润气候，较喜光，幼树耐阴，疏林中天然更新良好。

[景观价值与开发利用]

在微酸性、中性、石灰质土及轻盐碱土上均能生长，深根性，抗风力强，吸收有毒气体能力强，可净化环境，故华东和中南地区有栽培，是山地造林、“四旁”绿化、营造防护林和城乡通道、溪流河岸的优良树种。

木材致密坚硬，纹理美观，不挠不伸缩，耐腐力强，老树材带红色，有“血榉”之称，为器具上等用材。树皮含纤维46%，可作造纸、人造棉、绳索原料。

[树木生态文化]

大叶榉树在保护和改善生态环境中起着十分重要的作用。一是其叶片较大，加之表面粗糙，背面密生柔毛，绿量大，能降低噪音，阻滞浮尘。二是大叶榉树苗期侧根特别发达，长而密集，耐干旱瘠薄之土，抗风能力强，可作为防护林带树种和水土保持树种加以推广。三是大叶榉树是一种重要的药用资源，其皮、叶均具重要的药用价值。四是大叶榉树是世界著名的珍贵用材树种，材质坚硬而富有弹性，结构致密，是制造船舰、桥梁、家具等优良用材。五是大叶榉树盛夏绿荫浓密，枝细叶美，秋叶红艳，呈现不同季相特色，可供观赏。还可利用其萌蘖能力强的特点，将截干后的侧枝扦插繁殖制作盆景或与假山、景石搭配，提高观赏价值。

[保护建议]

要加强保护大叶榉树野生种群和古树，必要时可设立自然保护小区，保护其生长环境。景观应用中的大叶榉树因其生长强盛，枝叶繁茂，平日要加强管护，对枝干适时修剪，对破损处进行防腐处理；通过浇水、施肥、叶面喷水等管护措施，确保树木健康生长；及时监测病虫害动态，进行科学防治。

[繁殖方法]

大叶榉树主要用种子繁殖。

本节作者：赖建斌（江西省林业科技实验中心）

摄影：徐永福、黄江华

74 榉树 Zelkova serrata（Thunb.）Makino

俗名：光叶榉、鸡油树、血榉、毛脉榉。榆科榉属植物。中国主要栽培珍贵树种，江西主要栽培珍贵树种。1903年命名。

[形态特征]

落叶乔木，高达30m，胸径100cm。叶薄纸质，互生，卵形或卵状披针形，大小形状变异大，先端渐尖或尾状渐尖，基部有的稍偏斜，边缘具粗锯齿；上面微粗糙，中脉凹下，被毛，侧脉7~14对；叶柄粗短，密被短柔毛。花单性，雌雄同株，雄花簇生新枝下部的叶腋；雌花生于新枝上部的叶腋。核果几无梗，斜卵形，淡绿色，背面有棱脊，有柔毛。花期4月；果期10~11月。

[资源分布]

分布于秦岭—淮河一线至华南、西南地区。江西北部、东部山地有分布。婺源有成片群落状分布。

[生物生态特性]

生于海拔500~1000m的山谷林中，喜光，喜温湿环境，耐烟尘及有害气体。酸性、中性、碱性及轻度盐碱性土壤均可生长。深根性，侧根广，抗风力强，忌积水，不耐干旱贫瘠，生长慢，寿命长，属阳性树种。

[景观价值与开发利用]

榉树高大雄伟，秋叶褐红，可作观赏园林配置树种和盆景树种；可孤植、丛植于公园和广场的草坪、建筑旁作庭荫树，与常绿树种混植作风景林；列植于人行道、公路旁作行道树，降噪防尘。榉树侧枝萌发能力强，在主干截干后，可形成大量的侧枝，是制作盆景的上佳材料，可脱盆或连盆种植于园林中，与假山、景石搭配，均能提高观赏价值。其侧根发达，耐干旱瘠薄，固土、抗风力强，可作防护林和水土保持树种推广。

木材纹理细，质坚，耐水，供桥梁、建筑、器具用材；目前，市场上很多商家将榉木家具当成黄花梨木用，因为榉树的纹理与黄花梨木相似。其实，榉木质地要略粗糙，少疖子，其变形率高，为各类木材变形之首。而黄花梨木质重，有疖子，细嫩，有金丝，不变形，故在市场上要正确区别，不要上当。茎皮纤维作造纸、绳索等用。

[树木生态文化]

榉树，因“榉”与“举”谐音。相传，湖南天门山一位秀才屡试屡挫，妻子恐其沉沦，在家门口石头上种了株榉树。有志者事竟成，榉树竟和石头长在一起，秀才

最终也中举归来。故木石奇缘含祥瑞之征兆。江西宜春明月山洪江镇田心村东西两头各生长1株榉树，且均长在村民院内，就是乐姓村民祖辈苦读功名而栽植的，树龄200年，树高18m，胸径80cm，迄今仍然生机盎然，枝繁叶茂。有趣的是树梢上背负着一个大喇叭，它是村文化传播的使者，这又使“榉”字含蕴着新的现实意义。

[保护建议]

加强对野生种群和古树的保护，做好种质资源的保护和收集工作。

[繁殖方法]

榉树的繁殖方法为种子繁殖。

本节作者：廖利华（江西省林业科技实验中心）

（十七）大麻科 Cannabaceae

75 青檀 *Pteroceltis tatarinowii* Maxim.

俗名：檀树、金钱朴、翼朴、摇钱树。大麻科青檀属植物。江西II级珍贵稀有濒危树种；江西III级重点保护野生植物。中国主要栽培珍贵树种；江西主要栽培珍贵树种。1873年命名。

［形态特征］

落叶乔木，高达20m，胸径1.7m。树皮浅灰色，不规则的长薄片剥落。小枝稍“之”字形，皮孔椭圆形或近圆形。叶互生，纸质，卵形至卵状椭圆形，长3~9cm，宽2~4cm，先端长尾状渐尖，基出三脉，基部不对称，楔形、圆形或截形，叶缘有不整齐的单锯齿，脉腋有簇毛，叶面其余光滑无毛；叶柄被短柔毛。花单性，雌雄同株，雄花数朵簇生在当年生枝下部叶腋；雌花单生于当年生枝的上部叶腋。翅果黄绿色或黄褐色，近圆形或近四方形，稍木质，有放射线条纹，下端截形或浅心形，顶端有凹缺，外面有不规则的皱纹。花期4~5月，果期9~10月。

主要识别特征：树皮有皮孔，椭圆形或近圆形；叶片纸质，先端长尾状渐尖，叶缘有不整齐的单锯齿，近基部全缘，有3条基出脉，先端弯曲，两面光滑或下面及脉腋有簇毛；翅果状坚果近圆形或近四方形，两端内凹，翅有放射线条纹。

［资源分布］

分布于华北、华中、华东、华南、西南地区，及辽宁、甘肃、青海等省份，安徽省栽培分布最多。江西修水、庐山、婺源、玉山（三清山）、铅山（武夷山）有分布。

［生物生态特性］

生于海拔100~1100m山地林中。喜光，耐干旱瘠薄，耐盐碱，耐寒。喜钙，常生于石灰岩山地，也生于花岗岩山地及溪边河滩。在石灰岩地区，可在岩石缝隙间盘旋伸展，生长速度中等。萌蘖性强，可经营矮林作业，也可作盆栽。对有害气体有较强的抗性。

［景观价值与开发利用］

青檀是珍贵稀少的乡土树种，树形美观，树冠球形，树皮暗灰色，片状剥落，千年古树蟠龙虬枝，形态各异，秋叶金黄，季相分明，极具观赏价值。可孤植、片植于庭院、山岭、溪边，也可作行道树或成行栽植，是不可多得的园林景观树种。青檀寿命长，耐剪修，是优良盆景园用材。

树、枝、皮供纤维原料，著名的“宣纸”由青檀皮制成。木材纹理直，结构细，坚韧，可供器具、佛珠、饰品物用。种子可榨油，供工业润滑油用，或药用，有祛风消肿之功效，主治诸风麻痹、痰湿流注、脚膝瘙痒、胃痛及疝气痛等。

[树木生态文化]

《诗经·伐檀》“坎坎伐檀兮，置之河之干兮，河水清且涟猗……”中的“檀”指的就是青檀。

东汉安帝建光元年（121年），造纸家蔡伦死后，他的弟子孔丹在皖南以造纸为生，非常怀念师傅蔡伦，就用自己造的纸给师傅画了一幅像，但没多久，纸由白变黑，像也模糊不清了。为此，孔丹很苦恼，于是琢磨起怎样才能造出精美耐久的纸来。他到处走南闯北，历尽艰辛，寻师访友。他在宣州偶遇一株古老的青檀倒在溪边，由于终年日晒水洗，树皮已腐烂变白，露出一缕缕修长洁净的纤维。孔丹取之造纸，经反复试验，经过18道工序，一百多道操作程序，从投料到出产品大约需要300天的时间，造出一种质地绝妙的纸，这便是今日的宣纸。该纸中有一种叫“四尺丹”的宣纸，就是为了纪念孔丹而命名的，一直流传至今。宣纸原产于安徽泾县，已有1500多年的历史，由于唐代泾县属于宣州，故名宣纸。安徽无为县有一株生长1700余年的青檀，迄今仍生长良好，根深叶茂。

江西宜春明月山古庙村是一个偏离城市的小山村，全是石头山，原先仅6户人家，是土地革命时期的红色根据地。原湖南省副主席谭余保就依托该村坚持三年游击战并设立兵工厂和红军医院，为新四军成立输送了兵员。该村生长的青檀、银杏、红豆杉、厚朴、杜仲、枳椇等古树树龄均在600年左右，均扎根在岩石缝中，特别是顽强生长在裸露岩石边的青檀树，最能代表中国人民坚忍不拔的拼搏精神、奋发有为的创业精神、甘于奉献的敬业精神以及与环境共生共进的和谐发展精神。

[保护建议]

青檀在我国是单种属特产植物，是稀有种，对研究榆科系统发育有学术价值。因青檀濒临消亡，应加以保护，尤其是加强对古树的重点保护。人工种植面积大，要加强病虫害防治，科研人员要善于利用野生资源选育优良品种。

[繁殖方法]

青檀一般用种了、扦插和组织培养等方式繁殖。

本节作者：赖荣芊（江西省林业科技实验中心）

摄影：朱鼎

（十八）桑科 Moraceae

76 榕树 *Ficus microcarpa* L. f.

俗名：赤榕、红榕、万年青、细叶榕。桑科榕属木本植物。赣南普遍栽培的景观树种。1782年命名。

[形态特征]

常绿乔木，高达25m，胸径达2m。树干、主枝具气根。叶薄革质，椭圆形或倒卵状椭圆形，长4~8cm，宽3~4cm，先端钝尖，基部楔形，全缘；叶柄长0.5~1cm，托叶披针形。雌雄同株，花间有少数短刚毛。果实成对腋生，熟时黄色或微红色，扁球形，无柄；瘦果卵圆形。花期5~6月，果期10月。

主要识别特征：主干、主枝具气根；叶薄革质，全缘；花间有少数短刚毛；榕果成对腋生，黄色或微红色，基生苞片宿存。

[资源分布]

分布于浙江南部、福建、台湾、广东、海南、广西、云南、贵州。江西分布于中南部地区，吉安市海事局赣江码头边的一棵榕树，是江西省最北的分布，故有“榕不过吉”之称；赣南各地普遍栽培成景观绿化树种。

[生物生态特性]

喜南亚热带、热带北缘高温多雨的湿润气候，不耐寒。喜疏松肥沃的酸性土，在瘠薄的沙质土中也能生长。不耐旱，较耐水湿，短时间水涝不会烂根。

[景观价值与开发利用]

榕树树冠较大，枝繁叶茂，有独木成林之称，尤其是在潮湿的空气中能生发大气生根，使观赏价值大大提高。赣南各地普遍栽培，作为景观行道庇荫树，也可在空旷的地区如草地、湖畔及大型建筑物边缘孤植，展现孤植榕树“独木成林”的形态特征，提高观赏价值。还可丛植与群植于山坡地与林缘营造榕树林。

[树木生态文化]

榕树的寿命较长，可以存活上千年，象征着长寿。庭院外栽种榕树，不但榕树长寿，也象征房屋主人健康长寿；如若修剪矮化作为盆栽，摆放家中或送给长辈有着希望对方长命百岁之义。榕树四季常青，株形高大，枝叶繁茂，可以美化环境，给人带来生机勃勃的感觉。榕树的抗旱性较强，也不怕水涝，在潮湿的环境中会长出气生根，吸收空气中的水分和养分来维持生长，体现出顽强拼搏的精神。

赣南客家人有“前榕后竹”习俗，意思是说榕树要种在房子的前面，竹子种在房后。榕树夏季可提供乘凉之地，竹子在冬季又可以挡风御寒，取意“前成后得”，寓意着吉祥，故称榕树为成树。客家人还称榕树为树王，很

多村庄都会在村头种上几株榕树，作为村庄的标志与风水树，守护村庄，保一方平安。

榕树通过主枝条上的气生根向下伸入土壤，形成新的树干称之为“支柱根”。它们和树干交织在一起形成稠密的丛林，故被称为独木成林。继而第二代树体上的气根繁衍第三代树体，这许多干体即可分开又连长在一起，形成一个“大家族”。这些生长及繁殖的变化是在同一时期内，在原住原树上进行的，以致同一株古榕树上有“数辈的树干”，出现了多代同堂的奇观，这是木本植物世界中最独特的现象。

北宋治平二年（1065年），福州太守张伯玉实行编户植榕政策，数年后“荫绿满城，暑不张盖”，张伯玉植榕名声盛极一时。故而，榕树是福建省树，福州简称榕。

矗立在广西金宝河畔的一株榕树干胸围有7m多，高达17m，枝繁叶茂，浓荫蔽天，所盖之地超过100m^2。相传此树植于隋朝，迄今已有千年历史，虽然树干老态龙钟、盘根错节，但仍生机勃勃，成为空气的吸尘机、净化器。在电影《刘三姐》里，刘三姐就是在这棵树下向阿牛哥吐露心声，抛出传情绣球的。

[保护建议]

榕树在赣南普遍栽培。要挑选健康无病虫害的优质苗种植，精心管理培育，满足榕树喜湿润稍耐旱的生长环境。不要在几百年的古榕树周围修筑水泥地面，以免其根系不能呼吸而死亡。

[繁殖方法]

榕树的繁殖方法一般为种子繁殖、扦插繁殖和压条繁殖。

本节作者：李文强（江西省林业科技实验中心）

（十九）杜仲科 Eucommiaceae

77 杜仲 **Eucommia ulmoides** Oliver

俗名：胶木、棉树皮。杜仲科杜仲属植物。世界自然保护联盟濒危物种红色名录：易危（VU）。国家二级珍贵树种。江西II级珍贵稀有濒危树种；江西II级重点保护野生植物。优良的绿化观赏和经济树种。中国原产单科单属单种植物。1890年命名。

［形态特征］

落叶乔木，高达20m。树皮、叶折断拉开有银白色细丝。叶互生，卵状椭圆形，薄革质，长6~15cm，先端渐尖，基部圆形，脉上有毛，边缘有锯齿；叶柄上面有槽，散生毛。花单性，雌雄异株，雄花簇生于当年生枝基部，先叶开放；雌花单生。翅果扁平，长椭圆形，先端2裂，周围有薄翅。种子1粒。花期3~4月，果期8~9月。

主要识别特征：树皮和叶折断有白丝相连。

［资源分布］

自然分布于我国黄河以南、五岭以北及西南各省份。江西的三清山、武夷山、铜钹山、明月山、井冈山等全省各地有栽培，偶有野生。

［生物生态特性］

生于海拔300~600m的低山、丘陵疏林中、林缘及栽培于村旁、田野。也可生长在海拔1300~1500m的高山上。喜温凉湿润气候，能耐-30℃低温。在北京可以露天栽培。在酸性、中性、微碱性及钙质土上均能生长；在干燥瘠薄、强酸性土壤上生长不良，顶芽、主梢枯萎，叶片早落。

［景观价值与开发利用］

杜仲叶可供药用。曾在地球上

发现杜仲属植物达14种，后来相继灭绝，存于我国的杜仲是杜仲科杜仲属仅存的孑遗植物，不仅具有很高的经济价值，而且在研究被子植物系统演化以及中国植物区系的起源等诸多方面都具有极为重要的科学价值，被列入《中国植物红皮书——稀有濒危植物》第一卷。

杜仲系散孔材，微红，心、边材区别不明显，纹理直，结构细，干缩小，少翘裂，易切割，切面光滑，供各种器具用。杜仲树皮可供提制硬橡胶。种子可供榨油，出油率27%，用于机械润滑油。干燥树皮入药，称为杜仲，为贵重药材，是一种强壮剂，有强筋健骨、补肝肾、益腰膝、除酸痛之功效，主治阴下痒湿，小便余沥；具安胎作用，治疗各期高血压症，效果良好。

[树木生态文化]

很多年前，湖南洞庭湖货运主要靠小木船运输，纤夫们成年累月低头弯腰拉纤，以致积劳成疾。有一名青年纤夫，名叫杜仲，心地善良，他一心只想找到一味药来解除纤夫们的痛苦。他为拜见采药老翁，告别父母，离家上山。历经千难万苦，滚下悬岩，挂在了树枝上，而旁边散落的树皮正是老翁所言的草药。他采了很多，连日劳累，昏倒在悬岩，被山水冲入

八百里洞庭湖。最后，人们经过九九八十一天，终于找到杜仲，只见他手里还紧抱着一捆树皮。纤夫们吃了他采集的树皮，腰膝病好了，为了纪念杜仲，故将此树皮命名为杜仲。

杜仲性温、辛、无毒，是非常著名的中药，在《神农本草》中已列为上品。

[保护建议]

杜仲作为药用植物现已广泛栽植。对野生种群和古树应加强保护，坚决制止人为破坏野生杜仲，做好种质资源的保护和收集工作，同时加强杜仲景观用苗木研究，减少野外采挖。

[繁殖方法]

杜仲的繁殖方法为种子繁殖。

本节作者：代丽华（江西省林业科技实验中心）

（二十）壳斗科 Fagaceae

78 锥栗 *Castanea henryi*（Skan）Rehd. et Wils.

壳斗科栗属植物。中国主要栽培珍贵树种；江西主要栽培珍贵树种。1916年命名。

[形态特征]

落叶乔木，高达30m，胸径达1m。叶互生，长圆状披针形，长8~17cm，宽2~5cm，顶端长渐尖，基部圆形，叶缘锯齿具芒尖，无毛；叶柄长1~1.5cm。花单性，雌雄同株；雄花穗状，直立，生于小枝下部叶腋。壳斗球形，带刺，直径2~3.5cm；坚果单生于壳斗，卵圆形。花期6月，果期10月。

主要识别特征：树干比同属的板栗和茅栗通直，小枝紫褐色，无毛；叶缘锯齿具刺毛状尖头；壳斗具坚果1颗。

[资源分布]

分布于长江以南至南岭丘陵山地和西南云、贵、川及河南省。江西资溪县、靖安县、玉山县、贵溪市、井冈山市、芦溪县、安福县、铅山县、石城县、柴桑区、庐山市、寻乌县等地有分布。

[生物生态特性]

生于海拔100~1800m的丘陵与山地，常见于落叶或常绿混交林中。喜温暖湿润环境，在深厚肥沃、排水良好的酸性土壤上生长良好。多与刺栲、丝栗栲、秀丽栲、苦槠、枫香、马尾松、木荷及其他阔叶树混生。

[景观价值与开发利用]

树干通直，树形美观，生长迅速，根系发达，对土壤要求不严，

可作城乡造林绿化、美化、香化、优化先锋树种。在山区又是涵养水源、保持水土的防护树种。树叶纸质，落叶后易腐烂，可增加土壤肥力，也是碳汇树种。

木材坚硬，耐水湿，为建筑、造船、家具良材。壳斗、树皮含鞣质，可供制栲胶。果可食用。根皮入药洗疮毒。花可治痢疾。群众习惯用栗粉代米粉给儿童食用，是老少皆宜的天然木本粮食。锥栗还可加工成蜜饯、栗粉、栗子羹等，可制罐头。糖炒锥栗具有“东方珍珠”之美誉。

[树木生态文化]

中国锥栗之乡位于福建省建瓯市及政和县，其中建瓯市锥栗栽培已有1800年历史。历史上有名的“贡闽榛”就产于此。

[保护建议]

现已广泛栽植，对野生种群和古树应加强保护，做好种质资源的保护和收集工作。

[繁殖方法]

锥栗的繁殖方法为种子繁殖和嫁接繁殖。

本节作者：游永忠（全南县天龙公司）

79 栗 **Castanea mollissima** Blume

俗名：板栗、栗子、毛栗、油栗。壳斗科栗属植物。中国主要栽培珍贵树种；江西主要栽培珍贵树种。1850年命名。

[形态特征]

落叶乔木，高10~20m。树皮灰褐色，不规则深纵裂。叶片长椭圆形，长8~20cm，宽4~7cm，先端短渐尖，基部宽楔形，齿端有芒状尖头，叶背被星芒状伏贴绒毛或因毛脱落变为几无毛；叶柄长1~2cm。雌雄同株；雄花序上每簇有花3~5朵；雌花生于雄花序基部，3朵集生于一个总苞内。壳斗扁球形，连刺直径3~6.5cm，刺密生，全包敞壳斗，内有坚果2~3个，坚果直径1.5~3cm，暗褐色，其大小、颜色、品质因品种而异。花期5月至6月下旬；果期9~10月。

主要识别特征：叶片比同属植物锥栗、毛栗大，叶背被星芒状伏贴绒毛或因毛脱落变为几无毛；果径1.5~3cm。

[资源分布]

产于辽宁以南各地，除新疆、青海、宁夏、海南少数省份以外，全国各地均有栽培；以华北和长江流域较为集中，产量多。江西各地有栽培。

[生物生态特性]

多生于低山丘陵、缓坡及河滩地带，适应性强。喜光，对土壤要求不严，耐旱，以肥沃、湿润、富含有机质的土壤生长良好。深根性，根系发达，寿命长，耐修剪，萌芽性强。

[景观价值与开发利用]

板栗树体高大，深根性，寿命长，冠幅大，是涵养水源、防止水土流失较好的树种。

木材边材窄，浅灰褐色，心材栗褐色，纹理直，结构粗，稍坚重，抗腐耐湿，干燥易裂，易遭虫蛀，

供矿柱、车辆、建筑、造船、家具等用。树皮、壳斗含鞣质，可供提制栲胶。树皮作为药材，味甘、性温，归肾、脾、胃经，养胃健脾、补肾强筋，活血止血，用于反胃、泄泻、腰脚软弱、便血、赤血痢等症。用树皮煎水外洗，可治疮毒。果实为著名干果，营养丰富，种仁含蛋白质、脂肪、碳水化合物、灰分、淀粉及维生素B、脂肪酶等，尤以北方栗子品质佳。

[树木生态文化]

据记载，先秦时期栗树在我国就已广泛栽培，为人民食用。素有栗、桃、杏、李、枣被称为“五果”，有“铁杆庄稼”“木本粮食”的美誉。在距今9000年前的河南裴李岗遗址以及7000年前的浙江河姆渡和西安半坡村遗址都曾发现板栗果实的遗存。《战国策》中就有“南有碣石雁门之钱，北有枣栗之利”的记载。此后的《史记》《齐民要术》《农桑辑要》等文献中都有关于栗的记载。板栗之所以受古人重视，是由于它产量稳定，受益时间长，“一代种，五代益”。还可作为战时、荒时的应急粮食。宋人陶毂的《清异录》记载：“晋王尝穷迫汴师，粮运不继，蒸栗以食。军中遂呼栗为河东饭。”

“天师板栗”的由来：天师板栗在江西鹰潭龙虎山种植的历史可追溯到汉代，那时，张道陵在龙虎山修行。有一次，他在山中砍柴，竟然被一种浑身长满了刺的树果扎伤了脚。为了不让它们再伤害其他人，张道陵便将它们捡进了背篓，带回住处，他将这些果子摊放在空地上晾晒，以便晒干后当柴使用。但让他意外的是，这种果子经过太阳暴晒后竟然一个个爆裂开来。张道陵拨开果壳，发现里面的果实可以食用，而且很好吃，甘甜爽口。原来这种会“伤人”的树果是板栗。

经过这次邂逅，张道陵开始在前庭后院中大量栽种板栗树。因便于存放，他和弟子将板栗作为粮食储存起来。道人也多以板栗代饭，尤其是他们出门行道时，都会带上很多板栗充饥。

在张道陵的影响下，历代天师都效仿他，在泸溪河两岸栽种了许多板栗树。久而久之，鹰潭龙虎山的板栗又被称作“天师板栗”，并成为当地的一种特产。

相传在清代乾隆年间，皇帝下江南来到鹰潭天师府，临近中午时分，天师府的厨师烹制了一道板栗汤，名曰“龙珠戏水”，得到了皇帝的赞誉。于是，天师板栗渐渐声名远扬，甚至被列为贡品，跻身宫廷养生食谱。在清代咸丰年间被载入贵溪县志，成为当时各地客商争相购买的商品。这又促使了天师板栗栽培面积的扩大。时至今日，贵溪市上清镇泸溪河、余江县白塔河流域一带分布着大量的板栗树，仅龙虎山地区板栗种植面积就达2000hm^2，成了当地旅游业之外的又一大支柱产业。

“板栗烧鸡”的由来：天师板栗烧土鸡的原创者是龙虎山第二十五代天师张干曜的小儿子，是因为他的误打误撞而成的。一天，张干曜准备宴请宾客，家厨将阉鸡剁块，加调料放入砂钵在炉火上慢慢烹制。期间，厨师离开厨房去找水喝，正在一旁剥板栗的小儿子见厨师走开了，便乘机打开砂钵盖，把剥好的板栗放了几颗进去。直到土鸡烧好后端上桌，张干曜发现这道菜多了一种板栗的香味，浸过鸡汤的板栗也更香甜。客人赞不绝口，称赞张天师家的板栗烧鸡是独一无二的。随着时间的推移，这道板栗烧鸡风传华夏，誉满全球。

[保护建议]

板栗分布广泛，栽培历史悠久，对野生种群和古树应加强保护，做好种质资源的保护和收集工作。

[繁殖方法]

板栗一般用种子繁殖和嫁接繁殖。

本节作者：卢建红（江西林业科技推广和宣传中心）

80 米槠 *Castanopsis carlesii*（Hemsl.）Hayata.

俗名：小红栲、小叶槠、细米橼。壳斗科锥属植物。中国南方主要栽培珍贵树种；江西主要栽培珍贵树种。1917年命名。

[形态特征]

常绿乔木，高14~25m，胸径达1m。树皮灰白色，老时纵浅裂。叶片薄革质，卵状披针形、卵状椭圆形，长6~8cm，宽2~3cm，先端尾尖，基部楔形，偏斜，全缘或中部以上有2~3个锯齿，叶下面有灰棕色鳞秕，老后苍灰色；叶柄长1cm左右。花单性，雌雄同株。壳斗近球形；坚果近球形。花期3~4月，果期翌年9~11月成熟。

主要识别特征：叶顶端尾尖，上面中脉微凹下，下面有灰棕色鳞秕；果序长5~10cm，疏生不明显皮孔；壳斗有疣状凸起，或有极短刺，散生或3至数条在基部合生或基部连生成6~7环状，顶端黄色无毛，其余与壳斗壁相同，均被灰色短毛；果脐位于坚果底部。

[资源分布]

分布于长江以南各地。江西省靖安县、玉山县、资溪县、贵溪市、井冈山市、石城县、崇义县、上犹县、龙南县、寻乌县等各地有分布。九连山自然保护区、信丰金盆山有小片米槠纯林。江西宜黄县桃花山毛竹林中一株米槠树高15m，胸径80cm，树龄200年，枝繁叶茂，硕果累累。

[生物生态特性]

生于海拔300~800m以下山地林中，或成小片纯林，或与青钩栲、楠木、樟树、马尾松混交，生长旺盛。幼苗较耐阴，天然更新良好。

[景观价值与开发利用]

树体高大，枝繁叶茂，生长中速，适应性强，分布广，城市园林建设、交通沿线可栽种此树种。

木材淡黄棕色或灰黄色，纹理直，结构粗，不均匀，较软，干后易裂。可供家具、农具等用。树皮可提炼栲胶。种仁味甜，可食。

[树木生态文化]

种仁味甜，可生食，最好是炒熟食用，稍带有一点糯性，是山区林农采集的代粮产品。每年10~11月林农上山拾捡，洗净、去涩、晒干、烘干后研磨成粉，可做成糍粑、糕点等食品充饥，但不可食用过量，因为米槠果实不易消化，易造成腹胀、大便秘结。

[保护建议]

米槠分布广泛，对野生种群和古树应加强保护，做好种质资源的保护和收集工作。

[繁殖方法]

米槠的繁殖方法为种子繁殖。

本节作者：陈东安（江西省林业科技实验中心）

摄影：王挺、张成、周建军、张金龙

81 甜槠 Castanopsis eyrei（Champ. ex Benth.）Tutch.

俗名：红背甜槠。壳斗科锥属植物。中国主要栽培珍贵树种；江西主要栽培珍贵树种。1905年命名。

[形态特征]

常绿乔木，高达20m，胸径60cm。树皮褐色，浅纵裂。叶革质，卵形至卵状披针形，长5~7cm，宽2~4cm，基部宽楔形，歪斜，全缘或近先端有1~3对浅齿，一年生叶两面同色，两年生叶下面带单薄灰绿色；叶柄长0.7~1.5cm。花单性，雌雄同株。壳斗具1坚果，卵状球形，3瓣裂，壳斗顶部的刺密集而较短；坚果宽圆锥形，顶部锥尖。花期4~5月，果期翌年9~10月。

主要识别特征：树皮褐色，浅纵裂；叶片尾尖弯向一侧，大都全缘，少有叶下面带灰绿色；基部歪斜，苞片刺密生，将壳斗（总苞）完全遮盖；坚果宽圆锥形，比栲槠小。

[资源分布]

分布于长江以南，海南、云南不产。江西各地有分布。

[生物生态特性]

生于海拔300~1700m的山地林中，在土层深厚肥沃的缓坡谷地酸性土壤上生长良好；在山脊土层瘠薄之地，多与马尾松、米槠、杨梅等组成混交林，不占优势；在山坡、沟谷地带，与红锥、丝栗栲、木荷、杜英、黄瑞木混生，多为建群树种，偶见有小片纯林。

[景观价值与开发利用]

甜槠树体高大，枝繁叶茂，深

根性，萌芽力强，对立地条件要求不严，适应性强，可作亚热带荒山造林绿化、美化、彩化混交树种。在城乡园林建设中可适当配置成单植、丛植、列植，春赏嫩黄色叶和花的清香，夏可遮阴，秋有华实，冬保持原绿色，缓解凋败的落叶，增添盎然生机。

木材环孔材，年轮近圆形，仅有细木射线，属黄锥类。木材淡棕黄色至浅栗褐色，有光泽，心边材区别不明显，纹理直，结构细至中等，硬度中等，略耐腐，干燥慢，易开裂，易加工，刨韧性能较好，供建筑、门窗、地板、车辆、家具等用。树皮、壳斗可供提取栲胶。枝丫朽木可培育香菇。种仁味甜，生熟食均可，或研磨成粉可供做粉丝、酿酒用。

[树木生态文化]

据报道，2017年3月27日，湖南省桂东县林业技术人员在沤江镇泥湖村发现甜槠古树群落，在1hm^{2}山地内生长着大大小小甜槠60余株，其中最大一株树高15m，胸径1.23m，树龄800余年。属第四纪冰川时期遗留下来的古老树种。

[保护建议]

现已广泛栽植，对野生种群和古树应加强保护，做好种质资源的保护和收集工作。

[繁殖方法]

甜槠的繁殖方法为种子繁殖。

本节作者：朱小明（江西省林业科技实验中心）

82 毛锥 **Castanopsis fordii** Hance

俗名：南岭栲。壳斗科锥属植物。中国主要栽培珍贵树种；江西主要栽培珍贵树种。1884年命名。

［形态特征］

常绿乔木，高达30m，胸径1m。老树皮深纵裂。芽鳞，一年生枝、叶柄、叶片下面及花序轴均密被棕色或红色绒毛，二年枝的毛较少。叶片革质，长椭圆形，长9~18cm，宽3~6cm，全缘，中脉在上面明显凹陷；叶柄粗短，长2~5mm。花单性，雌雄同株；雄穗状花序多穗排成圆锥花序；雌花的花被裂片密生毛。壳斗密聚于果序轴上，每壳斗有坚果1颗。花期3~4月，果期9~10月。

主要识别特征：树皮深裂片状脱落，芽鳞、一年生枝、叶片下面、叶柄及花序轴密被棕色或红色绒毛；叶片革质，全缘，在枝上成二列状排列；壳斗小刺多分枝。

［资源分布］

分布于浙江、福建、湖南、江西四省南部以及广东、广西东南部。江西黎川、井冈山、遂川、上犹、崇义、大余、龙南、寻乌、安远、瑞金、资溪等地有分布。

［生物生态特性］

生于海拔1200m以下山地林中，在山谷或溪流两岸组成小面积纯林或与甜槠、锥栗、红皮树、木荷、豹皮樟等混生。较喜光，幼年耐阴，较速生。

［景观价值与开发利用］

毛锥是萌生林的先锋树种之一。常绿、高大，深根性，寿命长，生长较速，虽幼时耐阴，但长

大后喜阳，对土壤条件要求不严，所以可作城乡造林绿化、美化、彩化、珍贵化树种。落叶腐烂增加土壤肥力，固碳，释放负离子对人体健康十分有利。

树皮厚，暗灰褐色，外皮粗糙，内皮红褐色，韧皮纤维发达。心材与边材分明，心材红棕色，年轮分明，半环孔材。木材深红色或红褐色，坚实有弹性，纹理粗、直、致密，供建筑、家具、乐器等用，特耐腐，为中国南方主要用材树种之一。壳斗、树皮可供提炼栲胶。种仁富含淀粉且无涩味，可代各种食品糕点。

[保护建议]

现已广泛栽植，对野生种群和古树应加强保护，做好种质资源的保护和收集工作。

[繁殖方法]

毛锥的繁殖方法为种子繁殖。

本节作者：赖建斌（江西省林业科技实验中心）

83 秀丽锥 Castanopsis jucunda Hance

俗名：台湾锥、乌楣栲、美丽锥栗、东南栲。壳斗科锥属植物。中国主要栽培珍贵树种；江西主要栽培珍贵树种。1884年命名。

[形态特征]

常绿乔木，高10~20m，胸径达80cm。树皮暗灰色，长条状纵裂。幼枝、幼叶、叶柄及叶下面被易脱落的红棕色鳞秕。叶片近革质，椭圆形，长10~18cm，宽4~6cm，叶缘中部以上有锯齿，侧脉8~13对；叶柄长1~1.5cm。花小，单性，雌雄同株；雄花序圆锥状；雌花单生于总苞内。壳斗球形，不规则开裂，苞片针刺状，呈鹿角状分叉，基部连合成刺；坚果宽圆锥形。花期4~5月，果期翌年9~10月。

主要识别特征：叶片在枝上呈二列状排列；幼枝、幼叶、叶柄及叶下面被易脱落的红棕色鳞秕，后老叶成淡灰棕色，叶缘中部以上有波状锯齿；小苞片顶端是鹿角状分叉。

[资源分布]

产于长江以南省份及云南东南部，四川不产。赣州峰山、信丰、安远等赣南各地有分布。

[生物生态特性]

生于海拔1000m以下山疏林中，喜生于土层深厚、肥沃的山坡、沟谷地带，偶见有小片纯林，或与丝栗栲、木荷、紫楠、锥栗、红皮树等混生，属中性偏阴树种。

[景观价值与开发利用]

秀丽锥常绿，树体高大，枝繁叶茂，生长中速，适应性强，分布广，除幼时稍耐阴外，大时需阳光充足，才能开花结实，故可在城市园林建设、交通沿线栽种此树种。可和其他常绿落叶树种搭配，每当3~4月树叶换叶时，地上撒满一片。随着江南梅雨季节的梅雨浸蚀腐烂，为山地土壤增施有机肥，形成物质的大循环，故可作为长江流域荒地荒山造林的最佳配套树种。

木材淡棕黄色，纹理直，致密，不如红栲类坚重，干后易裂，

供家具、农具等用。种仁甜，去涩味可食，可酿酒，可作其他代食品、豆腐等用。壳斗可供提制栲胶、活性炭。还有，秀丽锥的枝干经干燥接种菌株后，可栽培生产香菇、木耳、银耳等食用菌，效益可观。

[树木生态文化]

在婺源县珍珠山乡团尾分场目鱼村组海拔285m的东坡沟谷有一株秀丽锥，高30m，胸径80cm，树龄100年，与樟、苦槠、锥栗、白玉兰、紫玉兰、红楠、山合欢混生。

[保护建议]

对野生种群和古树应加强保护，做好种质资源的保护和收集工作。

[繁殖方法]

秀丽锥的繁殖方法为种子繁殖。

本节作者：陈东安（江西省林业科技实验中心）

摄影：周建军、陈炳华

84 苦槠 Castanopsis sclerophylla（Lindl. et Paxton）Schottky

壳斗科锥属植物。中国主要栽培珍贵树种；江西主要栽培珍贵树种。1912年命名。

[形态特征]

常绿乔木，高10~25m。树皮浅褐色，浅纵裂。小枝有棱，当年生枝红褐色。叶厚革质，长椭圆形至卵状长圆形，长7~14cm，宽2~6cm，先端渐尖，基部宽楔形，叶缘中部以上疏生锐锯齿，叶下面有淡银灰色蜡层；叶柄粗壮，长1.5~2.5cm。雌雄同株；雄花黄色，穗状花序，单生叶腋；雌花单生于总苞内。壳斗近圆球形，包裹坚果的4/5，熟后开裂；坚果单生，近球形，顶部短尖，被短毛。花期4~5月，果期10~11月。

主要识别特征：树皮浅褐色，条片状剥落；小枝有棱成沟槽，叶片在枝上螺旋状排列；壳斗近圆球形，包着坚果大部分，小苞片鳞状，横向连合成4~6个圆环。

[资源分布]

分布于长江以南，南岭以北的亚热带丘陵山地。江西资溪县、靖安县、玉山县、贵溪市、柴桑区、庐山市、石城县等全省各地均有分布。

[生物生态特性]

生于海拔200~1000m的山林中或灌丛中，常和杉、樟、马尾松、木荷及甜槠栲、栲槠等同属植物混生。村边、路旁也常见有栽培，为低山常绿阔叶林常见建群树种之一。喜光，耐干旱瘠薄，但在湿润、深厚、排水良好的山地黄壤山坡生长良好。深根性，萌蘖力强。

[景观价值与开发利用]

苦槠树体高大，常绿，树冠浓密，尤其是4~5月花开时节，满树冠黄色的花，沁人心脾，使人顿觉心旷神怡，赏心悦目，极具观赏价值。宜庭园中孤植、丛植或混交栽植，也可作风景林、海防林、工矿厂区绿化林。

木材黄棕色，结构致密，坚实，富有弹性，纹理粗犷、清晰，为家具、农具及机械用材。特耐腐，农家常用作前庭大门和门框，经常年日晒雨淋仍不腐朽，是上乘建筑和船舶用材。其枝丫为优良食用菌培养材料。树皮可供提制栲胶。苦槠淀粉除做苦槠豆腐外，还可加工成苦槠粉丝、粉皮、糕点，是防暑降温的好食品。如若患痢疾脱肛之疾，可泡一碗苦槠粉喝。

[树木生态文化]

苦槠粉富含多种对人体有益的营养成分：脂肪、淀粉、蛋白质、单宁、钙、钾、钠、镁、铁、硒等。单宁更是其他物品不可替代的珍稀上品。《本草纲目》称其低热无毒、营养丰富。

苦槠豆腐是中国江西、安徽、浙江、福建等地的传统名吃，是一道纯野生、原生态加工的绿色食品，被评为江西名菜。苦槠豆腐是由苦槠的果实制作而成。苦槠果实在初冬时期掉落，人们收集掉落的果实，经过暴晒、浸泡、磨浆、过滤、加热、冷固、切割，最后才得到这特殊的苦槠豆腐。刚做好的苦槠豆腐散发着香气，原始加工的苦槠豆腐略带涩味。通过改进过滤、沉淀等工艺，提高去渣率，有弹性、不易碎。

距安徽省安庆市岳西县冶溪镇西北500m有两株千年情侣（雌雄）苦槠树并肩而立，相距3m，远看如一把打开七成的折扇，总冠幅666m^2。

上饶市信州区朝阳镇也有一片面积30亩的苦槠群落，树龄100年左右，树高15m，胸径36cm。单株苦槠各地很多，如婺源县沱川乡王家村后山东山寺旁的一株苦槠，树干内已空，树高15m，胸径3.66m，冠幅30m^2，是婺源最古老的一株树。早在唐代就被村民视为汪帝菩萨化身，在此建庙三座，取名东山寺，其中最大一座称为汪帝庙。一般寺庙内常见银杏、柏树、桂花树，而以苦槠树建寺庙，世上并不多见。该苦槠树仍生机勃勃，树干中空，能放一张八仙桌，人可以自由进出，是当地一景。还有清华镇有一株苦槠树，树高19m，胸径2.47m，冠幅16m^2。相传唐开元二十八年（740年）婺源建治于清华时，此树已巍然屹立于县衙门前，历经1200余年，仍枝繁叶茂。

在宜春市明月山管委会洪江镇洪江村布星村组旁的山道上，长有一株苦槠树，据该村长者胡干勤（70多岁）介绍，当年朱德总司令于1928年带领红军走山路从安福至宜春时，路过此树，并在该村休息时，宣传战士在该苦槠树干上印

写了红军宣传标语，现经90年余年，该树仍然生长茂盛，隐约还看见一个“正”字，据当地村民胡干勤解释打土豪分田地革命是正确之意。

[保护建议]

现已广泛栽植，对野生种群和古树应加强保护，做好种质资源的保护和收集工作。

[繁殖方法]

苦槠的繁殖方法为种子繁殖。

本节作者：赖建斌（江西省林业科技实验中心）

85 钩锥 **Castanopsis tibetana** Hance

俗名：钩栗。壳斗科锥属植物。中国主要栽培珍贵树种；江西主要栽培珍贵树种。1875年命名。

[形态特征]

常绿乔木，高达30m，胸径达2m。树皮灰褐色，呈薄片状剥落。嫩枝、嫩叶暗紫红色。叶片厚革质，长椭圆形，长15~25cm，宽5~10cm，边缘中部以上有疏锯齿，叶下面密生棕褐色鳞秕，老时渐变为银灰色；叶柄粗壮。花单性，雌雄同株。壳斗具1果，球形，成熟后4裂，小苞片针刺形，粗硬；坚果扁球形，直径2cm，被毛。花期4~5月，果期8~10月。

主要识别特征：树皮灰褐色，呈薄片状剥落；叶片大，是壳斗科中最大的，上面深绿且有光泽，下面密被棕褐色鳞秕，老时渐变为银灰色，侧脉14~18对，直达叶缘齿端。

[资源分布]

主要分布于浙江南部，安徽南部，福建、湖北西南部，湖南、广东北部，广西、贵州、云南东部。江西九连山、井冈山、三清山等全省各地均有分布。

[生长环境]

生于海拔200~1500m的山地杂木林中，喜生于沟谷、山麓阴湿、肥沃地带，属中性偏阴树种。

[景观价值与开发利用]

深根性，寿命长，病虫少，萌发力强，天然更新良好，生长速度较快，树体高大、常绿，且叶片系壳斗科中最大的一种，其下面密被棕褐色鳞秕，在城乡园林绿化中可抗风、抗尘、抗沙、抗烟、吸收有毒性气体，是理想的通道、河岸绿化、美化、彩化、珍贵化园林树种，但要适地适树。

木材红褐色，坚重，快干后易裂，为家具、建筑、器具等优良用材。树皮含单宁6%~7.4%。壳斗可供提取栲胶。树皮作为药材甘性平，具有厚肠、止痢作用。种仁含淀粉25%~30%，有甜味，有小涩，需热水处理后脱涩，可熟食、炒食、炖汤、煮食、清蒸。种仁相当于小板栗，或研磨粉，代做各种食品、酿酒，渣料可当畜饲料。

[保护建议]

现已广泛栽植，对野生种群和古树应加强保护，做好种质资源的保护和收集工作。

[繁殖方法]

钩锥的繁殖方法为种子繁殖。

本节作者：赖建斌（江西省林业科技实验中心）

86 饭甑青冈 Cyclobalanopsis fleuryi（Hickel et A. Camus）Chun ex Q. F. Zheng

俗名：饭甑椆。壳斗科青冈属植物。中国亚热带主要木材栽培先锋树种。1923年命名。

［形态特征］

常绿乔木，高达25m。树皮灰白色，平滑。小枝粗壮，密生皮孔。叶片革质，长卵状椭圆形，长14~17cm，宽4~9cm，全缘或先端有波状锯齿，幼时密生黄棕色绒毛，老时无毛，中脉在下面稍凸起；叶柄幼时有黄棕色绒毛。雄花序有绒毛；雌花序生于小枝上部叶腋。壳斗钟形，包着坚果的2/3，壁厚达6mm，内外壁有黄毡状绒毛，小苞片合成10~13个同心环带，近全缘；坚果柱状长椭圆形，密生黄棕色柔毛，果脐凸起。花期3~4月，果期10~12月。

主要识别特征：树皮灰白色、平滑；冬芽有6条棱且有绒毛；叶大、革质，大部全缘，或顶部有波状浅齿，下面粉白色；壳斗钟形，包着坚果的2/3，壁厚达6mm，有10~13个同心环带，内外有黄棕色绒毛。

［资源分布］

分布于广东、广西、湖南、福建、贵州、云南、海南等省份。江西大余、崇义、寻乌、安远、龙南九连山、井冈山等地有分布。

［生物生态特性］

生于海拔300~1500m的常绿阔叶林中，幼年蔽阴，长大喜光，耐湿、耐旱，天然更新次之，为泛热带、亚热带山地造林的先锋树种。

［景观价值与开发利用］

终年常青，枝繁叶茂，干形优美，是城乡景观绿化树种。

木材纹理直，结构粗而匀，硕重，干缩及强度大，心材与边材区别略明显，供造船、建筑、车辆、家具、农具等用，为优良用材树种。种子的总多酚含量高达14.16%，其提取物可作为天然抗氧化剂，应用于保健品、化妆品及药品等行业。其种子含淀粉，可用于酿酒或制作浆纱。壳斗、树皮含鞣质，为重要的化工原料。

［树木生态文化］

饭甑青冈的果实同中国民间蒸饭的饭甑太相似，其果实的壳斗包裹坚果的2/3还要多，很形象，故名饭甑，又属青冈属植物，故名饭甑青冈。

[保护建议]

加强对野生种群和古树的保护，做好种质资源的保护和收集工作。

[繁殖方法]

饭甑青冈的繁殖方法为种子繁殖。

本节作者：宋迎旭（江西省林业科技实验中心）

摄影：吴棣飞、李西贝阳

87 赤皮青冈 Cyclobalanopsis gilva (Blume) Oersted

俗名：赤皮椆。壳斗科青冈属植物。江西II级珍贵稀有濒危树种；江西III级省重点保护野生植物。1850年命名。

[形态特征]

常绿乔木，高达30m，胸径1m。树皮暗紫褐色，有裂状纹。小枝密生黄褐色星状绒毛。叶片倒披针形或倒卵状长椭圆形，长6~12cm，宽2~3.5cm，先端渐尖，基部楔形，叶缘中部以上有短芒状锯齿，侧脉11~18对；叶下面有灰黄色星状短绒毛；叶柄有柔毛，托叶狭披针形，有黄褐色绒毛。雌花序有花2朵，花序及苞片密生灰黄色绒毛。壳斗碗形，包着坚果的1/4，有6~7个同心环带，全缘或浅裂；坚果倒卵状椭圆形，顶端有柔毛，果脐稍凸起。花期5月，果期10~11月。

主要识别特征：树皮暗紫褐色，有裂状纹；小枝、叶背面、托叶、花序、苞片均有黄褐色柔毛；壳斗碗形，包着坚果的1/4。本种的近似种湖南青冈，叶较厚，干后淡红色，叶缘具宽的渐尖齿。

[资源分布]

分布于浙江、福建、台湾、湖南、广东、贵州等省份。江西彭泽海形、万载东源、九连山、井冈山、婺源等地有分布。赤皮青冈是青冈属中东亚广布种，在分布区内为主要建群树种之一。

[生物生态特性]

生于海拔300~1500m的山地，喜温湿气候环境，土壤肥沃之地，特别是在山谷、山洼、阴坡下部及河边台地，深厚疏松、排水良好、中性或微酸性的土壤上生长尤佳。深根性，造林地宜选沙质土、沙壤土、轻壤土为佳，pH 5~6为宜。

[景观价值与开发利用]

赤皮青冈树干通直，高大挺拔，轮盘枝一轮一轮的，如同宝塔直耸云霄，叶背被灰黄色星状短绒毛，在太阳光下熠熠生辉，也可以培育成很好的庭院观赏和园林树种。

赤皮青冈是青冈属中珍贵树种之一，素以材质优良而闻名于国内外。边材黄褐色，心材暗红褐色，纹理直，质地坚重致密，有弹性光泽，有清香味，抗虫蛀，耐湿不腐，为优良硬木，是家具、地板、装饰和工艺等上等用材。赤皮青冈生长较快、适应性强，根系深，根部有较强的萌生力，也可作亚热带生态修复树种，结合次生林改造和松材线虫病除治迹地更新，可将这些林分改培为高价值、生态功能强和景观效果佳的珍贵青冈林。

[树木生态文化]

在江西省婺源县蚺城街道六房村后山海拔83m处，有19株赤皮青冈，平均树高28m，平均胸径28cm，最大1株胸径达1m，相传为300年前某位官员告老还乡时从贵州引种至此。因为赤皮青冈果

熟期有早有晚，加之树体高大，不便上树采摘，所以，当地村民每到10~11月果成熟之时，大人、小孩不定时地到后龙山方圆10亩范围内拾捡自然掉下的坚果，每天可得5~20kg。捡回后，用清泉水洗净，日晒3天，干燥后，研磨成粉，做豆腐用，在粮食困难时期，充当饥粮渡过难关。现时，大都做成浅褐色的豆腐，拿到市场出售，20元/500g，深受市民喜爱。

笔者于2015年11月采访时，村民都表示很感谢这位官宦乡贤，一方面绿化、美化了山村，保持了水土，涵养了水源，困难时期还为老百姓度过了饥荒；另一方面，为村庄的永续发展打下了基础。但也有美中不足，当地村民引栽了毛竹，由于立地条件的优越，竹林生长很快，有取代赤皮青冈之势，应引起县林业局和居委会的重视，妥善处理好两者之间的生存关系。赤皮青冈群落从最初的5株发展到现时的19株，有历史人文意义，更有经济、生态方面的价值。从物种保护角度讲，竹林应让位于赤皮青冈群落。

[保护建议]

赤皮青冈是现存壳斗科植物的原始类群，是常绿阔叶林主要建群树种之一，其适应性强，生长迅速，以材质上乘闻名于国内外，为江西四大名木之一。要加强野生种群和古树的保护，做好种质资源的保护和收集工作。

[繁殖方法]

赤皮青冈的繁殖方法为种子繁殖。

本节作者：欧阳天林（江西省林业科技实验中心）

摄影：曹晓平

88 青冈 **Cyclobalanopsis glauca**（Thunberg）Oersted

俗名：九棕、青冈栎。壳斗科青冈属植物。江西Ⅲ级重点保护野生植物。中国主要栽培珍贵树种。1784年命名。

[形态特征]

常绿乔木，高8~15m。树皮、小枝灰褐色。叶片革质，倒卵状椭圆形或椭圆形，长6~13cm，宽3~6cm，先端短渐尖，基部窄楔形，中部以上有锯齿，下面有浅灰鳞秕平伏毛，侧脉9~12对；叶柄长1~2.5cm。花单性，黄绿色，雌雄同株，雄花序柔荑状下垂；雌花序有2~4朵花。壳斗单生或2~3个聚生，碗状，小苞片连合成5~8个同心环带，全缘；坚果卵形，果脐稍凸起。花期4~5月，果期9~10月。

主要识别特征：叶上面绿色，光亮，下面浅灰白色，有绒毛，叶缘中部以上有锯齿；雄花序柔荑状下垂；壳斗碗状。而大叶青冈的叶全缘；壳斗杯状。

[资源分布]

我国亚热带本属分布最广的植物，主要分布在秦岭—淮河以南各省份。江西全境有分布。

[生物生态特性]

生于海拔2600m以下山坡或沟谷，常与杉木、檫树、南酸枣、苦楝、栲槠、石栎、木荷、杜英、毛竹等混生。幼树稍耐阴，大树喜光，深根性，对土壤要求不严，在酸性、弱碱性或石灰岩土壤上均能生长，在深厚、肥沃、湿润之地生长旺盛。

[景观价值与开发利用]

青冈树枝繁叶茂，是上乘的通道庭院遮阴树种。其根系发达，萌蘖力强，生长快，可作水土保持树种。能抗一定的毒性气体，可作工矿区城乡景区绿化、美化树种。

木材灰黄色、灰褐色带红色，心材与边材区别不明显，纹理直，结构粗而匀，坚硬如铁，重实，干缩及强度大，易开裂，耐腐，油漆、胶黏性能好，为矿柱、桥梁、车船、胶合板、板材、车辆、农具、建材等优良用材。种仁含淀粉60%~79%，过去农人用其做面，度过了一个个饥荒年代；也含单宁，去涩味，可用于制豆腐、酿酒或制酱油。还可采集嫩叶炒熟，用水浸渍，浸成黄色，换水淘洗干净后，加入油、盐调拌食为森林蔬菜。

[树木生态文化]

青冈的叶片会随天气的变化而变化，所以被称为“气象树”。青冈之所以对气候条件反应敏感，是因为其叶片中所含的叶绿素和花青素的比值变化。在长期干旱之后，即将下雨之前，遇上强光闷热天气，叶绿素合成受阻，使花青素在叶片中占优势，叶片逐渐变成红色。有些地方的农民根据平时对青冈的观察，得出经验：当树叶变红时，这个地区在1~2天内会下大雨，雨过天晴，树叶又呈深绿色。因此，农民可根据这个信号安排农活。

在安徽省和县境内的山上，有一株青冈高11m左右，胸径1m左右，冠幅100m^2左右，树龄400多年。经多年观察发现，根据这棵青冈树发芽的早晚和树叶的疏密，可判断当年是旱还是涝。若树在谷雨前发芽，且枝繁叶茂，这一年雨水就多；若按时令发芽，树叶有疏有密，这一年风调雨顺；谷雨后才发芽，树叶又少又稀，这一年大概有旱情。1934年，此树在谷雨后发芽，树叶又稀又少，当年便发生了特大干旱。1954年，此树发芽早，树叶茂盛，当年便发生了大水。

[保护建议]

加强对野生种群和古树的保护，做好种质资源的保护和收集工作。

[繁殖方法]

青冈的繁殖方法为种子繁殖。

本节作者：汤玉莲（江西省林业科技实验中心）

89 大叶青冈 Cyclobalanopsis jenseniana（Handel-Mazzetti）W. C. Cheng et T. Hong ex Q. F.

俗名：屏边青冈、大叶稠。壳斗科青冈属植物。江西Ⅲ级重点保护野生植物。中国主要栽培珍贵树种。1922年命名。

[形态特征]

常绿乔木，高达30m，胸径达80cm。树皮灰褐色，粗糙。小枝粗壮有沟槽，密生淡褐色皮孔。叶薄革质，长椭圆形，长14~30cm，宽6~9cm，全缘，中脉在上面凹陷，侧脉12~17对；叶柄有沟槽。雄花序密集，花序轴及花有疏毛；雌花序、花序轴有淡褐色长圆形皮孔。壳斗杯形，包着坚果1/3~1/2，小苞片上有6~9个同心环带；坚果长卵形。花期4~6月，果期翌年10~11月。

主要识别特征：小枝有沟槽；叶大，长14~30cm，宽6~9cm，薄革质，侧脉近叶缘处向上弯曲，全缘，背面灰白色，叶柄有沟槽；壳斗杯形，同心环带不隆起。

[资源分布]

分布于长江以南各省份，包括浙江、福建、湖北、湖南、广西、贵州及云南。江西宜丰、铜鼓、靖安、婺源等全省各地有分布。

[生物生态特性]

生于海拔300~1700m的山坡、山谷、沟边常绿落叶阔叶林中。大叶青冈是东亚常绿阔叶林中主要优势树种，

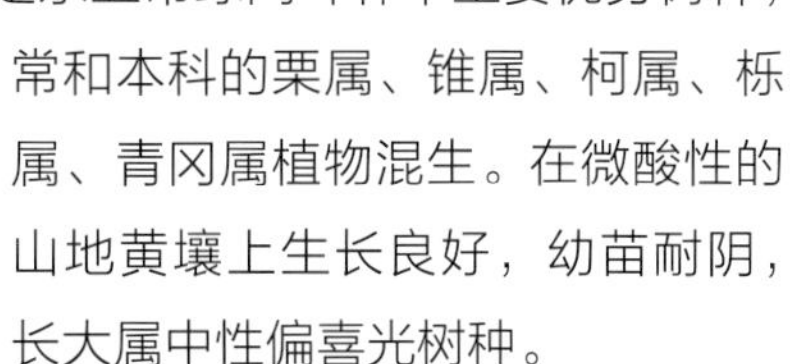

常和本科的栗属、锥属、柯属、栎属、青冈属植物混生。在微酸性的山地黄壤上生长良好，幼苗耐阴，长大属中性偏喜光树种。

[景观价值与开发利用]

树体高大，枝繁叶茂，叶体又大，可作山地造林绿化、美化、彩化树种。每年4~5月花期，散发着清香，闻之使人神清气爽，还可抗毒性气体，故可在通道、景区、河岸、农庄园和公园点缀栽植。

木质散孔材，木材硬、坚重，红褐色或黄褐色，强度大，耐腐，

可作桩柱、车辆、桥梁、工具柄、刨架、运动器械、枕木、家具等用材。种子富含淀粉，可供饲料、酿酒和工业用。

[保护建议]

加强对野生种群和古树的保护，做好种质资源的保护和收集工作。

[繁殖方法]

大叶青冈的繁殖方法为种子繁殖。

本节作者：代丽华（江西省林业科技实验中心）

摄影：徐永福、陈炳华

90 光叶水青冈 **Fagus lucida** Rehd. et Wils.

俗名：亮叶水青冈。壳斗科水青冈属植物。中国主要栽培珍贵树种；江西主要栽培珍贵树种。1916年命名。

[形态特征]

落叶乔木，高达25m，胸径达1m。叶片卵形，长6~11cm，宽3.5~6.5cm，先端短至渐尖，基部宽楔形，两侧稍不对称，叶缘有锐齿，侧脉9~12对，直达齿端；嫩叶的叶柄、中背中脉、侧脉有黄棕色长柔毛，后脱落；叶柄长0.6~2cm。花单性，雌雄同株；雄花为下垂的头状花序；雌花每2朵生于总苞内。壳斗杯形，包着坚果约1/3，幼时小苞片密集，鳞片状，具突尖头，成熟时小苞片稀疏，有小尖头，近基部的小苞片不明显。花期4~5月，果期9~10月。

主要识别特征：花叶同时开放，因为叶上面无毛，光亮，故名；叶片边缘有锯齿，侧脉直达齿端；壳斗被鳞片状小苞片，紧贴，小苞片具短尖头，如鸡爪状，长不及2mm。

[资源分布]

产于湖北、湖南、浙江、福建、广东、四川、贵州、广西；江西武夷山、九连山、井冈山、铜鼓山、宜丰、靖安等地有分布。

[生物生态特性]

生于海拔800~2000m的落叶阔叶林中。常与米心水青冈、水青冈组成纯林，或与其他落叶阔叶树混生。喜深厚、湿润的酸性山地黄壤及黄棕森林土。喜凉湿气候，幼苗耐阴。

[景观价值与开发利用]

由于光叶水青冈生长较速，常作为落叶阔叶林的上层树种之一，从而有效地保护了林中的中下层林木及地被物的生长繁衍。由于1~2年生嫩枝紫褐色，亦可成为城乡绿化景观树种。

木材为散孔材，红褐色，质重，富韧性，纹理直，结构细，硬质中，收缩大，稍耐腐，供桩木、车船、家具、地板、胶合板等用。种仁含油率49.42%，土法榨油出油率15%~20%，接近普陀油茶，是良好的食用油或工业油原料。

[树木生态文化]

在湖南金童山省级自然保护区将军岩三百岭、黑山岭、木晏山一带海拔1700m左右的山脊线上呈“L”

形分布，有200株光叶水青冈群落。经专家鉴定，这是目前国内已发现的面积最大、保存最完好的亮叶水青冈古树群落。植株最大胸径1.13m，最高27m，树龄超过400年。胸径30cm以上的有2万株，半数以上为百年古树，目前金童山已被国家林业和草原局、中国科学院及国内十几所涉林院校定点为中国亚热带山地毛玉山竹-亮叶水青冈群丛科研模式样地。

林下多密集竹和苔藓，能截留和储存大量水分，为国家水源涵养林和“天然林资源保护工程”首选树种。

[保护建议]

光叶水青冈作为景观树种和用材树种，受到人为破坏明显，应加强该树种野生种群的保护，减少人为干扰，保护其生长环境。林业科研机构，要加强优良树种选育，培育更多景观和用材的水青冈优良品种。

[繁殖方法]

光叶水青冈繁殖方法为种子繁殖。

本节作者：宋迎旭（江西省林业科技实验中心）

摄影：杨筑筑

91 柯 Lithocarpus glaber（Thunb.）Nakai

俗名：石栎、青刚栎。壳斗科柯属植物。中国主要栽培珍贵树种；江西主要栽培珍贵树种。1916年命名。

[形态特征]

常绿乔木，高10~15m。芽、小枝及花序轴密生灰黄色细绒毛。叶革质或厚纸质，倒卵形或长椭圆形，长7~12cm，宽2.5~4cm，全缘或近先端两侧各有2~4个锯齿，叶下面有浅灰色蜡层，侧脉6~8对；叶柄长1~1.5cm。花单性，雌雄同株。壳斗碟状；坚果长椭圆形，有光泽，稍有白粉，果脐内陷。花期9~10月，果期翌年9~10月。

主要识别特征：叶片革质或厚纸质，倒卵形或长椭圆形，先端突出，中部以上最宽，全缘或近先端两侧各有2~4个锯齿；壳斗碟状，仅包裹坚果的底部；坚果是长大于宽的长椭圆形。

[资源分布]

分布于秦岭—淮河以南各地，但北回归线以南少见，海南省和云南省南部不产。江西各地有栽培。

[生物生态特性]

生于海拔400~1000m山地阔叶林中；在福建，常与交让木、猴欢喜、杜英、蕈树、石楠及锥类混生；在江西海拔500m以下，常与苦槠、白栎、抱树、木荷、马尾松、枫香等混生。喜光，多生于阳坡。耐干燥瘠薄，亦能生于石灰岩、花岗岩坡地。

[景观价值与开发利用]

该树种萌蘖力强，生长快，枝繁叶茂，能抗风、抗旱、抗毒性气体，还能保持水土、涵养水源，在山区可作为薪炭林，在工矿区可作为防水土流失、抗风护坡、固碳造林绿化、优化树种。园林可作庭荫树配置，亦可在草坪中孤植、丛植，或在山坡上成片种植，也可作为其他花灌木的背景树。

木材心材红褐色或红褐色带紫色，边材灰红褐或浅红褐色，坚硬，有光泽，纹理斜，结构中而匀，干燥易开裂翘曲，切面光滑，油漆及粘胶性能良好，供家具、器具、车、船、建筑及胶合板等用。种仁去涩味可做豆腐、酱或酿酒。树皮、壳斗可供提取栲胶。

[树木生态文化]

柯又名椆，《山海经》中就有“又东三十里，曰虎首之山，多苴椆椐”。

江西省寻乌县吉潭镇剑溪村“柯树下”村组系赣南中央苏区的村庄，就建在一株柯树下，迄今土墙房上还留存当年写的“打倒帝国主义”等标语。

浙江台州三门县大横渡村老街北侧的龙虎山有一株柯，主干20多m，胸径4.2m，粗糙的褐色树皮有许多已经开裂，犹如腐纸，然而用手去掰，却怎么也掰不下，如同铁铸的一般。高大树冠郁郁葱葱，然而与桃、李、杨、柳相比，却分明绿出一种老辣，一种沉着，一种苍劲。叶常绿椭圆形，树叶肉厚，在阳光下端详，仿佛绿里透出几分青，青里又透出几分紫，色泽厚重深沉，极富于力度。

[保护建议]

分布广泛，对野生种群和古树应加强保护，做好种质资源的保护和收集工作。

[繁殖方法]

柯的繁殖方法为种子繁殖。

本节作者：田承清（江西省林业科技实验中心）

92 麻栎 Quercus acutissima Carr.

俗名：扁果麻栎、北方麻栎。壳斗科栎属植物。中国主要栽培珍贵树种；江西主要栽培珍贵树种。1862年命名。

[形态特征]

落叶乔木，高15~20m。树皮深灰色，不规则深裂。幼枝被灰黄色柔毛，有多数浅黄色皮孔。叶片卵圆状披针形，长8~18cm，宽3~6cm，先端渐尖，基部宽楔形，侧脉13~18对，叶缘有刚毛状尖齿，下面密生灰白色星状毛；叶柄长1~3（5）cm。花单性，雌雄同株，雄花序穗状，下垂；雌花1~3朵，生于上年枝叶腋。壳斗杯状；小苞片钻形或扁条形，开展并反曲，有灰白色绒毛，包果约1/2；坚果球形，栗褐色。花期5月，果期翌年9~10月。

主要识别特征：树皮深灰色，不规则深纵裂；叶片薄革质，侧脉平行，直伸叶缘芒刺锯齿尖；壳斗杯状，直径2.5~3.5cm，包果约1/2，小苞片钻形或扁条形，开展并反卷，被灰白色绒毛。

[资源分布]

分布于辽宁（南部）、河北、山西、陕西、甘肃以南，东自福建、台湾，西至四川西部，南至海南、广东、广西、贵州、云南等地。以黄河中下游及长江流域较多。江西官山国家自然保护区有5hm^{2}小面积的麻栎纯林分布。

[生物生态特性]

垂直分布在云南海拔2200m以下，河南1600~1800m，山东1000m以下，长江流域多生在800m以下的山地丘陵中，常与马尾松、枫香、栓皮栎、柏木、槲树、南酸枣等混交。喜光，不耐阴。在混交林中，因争夺阳光，常能形成通直的干材。深根性，有较强的抗贫瘠、抗风、抗旱、抗寒、抗火、抗烟、抗病虫、抗毒性气体的能力。对土壤要求不严，在湿润、肥沃、深厚、排水良好的中性至微酸性沙壤土上生长最好，但不耐移植。麻栎不耐水湿，排水不良和积水地带生长不良。

[景观价值与开发利用]

木材为环孔材，边材淡红褐色，心材红褐色，木材坚硬，纹理直或斜，色泽、花纹美观，耐腐朽，气干易翘，是机械、造船、车辆、家具、军工等优良用材。叶可用来饲养柞蚕。种子可加工成工业用淀粉和脂肪油，可供酿酒和作饲料，油可用来制肥皂。壳斗、树皮可供提制栲胶。朽木、梢头可用来培养香菇、木耳。果实、树皮、叶可入药。麻栎树冠伸展，浓荫葱郁，加之适应性强，生长中速，寿命长，是我国荒山绿化的先锋树种之一，若与枫香、苦槠、青冈等混植，可构成风景观赏林。春观花，夏遮阴，秋观金黄叶色，体现“春华秋实”之意境。枝叶繁茂，抗二氧化硫、氯气、氟化氢等有毒气体，可净化环境，是矿山城市绿化、美化树种。其根系发达，可涵养水源，保持水土，是通道建设、山区滑坡防治的首选乡土树种。

[树木生态文化]

由于麻栎木材结构紧实、沉重，古玩市场上已出现以麻栎替代花梨木，用作手串、雕刻各种工艺品用材。普通一串麻栎手串，经过车铣、打磨、抛光后用植物油（核桃油、橄榄油）盘养，一周一次，每次用油3~5滴，均匀涂于表面，3~5周后，油已经进入珠子里面（俗称吃饱了），然后每天人工把玩珠子20分钟左右，每天3~5次，经半年左右，麻栎串珠就显得像个老物件了。用麻栎木材雕塑的人物、动物、植物工艺品物件也要按此法盘养。

[保护建议]

麻栎分布广泛，对野生种群和古树应加强保护，做好种质资源的保护和收集工作，保护物种生物遗传多样性。

[繁殖方法]

麻栎的繁殖方法为种子繁殖。

本节作者：郭庆昌（江西省林业科技实验中心）

93 槲栎 **Quercus aliena** Blume

俗名：青冈树。壳斗科栎属植物。中国近温带、亚热带主要栽培珍贵树种。1850年命名。

[形态特征]

落叶乔木，高达20m。树皮暗灰色，深裂。老枝暗紫色，有多数浅灰色凸起的皮孔；幼枝黄褐色，有沟槽。冬芽赤褐色，有白色绒毛。叶片倒卵状椭圆形，长10~20cm，宽5~14cm，先端钝或短渐尖，基部楔形，边缘有波状钝齿，下面密生白细绒毛，侧脉11~18对；叶柄长1.5~3cm。花单性，雌雄同株，雄花单生或数朵簇生，雌花序生于当年生枝叶腋，单生或2~3朵簇生。壳斗浅杯状，包围坚果的1/2，鳞片线状披针形，紧密，暗褐色；坚果长圆形或卵状形。花期4~5月，果期10月。

主要识别特征：树皮深裂；老枝暗紫色，有皮孔，幼枝黄褐色，有沟槽；叶大，先端钝，边缘具波状钝齿，叶下面密生白绒毛。

[资源分布]

产于秦岭—淮河一线以南的山地，广布种。江西在九江、庐山、武宁、安福、安远等地有分布。

[生物生态特性]

生于海拔100~2400m丘陵、低山针阔叶林内，常与麻栎、白栎、木荷、枫香、马尾松、甜槠等混生，偶见小面积纯林，自然状态下亦可长成高大乔木。喜光，耐干旱瘠薄，多生于阳坡、荒地。

[景观价值与开发利用]

木材淡黄褐色，坚韧耐腐，纹理致密，供坑木、枕木、舟车、建筑、农具、胶合板、薪炭等用。树皮、壳斗含单宁，可供制取栲胶。种仁可用来制淀粉及酿酒。叶片富含蛋白质，嫩枝、叶可作饲料用。

该树种生命力极强，耐干旱、耐瘠薄，农人采薪后能及时萌发，叶片大，又有抗毒性，可作薪炭林和固土固碳涵养水源林及荒山先锋造林用。槲栎叶片大且肥厚，奇特美丽，翠绿油亮，枝叶稠密，属观叶树种，宜浅山风景区造景用。

[树木生态文化]

在陕西安康汉滨区坝河镇二村濮砣山，长有一株槲栎树，树龄500年，树高30m，树围6m，冠幅20m^2。树干枝丫连接处长了数个造型独特、千奇百怪的树疙瘩。

据当地村民介绍，此地原来有2株槲栎树，东西对峙，人称“雌雄夫妻树”，东为雌，西为雄。饥荒年代，村民们采其果实磨粉充饥，救过无数穷人的命，故又叫“救命树”。在清道光二十六年（1846年），地主砍掉西边的雄树，正准备砍东边雌树时，30位村民自发捐资购买此树以“充公”保护，随后村民在古树旁立碑记载这一感人事迹。该碑高95cm，宽50cm，其内容在《安康碑版钩沉》中有记载，是教育子孙后代保护古树的活教材。在树旁还有一座鱼妇庙，是为传说中的鱼妇修建的。

一棵古槲栎树、一座石碑、一座古庙，成为当地一道靓丽的景观，每年吸引不少游客前来瞻仰膜拜。

[保护建议]

分布广泛，对古树名木和野生种群多加关注，保护其生长环境。

[繁殖方法]

槲栎的繁殖方法为种子繁殖。

本节作者：刘平（南昌市第三职业学校）

摄影：李蒙、周立新、张金龙、刘冰

94 小叶栎 **Quercus chenii** Nakai

壳斗科栎属植物。中国主要栽培珍贵树种；江西主要栽培珍贵树种。1924年命名。

[形态特征]

落叶乔木，高15~30m。树皮暗褐色，浅纵裂。叶片披针形或倒卵状披针形，长7~15cm，宽2~3cm，先端渐尖，基部楔形，略偏斜，叶缘有刺芒状锯齿，叶柄细长。花单性，雌雄同株，雄花序穗状，下垂；雌花1~3朵生于上年枝叶腋。壳斗碗状，包坚果1/3，苞片二形，在缘口的钻形，反曲，其余的紧密排列为长三角形或棱形；坚果长1.2~2.3cm，直径1.3~1.5cm，顶部果脐凸起有微毛。花期4~5月，果期翌年9~10月。

主要识别特征：叶片披针形，叶缘有刺芒状锯齿；苞片仅包裹坚果的1/3。此种的叶片形状、大小与小叶青冈栎相似，小叶青冈栎叶缘是中部以上有疏锯齿，而此物的锯齿是从叶缘下面开始的，此种的锯齿相对于小叶青冈栎较尖锐，似芒状。

[资源分布]

分布于长江流域各省份，河南、福建也有分布。江西玉山怀玉山、铅山武夷山、广丰铜钹山、婺源大鄣山、五龙山、文公山、德兴大茅山800m以下山地有分布，常与石栎、枫香、苦槠、木荷、马尾松、白栎等混生，有时成小群落纯林。

[生物生态特性]

生于海拔600m以下丘陵低山，喜光，多生于阳坡，在混交林中多居上层，在深厚肥沃中性至酸性土壤上长势旺盛。

[景观价值与开发利用]

小叶栎适应性强，抗逆性强，萌蘖性强，生长中等，木材价值高，是优良的再生能源树种，可作为丘陵山地和工矿区造林的先锋阔叶林树种。

木材为环孔材，边材淡红色，心材浅褐色，纹理直或斜，气干易开裂，耐腐，耐水湿，硬重，强度大，色泽、花纹美丽，为造船、家具、农具、军工等优良用材。苞片、树皮含单宁，可供制取栲胶。小叶栎种子具有药用价值。在四川，小叶栎幼苗、嫩茎叶和花穗均是可口的野菜，可炒食或煮汤，亦可腌渍用。种仁含淀粉、蛋白质、奎宁，去涩味可作豆腐、酿酒、浆纱原料。

[保护建议]

对野生种群和古树应加强保护，做好种质资源的保护和收集工作。

[繁殖方法]

小叶栎的繁殖方法为种子繁殖。

本节作者：刘志金（江西省林业科技实验中心）

摄影：李垚、王璐、喻勋林

95 槲树 **Quercus dentata** Thunb.

俗名：波罗栎、柞栎、槲实等。壳斗科栎属植物。中国主要栽培珍贵树种；江西主要栽培珍贵树种。1784年命名。

[形态特征]

落叶乔木或灌木状，高10~15m，胸径达1m。树皮灰黑色，深纵裂。幼枝粗，有沟槽，浅黄褐色，密生灰黄色短毛，老枝暗灰色，有残存毛。叶片倒卵形，长10~30cm，宽5~15cm，先端钝，基部耳形或楔形，边缘有波状裂片；叶柄长2~6mm。花单性，雌雄同株；雄花序集生于当年生叶腋，穗状，下垂；雌花数朵簇生于当年生枝先端。壳斗碗形，包住坚果的1/3~1/2，上缘的苞片披针形，棕红色，反卷；坚果卵圆形，先端宿存花柱。花期4~5月，果期9~10月。

主要识别特征：小枝、叶片下面密生星状柔毛；叶片大且呈明显的倒卵形，边缘有波状裂片；壳斗包坚果的1/3~1/2，壳斗口缘处的小苞片粽红色，反卷。

[资源分布]

分布于我国东北南部及东部、华北、西北、华东、华中及西南各地。主产中国北部地区，河南省襄城县紫云山分布的槲树林是目前保存最好的槲树林之一。江西庐山植物园有栽培。

[生物生态特性]

生于海拔2700m以下的山地阳坡阔叶林或松栎林中。喜光，常与其他栎类、桦树、小叶朴、马尾松、侧柏、油松等混生，偶见纯林。耐旱，对土壤要求不严，在酸性土、钙质土、轻度石灰性土上都能生长，在肥水条件好的地方，生长迅速，深根出生，主根长度可达4m以上，萌蘖能力强，寿命长。

[景观价值与开发利用]

槲树生长缓慢，寿命长，耐旱，对土壤要求不严，抗风、抗淹、抗水、抗病虫能力强，故可作丘陵山地造林先锋阔叶树种之一。叶片固碳作用强，其腐烂后能增加土壤肥力，加速土壤有机质的良性循环。槲树主根发达，深达4m，也是涵养水源，保持水土的树种，可与其他树种混交成单层或复层结构的生态林。春叶鹅黄绿色，一片生机，秋叶黄色、红色，季相色彩极其丰富，具观赏价值。

木材结构紧密坚硬，但易翘裂，作家具、车辆、桥梁、坑木、地板、建筑等用材。嫩叶可饲养柞蚕，其蚕丝特别光亮柔软。老叶富含蛋白质，可作畜禽饲料。种仁含淀粉58.7%，去涩可用来做豆腐、浆纱或作粮食替代品，亦可供酿酒或作畜禽饲料。

[树木生态文化]

在明朝中叶，襄城县出了一位大名鼎鼎的政治家，赋税改革家和教育家——李敏（1425—1491年），官至户部尚书，赠太子少保，是“襄半朝”名臣之首。李敏告老返乡后，为桑梓办了不少好事。尤其是在紫云山创建了明代八大书院之一——紫云山书院，尊师兴教，弘扬儒家文化，成为中原理学中心，永载史册。紫云山的槲树，就是李敏留给后代最大的精神和物质财富，寓意深远，耐人寻味。为什么偏偏在千卉百木中选择槲树，而不栽种樟、楠、松、梓、柏、杉等价值高的树种，李敏认为，这些优良树种是好，可以创造很多的物质财富，但最大的不足是容易给后人养成依赖林木，砍树卖钱，财富积累，私欲膨胀，寻花问柳，饱食终日，无所用心，成为一代庸人。而槲树生长慢，其貌不扬，树干上还会长些树木瘤子疙瘩，不被看好，不被关注，不会砍树卖钱，让其永世留在山上，可涵养水源，保持水土，保护村庄农田。正是槲树这些缺点被世人所不清，却被李敏慧眼发现，赋予新的精神内涵。“留得青山在，不怕没柴烧”“绿水青山就是金山银山”正是这个道理。李家后代守着这份家业，维持一种细水长流的小农经济模式，过着田园丰产、村民富足、饱读诗书、获取功名、衣食无忧的殷实生活。

相传，康熙九年初，蒲松龄途经济南，住在一家小客栈里。没想到他身染毒疮，伤口奇痒，溃烂不止。蒲松龄

对医药也是颇有研究的，便自己开了几副药搽了搽，也没当回事，没想到，毒疮不但没好，反而更厉害了。蒲松龄急了，便匆忙查阅医书，从《肘后备急方》中查得一方，即用槲皮煮水洗患处。蒲松龄赶忙弄来几片槲树皮，按照医书上讲的方法治毒疮，没过多久，他的病就痊愈了。

槲树叶有一股独特的清香味，而这股清香味到了端午前后最为浓郁，过了端午节，其叶慢慢变老，香味就慢慢淡下去。所以，农人会在端午节前将槲树叶摘下来，用以代替蒸馒头、包子、包粽子的笼布，如此加工出的食品清香无比且不易变质，极具地方特色，其中最有名的当属河南鲁山的槲坠。

1928年冬，红军开展了一场群众性的挑粮上山运动，40多岁的朱德军长和战士们一道挑粮上山。每当运粮队伍从柏露村走到黄洋界大树时就会稍做休整，这棵为红军遮阴的大树一直被大家称为“槲树”（经植物学家考证实为银木荷，因为当地的“荷”与“槲”谐音，故大家误称之为槲树）。迄今，这棵大树长得非常茂盛。1964年初，遵照最高首长的指示，溥仪、溥杰、杜聿明、王耀武、沈醉等人以文史专员的身份组成参观团，到各地参观、考察，游览祖国大好河山，观看国家建设成就，接受革命教育。4月中旬，参观团一行来到了江西省西南部的“中国革命的摇篮”——井冈山。当参观团抵达五里排的“槲树”时，讲解员说道，这是当年毛主席、朱老总等人挑粮休息的地方，几十年过去了，其余地方早就物是人非，唯独这两株大树依旧翠绿。溥仪随即赋诗：“伫仰当年大树风，甘棠遗爱古今同。‘五同’毕竟今逾古，六亿人民仰慕中”，以此表达对毛主席和朱老总以及红军的钦佩之情。

[保护建议]

加强对野生种群和古树的保护，做好种质资源的保护和收集工作。

[繁殖方法]

槲树的繁殖方法为种子繁殖。

本节作者：朱小明（江西省林业科技实验中心）

摄影：甄爱国、刘冰、王孜、朱仁斌、薛凯

96 白栎 Quercus fabric Hance

壳斗科栎属植物。中国主要栽培珍贵树种；江西主要栽培珍贵树种。1869年命名。

[形态特征]

落叶乔木，高达20m。树皮灰褐色，深纵裂。叶片薄革质，倒卵形或倒卵状椭圆形，长6~16cm，宽2.5~8cm，先端钝或钝尖，基部楔形，边缘有浅波状钝齿，幼时两面有灰黄色星状毛，后仅下面有毛；叶柄短，长3~6mm，有毛。花单性，雌雄同株，雄花穗状，下垂；雌花序短。壳斗碗状，包住坚果1/3，小苞片卵状披针形，在壳斗边缘处稍伸出；坚果长椭圆形，果脐凸起。花期5月，果期10月。

主要识别特征：小枝有毛，有条槽，叶柄长不到6mm，叶边缘为浅波状钝齿；壳斗的小苞片在口缘处稍伸出，不外卷，壳斗包坚果的1/3，果脐凸起。

[资源分布]

产于秦岭—淮河一线以南和华南、西南各省份。

[生物生态特性]

大都生于海拔1900m以下丘陵山区林中。喜光，适应性强，红壤岗地、低山丘陵、干旱坡地均能生长，多与麻栎、枫香、马尾松、胡枝子等混生，萌芽性强。

[景观价值与开发利用]

白栎枝叶繁茂，终冬不落，宜作庭荫树，于草坪中孤植、丛植，或在山坡上成片种植，也可作为其他花灌木的背景树。白栎适应性强，萌芽力强，可作干旱瘠薄地造林绿化先锋树种，亦是营造薪炭林首选树种，还是保持水土、涵养水源、固碳制氧的尤佳造林树种。

木材坚硬，光泽，花纹美丽，纹理直，结构略粗，不均匀，重量和硬度中等，强度高，干缩性大，耐腐。可供农具、家具、器具、地板等用材。木材砍成1m长的木段搭架，种上香菇菌种，放入阴凉、潮湿之处，收获香菇颇多，一根白栎木可连放3年，经济效益可观。树皮、壳斗含单宁，可供制取栲胶。种仁含淀粉60%左右，去涩味可用于制粉丝、豆腐。味道鲜美，每百斤果仁可酿55°白酒20kg左右。果实虫瘿火焙入药，主治疳积、疝气及火眼等症。

[树木生态文化]

在浙江省武义县俞源乡中国历史文化名村俞源村村口的91株枫香、苦槠等古树群中，有一株白栎树，树龄600年，相传为明朝开国元勋，顶级谋士之一的刘伯温亲手种植，树高21m，胸围250cm，枝繁叶茂，人称“华东白栎王”。相传该村的俞涞与刘伯温是同窗好友，应邀来村指点山水，于是便将该村设计成太极星象、八卦布局，此事在《俞姓宗谱》中有明确记载。

白栎树的果实，形似蚕茧，故又称栗茧。《新唐书 · 杜甫传》：“客秦州，负薪采橡栗自给。”唐代张籍有诗云：“岁暮锄犁傍空室，呼儿登山收橡实。”

[保护建议]

白栎分布广泛，对野生种群和古树应加强保护，做好种质资源的保护和收集工作。

[繁殖方法]

白栎的繁殖方法为种子繁殖。

本节作者：田承清（江西省林业科技实验中心）

摄影：李垚、朱鑫鑫、徐永福

97 枹栎 **Quercus serrata** Murray

俗名：绒毛枹栎、短柄枹栎。壳斗科栎属植物。1784年命名。

[形态特征]

落叶乔木，高达12m，因人为砍伐，现大都是灌木丛。叶聚生枝顶，叶长椭圆状倒卵形或倒卵状披针形，长5~10cm，叶缘具内弯浅锯齿，幼时有丝毛，老叶无毛，侧脉7~12对；叶柄长0.2~0.5cm。花单性，雌雄同株。壳斗杯形，包果1/4~1/3，小苞片卵状三角形，边缘有毛；坚果卵状椭圆形。花期4~5月，果期9~10月。

主要识别特征：落叶乔木，叶聚生枝顶，叶长椭圆状倒卵形或倒卵状披针形，叶缘具内弯浅锯齿；壳斗杯形，包果1/4~1/3，小苞片卵状三角形，边缘有毛。

[资源分布]

产于辽宁（南部）、山西（南部）、陕西、甘肃、山东、江苏、安徽、河南、湖北、湖南、广东、广西、四川、贵州、云南等省份。江西南昌、景德镇、九江、上饶、吉安、赣州有分布。

[生物生态特性]

生于海拔200~2000m的山地或沟谷林中，喜光，耐干旱瘠薄。

[景观价值与开发利用]

生长缓慢，寿命长，耐旱，对土壤要求不严，抗风、抗烟、抗水、抗病虫能力强，故可作丘陵山地造林先锋阔叶树种。主根发达，深达4m，也是涵养水源、保持水土的树种，可与其他树种混交成单层或复层结构的生态林。春叶鹅黄绿色，一片生机，秋天叶黄色、红色，季相色彩极其丰富，具观赏价值。

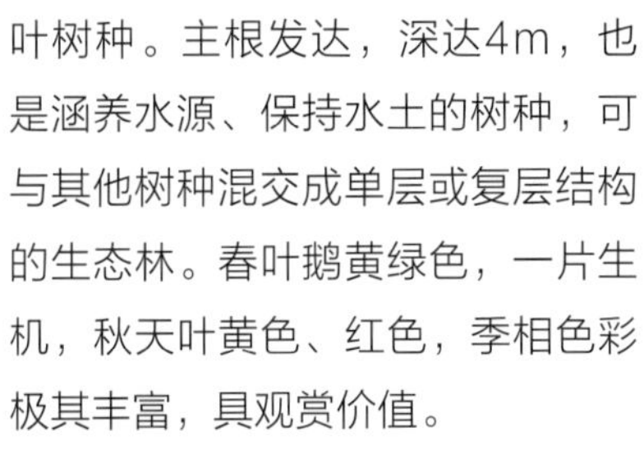

[树木生态文化]

《晋书·王祥传》：“祥性至孝。早丧亲，继母朱氏不慈……有丹柰结实，母命守之，每风雨，祥辄抱树而泣。”后以“抱树”为至孝的典故。唐代李商隐《〈会昌一品集〉序》：“有抱树辞荣之节，有漆身报德之风。”《中国植物志》《中国树木志》中曾经抱树的名称是提手旁的“抱”，不是木字旁的“枹”，现在的中文名为枹树。

在江西婺源县段莘乡阆山村坦里组，有一株枹树高18m，胸径40cm，树龄约80年。在相距不足300m处，海拔736m的小溪边一小片甜槠群落中，有4株枹树，其中1株树高26m，胸径80cm。据当地村民介绍，这4株枹树在困难时期为村民解除饥饿发挥了很大的作用。村民采集其种子，晒干研磨成粉，配以短柄的嫩芽和少许玉米粉做成圆饼蒸熟当主食充饥，特别是翌春，村民外出劳作，还以此团粑为干粮。迄今，4株枹树保护良好，生机盎然，结果颇丰，村民采回种子清水漂洗去涩，做成的栗子豆腐已成为当地生态旅游农家乐的特殊食品，深受城里人的喜爱。

[保护建议]

枹栎分布广泛，对野生种群和古树应加强保护。

[繁殖方法]

枹栎的繁殖方法为种子繁殖。

本节作者：刘平（南昌市第三职业学校）

摄影：朱仁斌

98 栓皮栎 Quercus variabilis Blume

俗名：软木栎、粗皮青冈、塔形栓皮栎。壳斗科栎属植物。中国主要栽培珍贵树种；江西主要栽培珍贵树种。1850年命名。

[形态特征]

落叶乔木，高达30m，胸径达1m。树皮灰褐色，深纵裂。幼枝黄褐色，老枝灰棕色，有皮孔。叶长椭圆披针形，长8~12cm，宽2~5cm，具刺芒状锯齿，侧脉9~15对，叶下面密生灰白色星状毛；叶柄长1~3（5）cm。花单性，雌雄同株。壳斗杯形，包着坚果2/3，小苞片钻形，反曲，被短毛；坚果近球形，顶端平圆，果脐突起。花期3~4月，果期翌年9~10月。

主要识别特征：树皮木栓层发达；老叶下面密被灰白色星状毛，侧脉近平行，直达叶缘齿尖；壳斗包果2/3，小苞片钻形，反卷。而麻栎的叶背绿色，无毛或微有毛，壳斗包坚果的1/2；小叶栎壳斗苞片不是锥形且不反卷。

变种塔形栓皮栎（*Q.v.*B.var. *pyramidalis* T. B. Chao et al.），树冠塔形，枝叶浓密，侧枝与主干成20°~25°，分布于中国河南南召。

[资源分布]

全国广布，北自辽宁、河北、山西、陕西及甘肃（东南部）；南至广东、广西、海南、云南和贵州；东自台湾、福建；西至四川西部等地。江西全省均有分布。

[生物生态特性]

在华北地区多生于海拔800m以下阳坡，在西南地区可达海拔2000~3000m。栓皮栎是温带、亚热带树种。喜光，幼苗耐阴，适应性广，对土壤要求不严，在向阳山麓、缓坡和土层深厚、肥沃之地生长旺盛。与木荷、枫香、马尾松、麻栎、白栎、槲树、山杨等混生，在秦岭北坡有纯林。

[景观价值与开发利用]

该树种适应性强，萌芽能力强，主根发达，枝繁叶茂，落叶铺盖林地，可肥沃林地。可用作薪炭林和保持水土林树种。

木材边材淡黄褐色，心材淡红色，坚硬，纹理直，花纹美丽，结构略粗，强度大，干燥易裂，耐腐，耐水湿，是车轮、船舶、枕木、地板、家具、体育器械等优良用材。栓皮为不良导体，不导电，能隔热隔音，不透水、不透气，不易与化学药品起作用，质轻软，有弹性，供绝缘器、冷藏库、软木砖、隔音板、瓶塞、防震片、救生器具及填充体等用，为中国生产软木制品的重要工业原料。种仁含淀粉59.3%，含单宁5.1%，供饲料及酿酒用。壳斗可供提制栲胶、活性炭。小材与梢头可用于培养香菇、木耳、灵芝等。坚果的虫瘿和壳斗供药用，有健脾消积、理气、消炎明目等功效。

[树木生态文化]

常年道："树怕剥皮。"许多树木因剥皮切断了水分、养料的供应，就会很快枯死。而栓皮栎不怕剥皮。

栓皮栎的皮叫栓皮，国际上称为软木，它的细胞横断面多呈四边形，纵断面呈六角形，细胞外覆树脂，每立方厘米含有细胞数量达4000万到5亿个，其体积约有一半是空气，因而质地特别轻软，触感柔和如棉絮。一株15cm粗的幼树，软木层厚可达2cm。径级越大软木层也越厚，最厚可达15cm以上。

人类使用软木已有2000多年历史，早在公元前三世纪，埃及人就用它浮起渔网。古地中海沿岸的居民还用它做成鞋底、桶盖、瓶塞等。据考古发现，用软木做瓶塞的酒类藏在地窖里百年之后仍然香醇不变。

栓皮栎有一近亲，叫栓皮槠，其弹性要比栓皮栎大得多，是世界上最主要的软木原料，主产地在北非、南欧地中海沿岸的国家。其中，葡萄牙尤多，面积逾9万km^2的国家，人工种植栓木槠树超过80万hm^2，占世界总产的56%，是世界最大软木生产国，其软木制品畅销世界123个国家和地区，被誉为“软木王国”。

[保护建议]

分布广泛，对野生种群和古树应加强保护，做好种质资源的保护和收集工作，保护物种生物遗传多样性。

[繁殖方法]

栓皮栎的繁殖方法为种子繁殖。

本节作者：郭昌庆（江西省林业科技实验中心）

（二十一）胡桃科Juglandaceae

99 青钱柳 *Cyclocarya paliurus*（Batal.）Iljinsk.

俗名：青钱李、山麻柳、山化树。胡桃科青钱柳属植物。江西II级珍贵稀有濒危树种、江西III级重点保护野生植物。中国特有种。1953年命名。

[形态识别特征]

乔木，高10~30m；树皮灰色；枝条黑褐色，具灰黄色皮孔。奇数羽状复叶长约20cm，具7~9小叶；叶轴密被短毛或有时脱落而成近于无毛；叶柄长3~5cm，密被短柔毛或逐渐脱落而无毛；小叶纸质；叶缘具锐锯齿，侧脉10~16对，上面被有腺体，仅沿中脉及侧脉有短柔毛，下面网脉显明凸起，被灰色细小鳞片及盾状着生的黄色腺体，沿中脉和侧脉生短柔毛，侧脉腋内具簇毛。雌雄同株，雌雄花均成下垂柔美花序，果序轴长25~30cm，无毛或被柔毛。果实扁球形，径约7mm，果梗长1~3mm，密被短柔毛，果实中部围有水平方向的径2.5~6cm的革质圆盘状翅，果实及果翅全部被有腺体，在基部及宿存的花柱上则被稀疏的短柔毛。花期4~5月,果期7~9月。

主要识别特征：奇数羽状复叶长约20cm，具7~9小叶；雌雄同株；唯、雄花序均葇荑状；果具短柄，果翅革质，圆盘状。

[资源分布]

分布于华东（山东无）、中南（河南无）、西南和陕西等省份。江西玉山（三清山）、铅山（武夷山）、广丰（铜钹山）、靖安、修水、武宁等全省各地林区有分布。

[生物生态特性]

生于海拔600~2500m的阔叶林内。喜光，幼苗稍耐阴，稍耐旱，萌芽性强，抗病虫害，要求深厚、肥沃、湿润的土壤。

[景观价值与开发利用]

树木高大挺拔，速生，枝叶繁多，美丽多姿，果实像一串串铜钱，从10月至翌年5月挂在树上，迎风摇曳，具观赏性，可作园林绿化观赏和用材树种。

青钱柳木材轻软，有光泽，结构细，是器具良材。青钱柳乃第四纪冰川遗存下来的珍稀树种，仅存于中国，是植物界的大熊猫，是医学界的第三棵树。其叶富含皂苷、黄酮、多糖等有机营养成分和铁、锌、硒等无机营养成

分，将其芽叶炮制成降糖降压、减肥降脂的青钱柳茶，可调节血糖，激活胰岛细胞功能，促进血糖代谢，是高血糖朋友的福音。

[树木生态文化]

安徽九华山有青钱柳12株，其中尤以上禅堂金沙泉边一株连理树最大。此树传为诗仙李白亲手所植，树高30m，胸径1m，在树干2m处长出两枝干，俗称连理青钱树，意为“恩爱”树。

树长大后，诗仙李白再次来九华山，时值金秋，酌酒吟诗。好客的九华山人不收他的酒钱，他也从不带银子，权且以诗换酒。有一天他醉了，坐在自己亲手植的青钱柳下，见满地“铜钱”，随手拾起一串，口中喃喃自语：“我有银子了！我有银子了！”他趔趔趄趄地又回头，递给店家。店家知道这是他为九华佛山亲手植的青钱柳，就乐意收了他手中的“银子”，这传说多有趣呀！诗人已逝，美诗流传至今。从此，五湖四海的游人至此，争相拾取青钱柳果实以作纪念。金沙泉边这棵青钱柳，每到秋季，成熟的果实，一串串落在金沙泉里，像是好些善男信女的布施，也是对大诗人李白的敬仰。现今，人们都以硬币代替，与更多的青钱柳果实融为一体，又显现出另一种景象。

[保护建议]

青钱柳是我国特有树种，对古树和野生种群要严加保护。一是要保护其生存环境；二是要建档立卡，定期观察，发现异常，随时上报，适时科学处理；三是在乡村森林旅游中，控制人为干扰；四是通过组织培养，大量繁殖苗木，扩大栽培面积。

[繁殖方法]

青钱柳可以用扦插、嫁接、压条、分株、播种等方法进行繁殖，以扦插法较为普遍。

本节作者：陈东安（江西省林业科技实验中心）

100 胡桃楸 **Juglans mandshurica** Maxim.

俗名：山核桃、核桃楸、野核桃、华东野核桃。胡桃科胡桃属植物。江西Ⅲ级珍贵稀有濒危树种；江西Ⅲ级重点保护野生植物。1979年命名。

[形态特征]

落叶乔木，高达25m。树皮灰褐色，浅纵裂。幼枝灰绿色，被腺毛、星状毛及柔毛，芽密生黄褐色绒毛。奇数羽状复叶，小叶9~17枚，近对生，无叶柄，卵状椭圆形，长8~15cm，宽3~7.5cm，硬纸质，基部斜心形，边缘有细锯齿，上下均有星状毛，叶轴被黄色毛。花单性，雌雄同株；雄柔荑花序，下垂，浅黄色，生于前一年生枝顶端叶痕腋内；雌花穗状，直立，生于当年生枝顶端。果序长，常生6~10颗果实，果卵形，先端

突尖，绿黄色，被红色腺毛；果核具8条纵棱，有2纵脊较显著，壳厚种仁小。花期4~5月，果期8~10月。

主要识别特征：幼小枝被腺毛，小叶近对生，先端渐尖，上下被毛；果序长而下垂，果核球状卵形，或近球形，先端渐尖，基部平圆，8条纵棱，有2纵脊较显著。

另一种华东野核桃*Juglans cathayensis Dode* var. *formesane*（Hayata）A. M. Lu et R. H. chang，其果呈卵状球形，长3~4cm；果核径2.5~3cm，沟纹及浅凹陷不明显，无刺状突起，分布于长江中下游、华南福建、台湾等地。

[资源分布]

广泛分布于我国东北、华北地区。江西广丰、三清山、武夷山、武宁、赣州等山地有栽培。景德镇乐平市历居山寺有一株野核桃，树高10m，胸径0.6m，树龄约100年。

[生物生态特性]

生于海拔400~2000m的山谷杂木林内，喜光，深根性，多生长于土质肥厚、湿润、排水良好的沟谷两旁或山坡的阔叶林中。喜湿润、肥沃、排水良好的微酸至微碱性土壤，不耐瘠薄。耐寒性强，不耐湿热。

[景观价值与开发利用]

胡桃楸只要适地适树，其生长较速，故可作造林树种，特别是石漠化地区的微碱性土壤，适宜栽植。亦可作庭院园林绿化树种。

胡桃楸材质坚硬、花纹美丽，作器具和手串用。果仁营养丰富，含油率高，是上好的滋补品。枝干粗壮，颇具阳刚之气；叶长，叶面大而舒展，具美人之姿；果缀枝头，青绿可人，堪与碧桃并提。胡桃楸单植或丛植均可，是各地区极具观赏价值的乡土绿化树种。

[保护建议]

采取合理修剪、施肥、浇水的方式增强树势，加强对病虫害的防治，按照经营目的分类管理，以采果经营为对象的，则修剪为开心形树冠；若以经营木材为对象的，则修剪为圆柱形或圆锥形树冠。但要避免过多人为干扰。

[繁殖方法]

胡桃楸的繁殖方法有种子播种、育苗繁殖和嫁接繁殖法。

本节作者：朱小明（江西省林业科技实验中心）

（二十二）藤黄科 Clusiaceae

101 木竹子 *Garcinia multiflora* Champ. ex Benth

俗名：多花山竹子。藤黄科藤黄属植物。江西赣南主要野生栽培植物。1851年命名。

[形态特征]

常绿小乔木或灌木，高达10m。叶对生，卵状长圆形或倒卵状长圆形，长7~15cm，宽2~8cm，先端钝尖，基部楔形，全缘，边缘略反卷，革质；叶柄粗短，长1~4cm。花序顶生，单花或多花排列成圆锥花序或总状花序，花橙黄色，花萼及花瓣4。浆果球形、卵形，熟时青黄色。花期6~8月，果期11~12月。

主要识别特征：树皮较厚，灰白色；小枝圆或略扁，光亮；叶片革质，对生；花橙黄色，总梗和花梗具关节；浆果青黄色，偶有花果并存。

[资源分布]

产于福建、湖南、广东、台湾、海南、广西、贵州、云南等省份。江西赣中、赣南有分布。

[生物生态特性]

生于海拔100~1200m的沟谷阔叶林或林缘，要求湿润肥沃的黄红壤、黄壤。喜暖湿气候。

[景观价值与开发利用]

木竹子是常绿乔木，叶片革质，富有光泽，枝叶浓密，果实卵圆形，果皮有点像竹子表皮，成熟时果皮变黄，甘美可食。适应性强，可作景观绿化第二层林冠用。果实可食用，种子含油量较高，种仁含油量高达55%以上，也可作为木本油料树种发展，与观光旅游业相结合，打造乡村趣味果品。

[保护建议]

野生的木竹子受人为影响较大，生长环境逐渐变差。要加强野生树种的保护，利用野生资源不断培育新品种。

[繁殖方法]

用种子繁殖，在果实颜色转青黄时节，尽快采收，取出种子，洗净、风干、贮藏，翌春播种。

本节作者：赖建斌（江西省林业科技实验中心）

（二十三）杨柳科Salicaceae

102 山桐子 Idesia polycarpa Maxim.

俗名：斗霜红、椅桐、椅树、水冬桐、水冬瓜。杨柳科山桐子属植物。江西主要造林栽培树种。1866年命名。

[形态特征]

落叶乔木，高达21m，胸径60cm。树皮淡灰色，不裂。小枝圆柱形，细而脆，有明显的皮孔和叶痕，幼枝及冬芽有毛。叶互生，厚纸质，卵形或心状卵形，长13~16cm，宽2~15cm，常5基出脉，先端渐尖或尾尖，基部心形，边缘有粗锯齿，齿尖有腺体，叶下面有白粉，叶脉有疏柔毛，脉腋有丛毛；叶柄长6~12cm，有2~4个紫色而扁平的腺体，基部稍膨大。花单性，雌雄异株或杂性，黄绿色，芳香，花瓣缺，排列成顶生下垂的圆锥状花序。浆果紫红色，扁圆形，成串，下垂，似串串葡萄。种子红棕色，圆形。花期4~5月，果期10~11月。

主要识别特征：小枝细而脆，有明显的皮孔和叶痕；叶边缘有粗锯齿，齿尖有腺体，叶下面有白粉，常5基脉，叶柄圆柱状，下部有2~4个紫色腺体，基部膨大；浆果紫红色，扁圆形，下垂，似串串葡萄。

[资源分布]

分布于甘陕南部、晋南、豫南、西南、中南、华东、华南省区。江西全省各山区都有分布。

[生物生态特性]

分布于海拔400~2500m的低山区的山坡、山洼等落叶阔叶林和针阔混交林中或林缘。喜光，喜温湿环境，需年降水量1500mm左右，在森林棕色土中生长尤佳，红壤、石灰岩土中也能生长。

[景观价值与开发利用]

山桐子树形高大，树冠开展，枝繁叶茂，花多芳香。尤其是入秋后，果实累累，犹如一串串葡萄挂满树枝，果色朱红，颜色鲜艳夺目，更具观赏特色。山桐子是一种高产木本油料树种，干果出油率为26%~47%，供轻工业和航空燃油用，处理后还可食用。可作为山地园林观赏树种、高产木本油料树种、生态防护树种等开发利用。在山地、丘陵地区成片栽植，可营造成与观光旅游业相结合的经济林和景观林。

木材纹理直，结构细匀，轻软，阻燃性强，是优质的防火、阻燃建材。

[树木生态文化]

我国四川、湖北等某些山区群众有食用山桐子油的历史习惯。湖北恩施州利川市沙溪乡在20世纪60年代初，由于自然灾害，农民龙江堂上山采摘山桐子果，然后和玉米粉混合做成粑粑充饥，度过了灾荒。现代研究，山桐子果肉含油率4.4%，种子含油率23.4%~29.0%，其中亚油酸含量达70%以上，亚油酸对人体有抗疲劳、抗癌等作用。2017年，利川已种植山桐子8万亩，亩产150斤油，并采用立体开发，林间养蜜蜂，蜜蜂采山桐子花，下层种辣椒、黄秋葵等矮秆作物，这种立体开发走出了林区农民脱贫致富的示范路。

四川青川县农户还有用山桐子木材做床枋的风俗。山桐子木材纹很细，做床枋，舒适美观。此外，山桐子果鲜红色，种子繁多，寓意多子多福；树体雄伟高大，枝平展，冠幅宽，树姿开张，形态高大潇洒美观，有伟丈夫形象；其树叶心形，寓意圆润和谐。

[保护建议]

现已广泛种植人工繁育的山桐子，应当加强对野生山桐子的保护，特别是野生种群的保护，为良种培育保留更多野生资源。

[繁殖方法]

山桐子一般采用种子繁殖。

本节作者：代丽华（江西省林业科技实验中心）

摄影：陈炳华、朱弘、吴棣飞

103 垂柳 Salix babylonica L.

俗名：柳树、清明柳、垂丝柳、水柳。杨柳科柳属植物。1753年命名。

[形态特征]

落叶乔木，高达18m。树皮灰黑色，不规则开裂。枝纤细，下垂。叶片狭披针形，长9~16cm，宽0.5~1.5cm，先端长渐尖，基部楔形，叶缘具浅锯齿。雌雄异株，花先叶开放或与叶同放，柔荑花序。蒴果长3~4mm，绿黄褐色。种子细小，绿色，外被白色絮毛。花期2~3月，果期3~4月。

主要识别特征：树皮灰黑色，不规则开裂；枝条纤细下垂；叶片狭长披针形，叶缘锯齿状，上面绿色，下面淡绿色；雌花具腹腺体。

[资源分布]

广布于黄河、长江和珠江流域各省份，在海拔1300m以下江西各地有栽培。生于路边、水边和湖岸。

[生物生态特性]

在海拔1300m以下江西各地有栽培，喜光，喜温暖湿润气候及潮湿深厚之酸性及中性土壤。较耐寒，特耐水湿，也能生于土层深厚之干燥地区。萌芽力强，根系发达，生长迅速，对毒性气体有一定的抗性，并能吸收二氧化硫。

[景观价值与开发利用]

树姿优美，供观赏，为优美绿化树种，多栽植于河边、湖边等邻水的地方。

木材耐水湿，红褐色，有韧性，供作家具用材。枝条可用于编筐。树皮可供提取栲胶，亦可用于造纸。枝和须根可祛风除湿，治筋骨痛及牙龈肿痛，作解热剂；叶、花、果能治恶疮等症。叶片浸泡3天后可作农药，可杀灭害虫。

[树木生态文化]

垂柳是阳春三月最引人注目的树木。唐代贺知章《咏柳》:“碧玉妆成一树高，万条垂下绿丝绦。不知细叶谁裁出，二月春风似剪刀。”唐代王之涣《凉州词二首 · 其一》:“黄河远上白云间，一片孤城万仞山。羌笛何须怨杨柳，春风不度玉门关。”《诗经·小雅·采薇》中:“昔我往矣，杨柳依依。”这类歌咏春天的诗语中，总少不了垂柳。

佛教传入中国以后，垂柳成了民间吉祥之物。佛教中，南海观音的形象即为一手托净水瓶，一手拿柳枝，为人间遍洒甘露，祛病消灾。唐宋时，清明节已形成插柳、折柳、戴柳圈等风俗。皇家也很重视用垂柳祈福。

歌咏垂柳的诗文非常多。唐代韩翃《寒食》:“春城无处不飞花，寒食东风御柳斜。日暮汉宫传蜡烛，轻烟散入五侯家。”唐朝都城长安广植垂柳，每到暮春时节，长安城内外柳絮飞舞，十分壮观。清代高鼎《村居》:“草长莺飞二月天，拂堤杨柳醉春烟，儿童散学归来早，忙趁东风放纸鸢。”在庭院栽植垂柳时，还有规约，“前不栽桑，后不种柳”，应以“东柳西桑，进益牛羊”之说。

在西藏拉萨大昭寺附近，有一株垂柳，已有1300多年历史，相传为唐代文成公主亲手所植，故称“公主柳”，是我国最古老的一株柳树。不过几年前，这棵垂柳已经死亡，但枯树仍然留在原地，以作纪念。

[保护建议]

现已广泛栽植，对野生种群和古树应加强保护，做好种质资源的保护和收集工作，保护生物遗传多样性。

[繁殖方法]

垂柳的繁殖方法主要采用扦插繁殖。

本节作者：王洁琼（信丰县城管局）

（二十四）大戟科 Euphorbiaceae

104 山乌桕 *Triadica cochinchinensis* Loureiro

俗名：红心乌桕。大戟科乌桕属植物。1790年命名。

［形态特征］

落叶乔木或灌木，高3~12m。树皮暗褐色，有皮孔。叶片全缘，嫩时呈淡红色，纸质，椭圆状卵形，长3~10cm，宽2~5cm，先端急尖或短渐尖，基部楔形；叶柄长2~7.5cm，顶端具2腺体。花单性，雌雄同株，总状花序顶生，无花瓣及花盘。蒴果黑色，球形。种子近球形，径3~4mm，薄被蜡质假种皮。花期4~6月，果期7~8月。

主要识别特征：树皮暗褐色，有皮孔；叶片全缘，叶柄长，顶端具2腺体；穗状花序，顶生，雄花梗丝状，苞片两侧各有1个腺体；雌花花梗粗，萼片外卷。蒴果黑色。

［资源分布］

分布于浙江、安徽（南部）、福建、台湾、湖南、湖北、广东、海南、广西、云南、贵州。江西全省山区都有分布。

[生物生态特性]

在西南地区，生长在海拔420m~1600m的山谷或山坡混交林中；在长江下游地区，生于海拔1000m以下的山坡路旁或山谷林中。喜光，湿润或干燥的气候环境，要求生长环境的空气相对湿度在50%~70%。山乌桕对冬季温度的要求很严，当环境温度在8℃以下时停止生长。

[景观价值与开发利用]

山乌桕秋叶呈深红色，色彩艳丽，彩叶时间长，在很远处就可从万绿丛中发现它的满树红叶，是营造红叶观赏林的主要树种。此外，山乌桕是我国南方著名的工业油料树种，种子玄色含油，出油率高，外被白的蜡质假种皮，可炼制为桕蜡，是肥皂、蜡纸、护肤脂、防锈涂剂、固体酒精和高级香料的主要原料；其花期长，花序数量多，蜜腺发达，泌蜜量大，花粉丰富，且无明显的大小年现象，是南方夏季的主要蜜源树种。随着生态林和彩色森林建设的不断推进，作为生态树种、彩叶树种、能源树种等多种身份的山乌桕有着广阔的推广前景。

[树木生态文化]

山乌桕自古便受文人墨客喜爱。宋代林逋《水亭秋日偶书》："巾子峰头乌桕树，微霜未落已先红。凭阑高看复低看，半在石池波影中。"宋代陆游："乌桕赤于枫，园林九月中"；"鹁姑声急雨方作，乌桕叶丹天已寒。""虫镂乌桕叶，露湿豨莶丛"。宋代杨万里《秋山》："乌桕平生老染工，错将铁皂作猩红。小枫一夜偷天酒，却倩孤松掩醉

容。”晚清徐定超：“家住枫林罕见枫，晚秋闲步夕阳中；此间好景无人识，乌桕经霜满树红。”

[保护建议]

山乌桕分布广泛，园林景观应用较多，野生种群受到人类影响较大，要加大人工苗繁育，减少野生资源破坏。林业部门应加大执法力度，严禁违法采挖野生山乌桕，特别是大树、古树进城绿化。

[繁殖方法]

山乌桕的繁殖方法一般采用种子繁殖。

本节作者：方芳（江苏省林业科技推广和宣传教育中心）

（二十五）千屈菜科 Lythraceae

105 紫薇 Lagerstroemia indica L.

俗名：千日红、无皮树、百日红、痒痒树、痒痒花。千屈菜科紫薇属植物。江西II级重点保护野生植物。1762年命名。

［形态特征］

落叶灌木或小乔木，枝干多扭曲。树皮呈长薄片脱落后平滑，黄褐色。幼枝稍四棱形，常有狭翅。叶对生，纸质，椭圆形，长2.5~7cm，宽1.5~4.5cm，先端短尖或钝，仅中脉有微毛，无柄或柄很短。圆锥花序顶生，粉红色、紫色或白色，钟萼形，花瓣皱缩。蒴果椭圆形，幼时绿至黄色，熟时至干后紫黑色，爿裂。种子有翅，长约8mm。花期6~9月，果期9~12月。

主要识别特征：小枝4棱，常具窄翅；叶无柄或柄很短；花萼长0.7~1cm；蒴果长1~1.3cm。

［资源分布］

广布于长江以南和西南各省份，东北、华北地区有栽培。江西各山地有野生紫薇。景德镇市陶瓷历史博物馆有1株紫薇，树龄近200年。

［生物生态特性］

生于海拔400~900m的丘陵山地。喜温暖湿润气候，耐旱，抗寒，喜光，略耐阴，喜肥沃的沙质壤土。忌涝，忌种在地下水位较高的低湿之处。萌蘖强，抗污染气体。

［景观价值与开发利用］

紫薇树姿优美舒展，干枝形态飘逸，花枝繁多，花期长，色艳，

寿命长。能滞尘，减少噪音，吸收二氧化碳、氟化氢、氯气等有毒气体。可净化空气，释放氧气，为城市小干道、高速公路绿化、庭院、公共绿地观赏树种，也是环境保护植物，是四大盆景植物之一。它还是浙江海宁、河南安阳、山东泰安、江苏徐州、四川自贡、湖北襄阳、江苏金坛、山东烟台、河南济源、山西晋城等市的市花。

木材坚硬、耐腐，供器具、建筑用。明代李时珍《本草纲目》记载，紫薇的树皮、叶、花、种子均可药用，具清热解毒、活血止血的功效，可作强泻剂，根皮煎服，可治咯血、吐血、便血病症，且树龄越大的植株效用越好。

[树木生态文化]

紫薇每花序可开放50天左右，全株花期长达4个月，故有“百日红”之称。

紫薇美丽的传说：相传，远古时代有一种叫作“年”的野兽，伤害人畜，于是紫微星下凡，将它锁进深山。为了监管“年”，紫微星便化作紫薇花留在人间，给人们带来平安和美丽。如果家的周围开满了紫薇花，紫薇仙子将会给人带来一生一世的幸福。

紫薇相关的诗、词、画在我国不胜枚举。正是“盛夏绿遮眼，此花红满堂”。如杜牧的《紫薇花》:“晓迎秋露一枝新，不占园中最上春。桃李无言又何在，向风偏笑艳阳人”，意即紫薇开花是夏秋之际，桃李虽艳却已无踪影，正是用桃李来衬托紫薇的独特之处。

在九江市都昌县蔡岭镇上冲村幸福涧内，有一株近千年高龄的野生紫薇，树皮十分莹滑光洁。据介绍，当人们用手在树身上挠痒痒，树叶便会沙沙作响，枝条也会微微颤动，就像是“怕痒痒”。

其实，紫薇在“年轻”时（树龄不超过百年），部分表皮每年都会片状脱落，但每年又会长出新皮，而对于700年以上的“老年”紫薇，其表皮不仅会渐渐全部脱落，且不会生长出新的表皮，故名“赤膊树”。

为什么紫薇树会出现“怕痒痒”特性？现在业界还未定论，这与它独特的生理结构有关，一种说法是紫薇树中敏感“神经”比其他树木多，从树根一直长至树梢，因其表皮不存在，其“筋脉”裸露在外，人们对它反复抓挠，容易触碰到树身的敏感“神经”。此时，敏感神经发出的信号会迅速传递到树身各处，在顶部的枝叶接收到信号后，便产生了抖动现象。树干越直挺的紫薇，其抖动的幅度显得更大。另一种说法是当人们反复挠动紫薇后，树身内部会产生一种生物电。这种生物电会随着多次挠动而逐渐增强，达到一定程度时，就会通过树枝传导到叶片上，从而引起晃动，而这种晃动会随着“生物电”的逐渐累积，越来越明显，最后就出现了“怕痒痒”的现象。

［保护建议］

紫薇属第三纪孑遗植物，应极力保护，要对土壤进行翻新，杀毒施肥，改善其生长环境。开展监测，做好记录，发现病虫害和生长异样，应及时上报、科学分析研究，针对病虫害适时进行科学防治。

［繁殖方法］

紫薇的繁殖方法主要用种子繁殖、扦插繁殖、压条繁殖、分枝繁殖和嫁接繁殖。

本节作者：潘坚（江西省林业科技实验中心）

106 南紫薇 **Lagerstroemia subcostata** Koehne

俗名：拘那花、苞饭花、九芎、蚊仔花、马铃花。千屈菜科紫薇属植物。江西II级重点保护野生植物。1883年命名。

[形态特征]

落叶灌木或小乔木，高达14m。树皮薄，灰白色或茶褐色，剥落，平滑。小枝茶褐色，圆柱形或具不明显4棱。叶膜质，对生，近上半部则互生，长圆状披针形、长圆形，稀卵形，长2~11cm，宽3~4cm，先端渐尖；基部宽楔形，叶片上下面无毛或微被柔毛，中脉在上面凹陷，在下面凸起，侧脉在先端连合；叶轴长4~8cm。圆锥花序，顶生，花轴长5~15cm，花小，直径约1cm，白色或玫瑰红色，呈皱缩状，基部有长爪。蒴果椭圆形，长6~8mm，3~6瓣裂。种子有翅。花期6~9月，果期7~11月。

主要识别特征：小枝圆柱形或具不明显4棱；小叶柄长2~5mm，一般叶片长2~11cm，宽3cm左右；花萼长不及5mm；蒴果长6~8mm。

[资源分布]

分布于秦岭以南各地。江西庐山、九岭山、井冈山、三清山、武夷山等全省山地均有分布。九岭山脉南面的奉新县有一株南紫薇古树，高达24m，胸径1.5m，树龄在600年以上。

[生物生态特性]

常生于海拔100~700m的林缘、溪边肥沃之地。喜温暖湿润环境，喜光，略耐阴，忌涝，抗寒，萌蘖性强。

[景观价值与开发利用]

南紫薇具较强的抗污染能力，对二氧化硫、氟化氢、氯气抗性较强，加之树形优美壮观、树干光滑，花时长，开花时正值夏秋少花季节，有白色、玫瑰红色，可作为园林和盆景观赏植物。宜植于建筑物前、庭院内、路旁及草坪上，也可成片种植。

木材材质坚密，可作家具、细木工、建筑用。根、叶可入药，有收敛解毒之功效，嫩叶有良好的止血消炎作用。花供药用，有去毒消瘀之功效。

[树木生态文化]

位于福建省将乐县莲花山上，生有一株南紫薇，树高29m，平均冠幅21.3m^2，树龄1580年，为世界罕见。该县有3处天然南紫薇古树群落，被誉为“紫薇之都”，最大一处在白莲镇铜岭村，最小一处在万全乡陇源村际头自然村莲花山，面积约50亩。传说，这株南紫薇王的附近曾发生过战争，山顶的古炮台遗址便是见证。周围还有古代留下来用来保护它的围砌痕迹。据传，此株南紫薇王是当时位高权重的将军所植。为此，将乐县成立了天然紫薇群落保护领导小组，并申报“中国紫薇之乡”，着力打造全国最大紫薇产品基地。

[保护建议]

参照紫薇条目。

[繁殖方法]

南紫薇的繁殖方法有种子繁殖、嫩枝扦插和硬枝扦插繁殖。

本节作者：代丽华（江西省林业科技实验中心）

（二十六）漆树科Anacardiaceae

107 南酸枣 Choerospondias axillaris（Roxb.）B. L. Burtt et A. W. Hill

俗名：酸枣、鼻涕果、五眼果。漆树科南酸枣属植物。南方主要栽培珍贵树种。1937年命名。

[形态特征]

落叶乔木，高达25m，胸径达1m。树皮灰褐色。奇数羽状复叶，互生，叶轴基部略膨大；小叶3~6对；叶片膜质至纸质，卵状长圆形，长4~12cm，宽2~4.5cm，先端渐尖，基部稍偏斜，全缘，侧脉8~10对，两面凸起；小叶柄纤细。雌雄异株，雄花和假两性花，聚伞状圆锥花序，顶生或腋生，淡紫红色。核果椭圆形，熟时黄色，中果皮肉质浆状；果核较大且硬，顶有小孔5个。花期4月，果期10~11月。

主要识别特征：树皮灰褐色，条片状剥落；小枝有皮孔；奇数羽状复叶，叶轴基部膨大；小叶片纸质，全缘；果核顶有小孔5个。

[资源分布]

分布于长江以南各地。江西各县（市）均有分布。抚州南城县建昌镇老县政府院内一株南酸枣树，胸围2.55m，树高16m，树龄约200年。

[生物生态特性]

生于海拔300~1100m的山地林中，上限可达1600m。适应性强，喜光，略耐阴，要求湿润的环境，对热量要求范围广，从热带至中亚热带均能生长，耐轻霜。主根发达，萌芽性强。速生，大都和阔叶林混生。

[景观价值与开发利用]

该树树姿优美，秋叶变黄、变红，作庭院绿化观赏树种。花多蜜，属蜜源植物。

南酸枣是我国南方优良速生用材树种，其木材纹理通直，花纹美观，刨面光滑，易加工，供器具和建筑用，但板材易裂，宜加工成大方料。果酸甜，可食及用于酿酒。江西崇义的南酸枣糕的果脯系列产品名扬海内外。果核可用于制活性炭和挂件，还可用于制作手串念珠，深受人们喜爱。

[树木生态文化]

根据考古信息，中美古生物学者最近在福建漳浦发现一种1500万年前的南酸枣化石。研究团队共发现7枚“木乃伊”南酸枣果实化石，它们的形态结构与现代南酸枣基本相同。稍有不同的是，现在的南酸枣果实，顶端有3至6个俗称为“眼”的萌发孔。而发现的化石里，首次出现了具有7个萌发孔的果实。这说明，1500万年前的远古南酸枣，形态比现代“子孙”更加多样。

在河姆渡遗址中，也有着较多的南酸枣核存留，有时甚至是成坑存在。通过实物证明，在河姆渡人生活的时代，南酸枣的果实已经被人采集食用。当今，在江西赣南山区，当地人通过采集野生南酸枣制作成南酸枣糕，成为当地有名的特产，远销各地。

[保护建议]

现已广泛栽植，对野生种群和古树应加强保护，做好种质资源的保护和收集工作。

[繁殖方法]

南酸枣一般用种子繁殖。

本节作者：欧阳天林（江西省林业科技实验中心）

108 黄连木 Pistacia chinensis Bunge

俗名：楷木、楷树、黄楝树、黄连茶。漆树科黄连木属植物。江西Ⅲ级重点保护野生植物；江西主要栽培珍贵树种。1833年命名。

[形态特征]

落叶乔木，高达25m。树皮暗褐色，小方块片状剥落。幼枝有细小皮孔，疏生柔毛。冬芽红色，有特殊气味。奇数或偶数羽状复叶，互生，叶轴具条纹，被微柔毛；小叶片5~7对，纸质，对生或近对生，披针形或窄披针形，长5~10cm，宽1.5~2.5cm，先端渐尖或长渐尖，基部偏斜，全缘，两面无毛或沿脉上有柔毛；侧脉和细脉两面突起。花单性，雌雄异株，无花瓣，先花后叶，圆锥花序腋生，雄花排列紧密，雌花排列疏松，均被微柔毛。核果，倒卵圆形。花期4月，果期10月。

主要识别特征：小叶片纸质，披针形或窄披针形，先端渐尖或长渐尖；冬芽红色，有特殊气味；雄花无退化雌蕊。

[资源分布]

分布于阴山山脉以南及西北各地。江西永丰县陶唐石仓有一株千年黄连木古树，高达42m，胸径2.9m，冠幅30m×15m。赣州市赣县区天宫寺生长一株千年黄连木，树高约12m，胸围186cm。

[生物生态特性]

生于海拔150~1000m的丘陵、山地、石山、林缘，是石岩荒漠化地区绿化树种。幼时稍耐阴，喜温暖，畏严寒，耐干旱瘠薄，对土壤要求不严，微酸性、中性、微碱性的沙质、黏质土均能适应。深根性，主根发达，抗风力强，萌芽力强。

[景观价值与开发利用]

早春先叶开花，枝叶繁茂而秀丽，嫩叶红色，可代茶，称“黄鹂茶”。秋叶橙黄色、深红色，雌花序红色，是庭院观赏树种，也是蜜源植物，还可抗煤烟、二氧化硫等有毒气体。全身是宝，周年有效。城市通道及风景区优良绿化树种，宜作庭荫树、行道树及风景观赏树，可植于草坪、坡地、山谷，或于山石、亭阁旁配植，若要构成大片秋色红叶林，可与槭类、枫香混植，效果更好。

木材黄色，可供提取天然黄色染料。黄连木边材灰黄色，心材黄褐色，材质坚硬、致密，有光泽、不易开裂，耐腐，供制器具、名贵雕刻、装饰、家居、建筑用。生物质能源主要树种，种仁含不干性油，可供润滑油、肥皂等用，精制后还可作食用油。随着生物柴油技术的发展，黄连木被喻为“石油植物新秀”，是制取生物柴油的上佳原料，已引起人们的极大关注。

[树木生态文化]

在重庆市云阳县票草镇双丰村二组钟家坪村，生有两株神奇灵异的千年黄连木，这两株树相距不足1米，树干粗壮，两个成年人也无法合抱。树根露出地面有小水桶口大，延伸出去逾10m，其枝叶相互渗透，如两人拥抱在一起，故又名“夫妻树”。

据当地人介绍，这两株黄连木为一雄一雌。春季，一株树叶是红色的，另一株树叶是绿色的。夏季，两株树全是绿色的。秋季，反过来，绿色的变为红色的，红色的变成绿色的。开花季节，只有其中一株开花，花色一半青一半黄，被当地人称为“丈夫”。花谢后，另一株树开始挂果，果实圆球形，黄豆大小，被当地人称为“妻子”。

相传，钟家坪村住着一对姓钟的夫妇，本分老实，无儿无女，靠种田度日，家境虽然贫寒，可夫妇俩相依为命，日子还过得有滋有味。一天夫妇俩正在地里干活，忽然看到天上有一对比翼齐飞的奇鸟嘴里叼着一粒种子，朝他们飞来，在他们上空吐下种子。夫妇俩认为这是上天送来的珍宝，翌年春天把两粒种子同时种在地里。经过精心管护，浇水施肥，两粒种子生根发芽，变成了两棵树，就是如今的“夫妻树”。

近年来，双丰村钟家坪逐渐形成了一个新民俗。不管哪家添新丁或是儿女定亲、红白喜事，都要在“夫妻树”前的台子上搭一条红布，上炷香，许愿或还愿。两株树的树枝上缠满了祈福的红丝带，而树枝相互缠绕，相互依存，十分恩爱。不管是刚结婚的年轻人或结婚60年以上的钻石婚夫妇都要到“夫妻树”下拍照留影，沾沾“夫妻树”的喜气，留下一个美好的纪念。

谁言草木无情，两株“夫妻树”历经千年的修炼才换来今生的相逢，结下千年来的情！“夫妻树”是甜蜜恩爱的象征，是幸福和谐的代言，是大自然的恩惠，也是一张名副其实的生态名片。

[保护建议]

黄连木分布广泛，对古树名木和野生种群要加强保护。人工栽植的要定期监测病虫害及生长态势，做好记录，如发现异样，及时处理。改善土壤通透性，疏松土壤，使土壤和环境得到改善，保障树木的良好生长条件。

[繁殖方法]

黄连木的繁殖方法为种子繁殖。

本节作者：林千里（江西省林业科技实验中心）

（二十七）无患子科 Sapindaceae

109 三角槭 **Acer buergerianum** Miq.

俗名：三角枫、君范槭、福州槭、宁波三角槭。无患子科槭属植物。江西Ⅲ级重点保护野生植物。1865年命名。

[形态特征]

落叶乔木，高5~20m。树皮粗糙，褐色。叶对生，纸质，卵形或倒卵形，长6~10cm，顶部3浅裂至叶片的1/4或1/3处，先端锐尖，基部圆形或楔形，全缘或上部疏锯齿，下面被白粉，略有毛，掌状三出脉，稀5条，在下面显著；叶柄细，长2.5~5cm，淡紫绿色。伞房花序顶生，黄绿色，有短柔毛。翅果黄褐色，张开成锐角或近于直立；小坚果凸出。花期4月，果期8月。

主要识别特征：叶片短3裂，下面有白粉。

[资源分布]

分布于长江中下游各省份，北达山东、河南，南至广东，东至台湾。黄河流域有栽培。江西全省有分布。

[生物生态特性]

生于海拔300~1000m的阔叶林中。稍喜光，稍耐阴，喜温暖湿润气候，稍耐寒，较耐水湿，在中性、酸性土壤中生长良好。萌芽力强，耐修剪，根蘖性强。

[景观价值与开发利用]

三角槭夏季浓荫覆地，秋叶变成暗红色，秀色可餐，可观叶，为庭院园林观赏树种，宜孤植、丛植作庭荫树，亦可作行道树及护岸树。在湖岸、溪边、谷地、草坪配植，或点缀于亭廊、山石间都合适。同时，也是制作盆景优良的树材，主干扭曲隆起，颇为奇特。

三角槭材质优良，供器具等用。枝条易愈合，可作绿篱。根供药用，主治风湿关节痛。根皮、茎皮具清热解毒、消暑之功效。

[树木生态文化]

三角槭是无患子科槭属树种，俗称为枫树。唐代杜牧《山行》:“远上寒山石径斜，白云生处有人家。停车坐爱枫林晚，霜叶红于二月花。”诗中指的就是三角枫，秋叶流丹盛过春花火红，恰如眼下灿烂夺目之景。

据报道，湖南省溆浦县双井乡桂花村宝树组田坎上有一株三角槭冬天不落叶。此树生长地是海拔160m的红壤区，四周是水稻田，树高28m，胸径105cm，树冠180m^2。冬季叶色变红或红绿相间，呈现多种颜色，翌春又转为绿色。此三角槭古树叶色多变且不落的奇异现象已有300多年，被当地人称为“宝树”。

[保护建议]

现已广泛栽植，对野生种群和古树应重点加强保护，减少人为干扰，保护其生长环境。

[繁殖方法]

三角槭的繁殖方法为种子、扦插、嫁接繁殖。

本节作者：钟明（江西省林业科技实验中心）

110 革叶槭 Acer coriaceifolium Lévl.

俗名：桂叶槭、樟叶槭、小果革叶槭。无患子科槭属植物。江西Ⅲ级重点保护野生植物。1912年命名。

[形态特征]

常绿乔木，高10~15m。叶革质，长椭圆形，似樟叶，长8~12cm，宽4~5cm，先端钝尖，有短尖头，全缘或先端有2~4锯齿，基部圆形，上面绿色，下面淡绿或绿白色，有白粉和浅褐色绒毛，主脉在上面凹下，在下面凸起，最下一对侧脉由叶的基部生出至叶生长的2/3，与中脉在基部共成3脉；叶柄长1.5~3.5cm，浅紫色，有毛。翅果浅黄褐色，张开成锐角或近于直角，组成有绒毛的伞房果序；果柄长2~2.5cm，有绒毛。花期3月，果期7~9月。

主要识别特征：叶片全缘，似樟叶，下面有浅褐色绒毛，最下面一对侧脉从叶基部发出，故名樟叶槭；翅果有绒毛。

[资源分布]

分布于浙江、福建、湖北、湖南、广东、广西和贵州等省份。江西中部、南部和武夷山有分布。

[生物生态特性]

生于海拔300~1200m较湿润的阔叶林中或林缘。喜阳光及温湿环境，在石灰岩山坡阔叶林中也能生长。

[景观价值与开发利用]

革叶槭四季常绿，叶密荫浓，远看像樟树，近观是槭树，夏季黄绿色翅果微微张开，成簇悬挂在枝叶下，形同一只只飞舞的蝴蝶，具观赏价值，可作园林绿化景观树种。耐阴，可种植在低山丘陵阴面，城市常用作行道树栽培。

[保护建议]

加强该树种野生种群的保护，减少人为干扰，保护其生长环境。

[繁殖方法]

革叶槭以种子繁殖为主。

本节作者：陈东安（江西省林业科技实验中心）

111 鸡爪槭 **Acer palmatum** Thunb.

俗名：七角枫。无患子科槭属植物。世界自然保护联盟濒危物种红色名录：易危（VU）。江西III级重点保护野生植物。1784年命名。

［形态特征］

落叶小乔木，高4~7m。树皮深灰色，平滑。多年生枝浅紫色或深紫色。叶对生，纸质，5~7掌状分裂，稀9裂，先端锐尖或长锐尖，边缘有紧密的尖锐锯齿，裂片间的凹缺深达叶片的1/3~1/2，基部心形，下面脉腋有白色丛毛，主脉在下面凸起；叶柄长4~6cm。花紫色，杂性，雄花和两性花同株，伞房花序，叶后开花。翅果，翅与小坚果等长，张开成钝角，幼时紫红色，熟时成棕黄色；小坚果球形，脉纹显著。花期5月，果期6~9月。

主要识别特征：小乔木；叶片似鸡爪，故名，常7裂，稀5裂，裂片深达1/3~1/2，裂片披针形，裂片间角度约60°；小坚果浅黄棕色，球形。

［资源分布］

分布于山东、河南（南部）、江苏、浙江、安徽、湖北、湖南、贵州等省份。江西园林广见栽培。

［生物生态特性］

生于海拔200-1200m的林边或疏林中。本种的变种、变型较多，主要的有：

小鸡爪槭（变种）var. *thunbergii* Pax。此种叶小，7裂，裂片小，小坚果有短小翅。产于山东、江苏。

红枫（栽培变种）‘Atropureum’，叶片深紫红

色，庭院栽培观赏。

羽毛槭（栽培变种）‘Dissectum’，叶片7～9裂，各羽片为羽状深裂，边缘疏细锯齿。供观赏。

红羽毛槭（栽培变型）‘Dissectum’ f. *ornatum*，与羽毛槭相似，但叶片暗红色或深紫色。供观赏。

[景观价值与开发利用]

叶形美观，秋后转鲜红色，色艳如花，灿烂如霞，为优良的盆栽和庭院观赏树种。由于对二氧化硫等毒性气体和烟尘抗性强，也是厂矿企业绿化、美化、彩化、珍贵化树种。

鸡爪槭的枝、叶性辛，微苦，平，具行气止痛、解毒消痛、气滞腹痛、痛肿发背之功效。

[树木生态文化]

《花经》语：“枫叶一经秋霜，杂盾常绿树中，与绿叶相衬，色彩明媚。秋色满林，大有铺锦列绣之致。”

鸡爪槭是园林中名贵的乡土观赏树种，常用不同品种配置在一起，形成色彩斑斓的槭树园；也可在常绿树丛中杂以槭类品种，营造“万绿丛中一点红”的景观。植于山麓、池畔，以显其潇洒、婆娑的绰约风姿；配以山石，则具古雅之趣。还可植于花坛中作为主景树，或植于园门两侧、建筑物角隅，装点风景。

[保护建议]

现已广泛栽植，对野生种群和古树应加强保护，做好种质资源的保护和收集工作。

[繁殖方法]

鸡爪槭用种子繁殖和嫁接、扦插繁殖。一般原种用播种繁殖，而园艺变种则用嫁接法繁殖。

本节作者：郭昌庆（江西省林业科技实验中心）

112 伞花木 Eurycorymbus cavaleriei（Lévl.）Rehd. et Hand.-Mazz.

无患子科伞花木属植物。国家二级重点保护野生植物。第三纪中国特有单种属植物。1934年命名。

[形态特征]

落叶乔木，高6~20m。小枝圆柱状，有短柔毛。偶数羽状复叶，互生；叶轴有皱曲柔毛，小叶片8~10对，近对生，薄纸质，长椭圆形，长7~11cm，宽2.4~3.5cm，先端渐尖，基部宽楔形，上面仅中脉上有柔毛；下面无毛或沿中脉两侧有柔毛，边缘有疏钝细齿。花小，芳香，雌雄异株，排成顶生、伞房花序式的复圆锥花序。蒴果，球形有绒毛。种子黑色，种脐朱红色。花期5~6月，果期10月。

主要识别特征：树皮灰色；小枝圆柱状，有短柔毛；偶数羽状复叶，小叶片8~10对，薄纸质；花小，芳香，雌雄异株；蒴果球形。

[资源分布]

生于海拔300~1400m的山地阔叶林中和林缘，天然集中分布少见。中国特产单种属植物，分布于广东、广西、湖南、贵州、四川、云南、浙江、福建、台湾等省份。江西资溪、宜丰、井冈山、遂川、信丰、龙南、安远、大余、上犹、崇义等地有分布。江西九连山国家级自然保护区和江西省林业科技实验中心常绿阔叶林中、林缘有伞花木的分布。

[生物生态特性]

喜中亚热带南部或中部及南亚热带东部季风湿润气候。基岩多为花岗岩、变质岩，成土母质主要为砂岩和砂页岩，山坡及沟谷中为残积物和坡积物所形成的黄棕壤及山地黄壤，pH 4.5~6.5。偏喜光树种，萌芽力强。

[景观价值与开发利用]

伞花木为第三纪孑遗中国特有单种属国家二级重点保护野生植物，对研究其植物区系和无患子科的系统发育有科研价值。伞花木材细嫩、轻质、易加工、变形小，是加工家具等器具的优质材料。

冬季落叶前，叶片由绿变黄、变红，是观赏植物，可供高速通道观赏用。其树体高大，叶片繁多，夏季浓绿，亦可供城乡园林遮阴、观赏植物栽培。

[树木生态文化]

伞花木系中国特有的第三纪单种属植物，虽在全国中亚热带向南亚热带过渡的省份有所发现，但自然群落分布较少，而江西九连山国家自然保护区于2005年6月27日发现有103.1hm^{2}伞花木自然群落230株，并开展野外16个样方共1600m^{2}面积调查，显示九连山伞花木群落具有较强的泛热带性，具有中亚热带向南亚热带常绿阔叶林过渡的特点。

中国科学院武汉植物研究所野生动植物保护科李巨平于2015年6月4日在湖北神农架林区新华镇猫儿观村庄河处发现伞花木2株，其中一株树高15m，胸径30cm。2011年8月23日在贵州省荔波县洞塘乡板寨村的喀斯特山坡上，发现伞花木群落，将其中的一株移植于中国科学院武汉植物所栽培，该树高12m，胸径28cm。

[保护建议]

伞花木系自然群落分布较少，建议各分布区应将其列入保护对象，严禁砍伐破坏，并促进天然更新，加强抚育管理，确保健康成长。

[繁殖方法]

伞花木的繁殖方法为种子繁殖。

本节作者：朱小明（江西省林业科技实验中心）

摄影：刘昂、周建军、张金龙、李晓东

113 栾树 Koelreuteria paniculata Laxm.

俗名：灯笼树、摇钱树、大夫树、黑叶树、石栾树、黑色叶树、乌拉胶、乌拉、五乌拉叶、栾华、木栾、马安乔。无患子科栾属植物。江西全省各地主要栽培树种。1772年命名。

[形态特征]

落叶乔木，高达15m。树皮灰褐色或黑褐色，小枝有疣点，与叶轴、叶柄均被皱曲的短柔毛。一回羽状复叶或部分小叶深裂成不完全二回羽状复叶，长达50cm，小叶7~18片，纸质，卵形，叶缘具粗齿，缺齿或缺裂，下面沿脉有毛。聚伞圆锥花序，花淡黄色，稍芬芳。蒴果圆锥形，有3棱，长4~6cm，先端渐尖，果瓣卵形，外有网纹。种子近球形。花期6~8月，果期9-10月。

主要识别特征：小枝有疣点，与叶轴、叶柄均被皱曲的短柔毛；一回羽状复叶或不完全二回羽状复叶，有时顶生小叶片与最上部的一对小叶片在中部以下连合，小叶片叶缘具粗锯齿，缺齿或缺裂。花淡黄色，稍芳香，花瓣4；蒴果圆锥形，有3棱，紫红色，果瓣卵形，有网纹。

[资源分布]

产于黄河流域，北至东北地区南部及北京、山西，南至长江流域各地及福建，西北至甘肃东南部，西南至四川、云南。江西全省各地均有栽培。

[生物生态特性]

生于海拔1500m以下山地林中。喜光，稍耐半阴的植物，为石灰岩荒山习见树种。深根性，稍耐干旱瘠薄。对环境适应性强，萌芽性强，分蘖易成活。抗风能力较强，可耐-25℃低温，还有抗烟尘能力，对粉尘、二氧化硫、臭氧有抗性。

[景观价值与开发利用]

生长快速，成活率高，春季枝叶繁茂秀丽，叶片嫩红、可爱；夏季树叶渐绿，而黄花满树，实为金碧辉煌；秋来夏花落尽，蒴果挂满枝头，如盏盏灯笼，绚丽多彩。作城乡绿化、美化、彩化行道树，增添秋色，吸引眼珠，使人身心愉悦。南昌市阳明东路、阳明路行道树均是此树，深受人们的喜爱。

木林黄白色，较脆，易加工，宜作板材、家具等用。花、果可供提取黄色染料。叶含鞣质约24.4%，可供提制栲胶；种子含油量约38.6%，可制润滑油及肥皂。花可供药用，有清肝明目之功效。果可作佛珠，故寺庙多栽栾树。

[树本生态文化]

栾树，也名灯笼树，是果实形状而名，又名摇钱树，因其果实在风中摩擦的声音而得名。秋天来临，其他树木都在落叶，光留树枝，而栾树的魅力才开始展现，花是淡黄色，果是圆锥形3棱，微红色，绚丽悦目，微风吹拂下哗哗作响。

安徽黄山地区多出栾树，当地民间把栾树叫作“大夫树”，此见于班固的《白虎通德论》一书“青秋《含文嘉》曰：‘天子坟高三仞，树以松；诸侯半之，树以柏；大夫八尺，树以栾；士四尺，树以槐；庶人无坟，树以杨柳’”。

意思是说从皇帝到普通百姓的墓葬按周礼共分为五等，其上可分别栽植不同的树以彰显身份。士大夫的坟旁多栽栾树，因此，此树又得名“大夫树”。

[保护建议]

栾树对环境适应性强，特别是在滇、黔、桂、川各省份的石灰岩地区都能生长，故可在全国石漠化、荒漠化地区栽种此树。加强良种选育，使其在不良环境中得以延续其优良品质，不至于随着时间的推移而品质退化。

[繁殖方法]

栾树的繁殖方法一般采用种子繁殖。

本节作者：赖荣芊（江西省林业科技实验中心）

114 无患子 Sapindus saponaria Linnaeus

俗名：洗手果、油罗树、目浪树、黄目树、苦患树、油患子、木患子。无患子科无患子属植物。江西III级重点保护野生植物。1753年命名。

[形态特征]

落叶大乔木，高逾20m。偶数羽状复叶，叶轴稍扁，上面两侧有直槽，连叶轴长20~45cm，互生；小叶4~8片，互生或近对生，薄纸质，卵状披针形，长7~15cm，宽2~5cm，无毛，先端渐尖，基部楔形，稍不对称，侧脉15~17对，纤细，近平行。圆锥花序顶生，有茸毛；花小，淡绿色，常两性。核果肉质，分果爿近球形，有棱，熟时橙黄色。花期5~6月，果期9~10月。

主要识别特征：花较小，花蕾不及2mm，花瓣5片；分果爿近球形。

[资源分布]

分布于长江以南和西南各省份。江西北部、东北部及井冈山、泰和、龙南、石城等地有分布。宜春三阳芦村双江口有一株无患子，树高20m，胸径80cm，树龄约200年。

[生物生态特性]

生于海拔200~1000m的疏林中，常和黄连木、盐肤木、朴树等混生。喜温暖湿润气候，喜光，稍耐阴，耐寒能力较强。对土壤适应性强，在酸性及钙质土上均能生长。生长较快，深根性，抗风能力强。对二氧化碳、二氧化硫等污染气体抗性强。

[景观价值与开发利用]

无患子生长快，树干挺直，夏季枝叶浓密，遮阴效果好，秋季橙黄色球形果实硕果累累，挺立枝头，分外耀眼，犹如南国龙眼，可作现代城市行道树和园林绿化树种及石漠化地区先锋造林树种。无患子原产我国，如今浙江金华、兰溪等地区有大量栽培。南昌市抚河路、花博园行道树全是此树，生长良好。

无患子木材黄色或黄褐色，强度适中，内含天然皂素，不必用防腐药物，可自然防虫。树干笔直少枝、木质硬且重，可作器具用。明朝的李时珍在《本草纲目》中也把它列为中药材，无患子树根可入药，能清热解毒，化痰止咳。

[树木生态文化]

无患子在中国，自古即为人们所熟悉并广泛应用在日常生活洗涤上，因此，相关记载繁多。由于幅员辽阔且交通不便，无患子的称谓非常多，《本草纲目》称木患子，四川称油患子，海南称苦患树，台湾称目患子，亦称苦提子、洗手果、肥皂果、假龙眼、鬼见愁等。

无患子学名*Sapindus*是Soap与indicus的缩写，意

思是“印度的肥皂”，因为它厚肉质状的果皮含有丰富的皂素，有很强的乳化清洁作用，只要用水搓揉，便会产生泡沫，可直接用于洗涤。据佛经记载，佛祖释迦牟尼当年就是用无患子作为念珠，并开示说念佛号二十五万遍即可永脱恶趣。

无患子纯粹鲜亮的金秋黄色总能在秋冬季给人温暖的感觉，不管是在深山丛林中、溪流边，还是庭院内，当其显现浓重的金黄色后，秋的气氛就更加浓郁了，这儿的秋天也因它而变得更加美丽。有人说，只有无患子的金黄方能与银杏齐名；又有人说，无患子的金色分去了一半秋色。

[保护建议]

现已广泛栽植，对野生种群和古树应加强保护，做好种质资源的保护和收集工作。

[繁殖方法]

无患子的繁殖方法为种子繁殖。

本节作者：欧阳蔚（江西省林业科技实验中心）

（二十八）楝科 Meliaceae

115 红椿 *Toona ciliata* Roem.

俗名：双翅香椿、红楝子、赤昨工、毛红楝子、毛红椿、疏花红椿、滇红椿。楝科香椿属植物。国家二级重点保护野生植物；国家二级保护濒危树种。江西珍贵稀有濒危树种；江西主要栽培珍贵树种。中国特有栽培珍贵树种。1846年命名。

［形态特征］

落叶乔木，树高达35m，胸径达110cm。树皮鳞片状纵裂。小枝幼时有柔毛，有苍白色皮孔。偶数羽状复叶，叶轴圆柱形，被柔毛；小叶纸质，长圆状卵形，8~14对，对生或近对生，长8~15cm，叶端尾状渐尖，基部圆形、楔形不对称，全缘，下面侧脉凸起，有毛。圆锥花序顶生，花两性，花瓣白色，近卵状长圆形。蒴果浅黄色，倒卵状椭圆形，密被显著的皮孔。种子亮褐色，两端具膜质翅。花期5~6月，果期11~12月。

主要识别特征：小枝叶轴和叶柄、小叶片下面、花梗、花萼均有密生柔毛，脉上更多，小叶柄长约9mm；花瓣近卵状长圆形，先端近急尖，长4.5mm，宽1.5mm，花丝有毛，花柱有长毛；蒴果先端长圆状。

［资源分布］

分布于湖北、浙江、福建、湖南、广东、广西、海南、云南等省份和西南地区。江西井冈山、武夷山、铜钹山、官山、九连山等地有分布。

［生物生态特性］

海拔200~3500m山地林内或溪边有野生分布。十分喜光，不耐阴。喜温暖湿润气候，在深厚、肥沃、湿润、排水良好的土壤中生长良好，适宜砖红壤及黄壤，萌蘖力强，能耐-15℃低温，在石灰岩淋溶土上及干旱贫瘠之地也能生长。在林中空地、疏林地、火烧迹地、退耕还林地，天然下种更新良好。属喜光树种。

[景观价值与开发利用]

红椿秋叶变红，可为通道、河岸、城乡景区观赏植物。

红椿的边材白色至浅红色，心材淡红色至赭红色，花纹美观，香气浓郁，纹理直、结构细致，易加工、剖面光滑、干燥快，防虫蛀，耐腐性好，不翘裂，变形小。可代替进口红木，素有“中国桃花心木”“东方神木”之誉称，是一种极其珍稀、不可再生的珍贵木料，又有“软黄金”之称，因其永不褪色，可做家具、器具，其木材切面纹路非常好，美丽漂亮，可直接作为制品饰面，深受人们喜爱。红椿是具有很高经济价值和开发前景的造林树种。

[树木生态文化]

红椿在古时被视为一种灵木，传说该木材能吸收和聚集天地灵气，放置家中能兴家旺业，家具市场需求量很大。修水县黄沙港林场场部门口就有一株红椿，树龄60年左右，高15m，胸径48cm，目前枝繁叶茂，生长旺盛。

[保护建议]

红椿因生境片段化，开发过度和天然更新缓慢等原因，极易濒危消失。一是定期开展监测，观察是否存在异常和病虫危害，做好记录，如果发现异样，及时上报，科学处理；二是设立保护点，订立保护法规、公约，严禁不法商人掠夺采伐，一经发现从严处置；三是设立保护架和围栏，控制人为干扰；四是加大良种选育研究力度，扩大选育规模，提高选育效率；五是深入研究红椿人工林营造技术，定向培育人工红椿林。

[繁殖方法]

红椿的繁殖方法有种子育苗、根扦插、硬枝扦插和嫩枝扦插。

本节作者：田承清（江西省林业科技实验中心）

116 香椿 **Toona sinensis** (A. Juss.) Roem.

俗名：毛椿、椿芽、春甜树、春阳树、椿、毛椿、湖北香椿、陕西香椿。楝科香椿属植物。中国主要栽培珍贵树种；江西主要栽培珍贵树种。1846年命名。

[形态特征]

落叶乔木，高10~15m。树皮粗糙，片状剥落。偶数羽状复叶，有长柄，有特殊气味；小叶16~20片，对生或近对生，纸质，卵状披针形或卵状长椭圆形，长9~15cm，宽2.5~4cm，先端尾尖，基部圆形、楔形，不对称，全缘或有疏锯齿；侧脉18~24条，平展，与中脉几成直角伸出，背面略凸起。雌雄异株，圆锥花序顶生，被稀疏的锈色毛或近无毛，花芳香。蒴果狭椭圆形，长2~3.5cm，深褐色，有白色小皮孔。花期6~8月，果期10~12月。

主要识别特征：香椿与红椿的重要区别是香椿小叶片全缘或有小锯齿；雄蕊10枚（其中5枚不发育或为假雄蕊）；子房、花盘无毛；种子仅上端有翅。而红椿的小叶片全缘；雄蕊5枚；子房、花盘有毛；种子两端有翅。

[资源分布]

原产于我国中部、南部，分布于华北至东南和西南各省份。生于山地杂木林或疏林中。江西各地有分布。

[生物生态特性]

垂直分布在海拔1500m以下的山地、平原地区。

为农村习见树木。喜温暖、湿润气候，是暖温带树种。多栽培在肥沃沙壤土的河边、宅院、菜园内。

[景观价值与开发利用]

因其树体高大，也是华北、华中、华东地区重要用材树种，又为观赏及行道四旁绿化树种。

香椿木材黄褐色且具红色年轮，纹理美，质坚，有光泽，耐腐，不翘，不裂，不变形，易加工，为各种器具用，素有“中国桃花心木”的美称。幼芽、嫩芽芳香，食用可口，是我国早春优等森林蔬菜。有补虚壮阳固精、补肾养发生发、消炎止血止痛、行气理气健胃等作用。

[树木生态文化]

香椿炒鸡蛋、香椿竹笋、香椿拌豆腐、煎香椿饼、椿苗拌三丝、椒盐香椿鱼、香椿鸡脯、腌香椿等香椿食谱是中国宴宾之美味佳肴。诸多文人墨客也留下咏赞，如宋苏轼的“椿木实而叶香可啖”。

[保护建议]

现已广泛栽植，对野生种群和古树应加强保护，做好种质资源的保护和收集工作。

[繁殖方法]

香椿的繁殖有种子育苗繁殖、根蘖繁殖及组织培养繁殖。

本节作者：田承清（江西省林业科技实验中心）

（二十九）锦葵科 Malvaceae

117 梧桐 Firmiana simplex（Linnaeus）W. Wight

俗名：青桐、引凤树。锦葵科梧桐属植物。1909年命名。

[形态特征]

落叶乔木，高达16m，胸径达50cm。树皮青绿色，平滑。叶片心形，掌状，3~5裂，长15~30cm，裂片三角形，先端渐尖，两面无毛或下面稍有毛；叶柄和叶片等长。花单性或杂性，顶生，圆锥花序，浅黄绿色，无花瓣。蓇荚果5枚，成熟时裂开，纸质。种子2~4粒，球形，表面有皱褶。花期6月，果期8~9月。

主要识别特征：树皮青绿色；树干直立，分枝少；叶片3~5掌状分裂；花无花瓣，单性或杂性；果实为蓇葖果。

[资源分布]

分布于黄河流域以南，东至台湾，北至河北，西至四川、贵州、云南，南达海南。江西各地多有栽培，在井冈山已逸为野生。

[生物生态特性]

喜光，喜钙，深根性。石灰岩山地习见，常与青檀、榉树、朴树、黄连木等混生。在酸性、中性土中也能生长。耐干旱，不耐水湿。

[景观价值与开发利用]

速生树种，叶翠枝青，绿荫森森，于庭院、路旁栽培供观赏和蔽荫；花多密集，芳香，为蜜源植物。

木材为环孔材，淡黄褐色，纹理直，结构粗，软而洁白，易干燥，少翘裂，为制木匣、乐器、家具等用。木材刨片浸出液，称蚀花，用来润发。树皮纤维洁白，可造纸、制绳、混纺等用。种子炒熟供食、药用，有清热解毒、驱虫、乌发等功效。

[树木生态文化]

梧桐在历史的演变中逐步形成了独特的梧桐文化，成为中国文化的重要组成部分。梧桐，又名“青桐”，俗称“引凤树”，古代有“家有梧桐树，不愁没凤凰”的说法，所以古人喜欢在庭院中栽植梧桐。明王象晋《群芳谱》中记载，梧桐“皮青如翠，叶缺如花，妍雅华净，赏心悦目，人家斋阁多种之”。

梧桐还有一叶知秋的名声，楚国宋玉《九辩》有云：“皇天平分四时兮，窃独悲此凛秋。白露既下百草兮，奄离披此梧楸。”，北宋司马光在《梧桐》诗中曰：“初闻一叶落，知是九秋来。”南宋陆游在《夏夜》诗里也有：“梧桐独知秋，一叶堕井阑。”明代王象晋《二如亭群芳谱》中记载：“（梧桐）立秋之日，如某时立秋，至期一叶先坠。故云：梧桐一叶落，天下尽知秋。”

梧桐木是古人制琴的好材料，因为这原因，梧桐平添了一份高贵与高雅。先秦时，已有用梧桐木制琴的记载。《诗经·鄘风》中的《定之方中》诗，就有“椅桐梓漆，爰伐琴瑟”一说。汉魏时，人们用梧桐木制琴已很有经验，以生长在今山东南部峄山的梧桐为佳，有“峄阳孤桐”之称。东汉应劭《风俗通义》也说：“梧桐生于峄阳山岩石之上，采东南孙枝以为琴，声清雅。”《风俗通义》所谓“孙枝”，就是梧桐的枝干，为什么有这叫法？明杨升庵《丹铅总录》是这样解释的：“凡木本实而末虚，惟桐反之。试取其小枝削之，皆坚实如蜡，而其本皆虚。故世所以贵孙枝者，贵其实也。”

梧桐树的寓意

（1）爱情忠贞的象征：爱情是亘古不变的永恒的话题，不管在什么时候，都有抒发爱情的文学作品。古代传说梧是雄树，桐是雌

树，梧桐同长同老，同生同死。因此，梧桐树被诗人赋予忠贞爱情的意义。东汉无名氏《孔雀东南飞》："两家求合葬，合葬华山旁，东西植松柏，左右种梧桐，枝枝相覆盖，叶叶相交通"，用枝叶象征焦仲卿与刘兰芝对爱情的忠贞不渝。孟郊的《烈女操》："梧桐相待老，鸳鸯会双死，贞女贵殉夫，舍生亦和此。波澜誓不起，妾心井中水。"

（2）高洁品格：梧桐在古诗中象征高洁美好的品格。如《诗经 · 大雅 · 卷阿》："凤凰鸣矣，于彼高岗。梧桐生矣，于彼朝阳。"诗人在这里用凤凰和鸣，歌声飘飞山岗；梧桐盛茂，身披灿烂朝阳来象征高洁美好的品格。再如虞世南的《蝉》："垂緌饮清露，流响出疏桐。居高声自远，非是藉秋风。"这首托物寓意的小诗，以高大挺拔、绿叶疏朗的梧桐为蝉的栖身之处，写出了蝉的高洁，暗喻自己品格的美好。《庄子 · 秋水》中也说："夫鹓鸰发于南海，而飞于北海，非梧桐不至。"鹓鸰是古书上说的凤凰一类的鸟，它生在南海，而要飞到北海，只有梧桐才是它的栖身之处。这里的梧桐也是高洁的象征，故有"栽桐引凰"之说。

（3）孤独忧愁：风吹落叶，雨滴梧桐，凄清景象成了文人笔下孤独忧愁的意象。李煜的《相见欢》："无言独上西楼，月如钩。寂寞梧桐深院锁清秋。剪不断，理还乱，是离愁。别是一般滋味在心头。"词人把客观景象梧桐与主观的孤独忧愁结合得天衣无缝，深深表现出词人内心的那份愁苦与凄凉。白居易的《空闺怨》："寒月沉沉洞房静，真珠帘外梧桐影。秋霜欲下手先知，灯底裁缝剪刀冷。"徐再思的《水仙子 · 夜雨》："一声梧叶一声秋，一点芭蕉一点愁。"李白的《赠别舍人弟台卿之江南》："去国行客远，还山秋梦长。梧桐落进井，一叶飞银床。"李清照的《声声慢》："梧桐更兼细雨，到黄昏点点滴滴。"这些句子都是通过"梧桐"这一传统意象来传达悲苦凄恻的离愁别绪。

（4）离情别绪的意象及寓意：在唐诗宋词中，梧桐作离情别绪寓意很多。如白居易《长恨歌》："春风桃李花开日，秋雨梧桐叶落时。"诗人以昔日的盛况和眼前的凄凉作对比，描写了唐明皇因安史之乱失去了杨贵妃的凄凉境况。唐明皇回宫后目睹旧物，触景生情，昔日的美人何在？诗人以春秋两季景物相对比，暗讽了这重色轻国的君主与美人儿缠绵缱绻带来的终生悔恨。

[保护建议]

现已广泛栽植，对野生种群和古树应加强保护，做好种质资源的保护和收集工作。

[繁殖方法]

梧桐的繁殖方法为种子繁殖。

本节作者：尧宏斌（江西省林业科技实验中心）

摄影：奚建伟、刘军、刘冰

118 华东椴 **Tilia japonica** Simonk

俗名：日本椴。锦葵科椴属植物，中国主要栽培珍贵树种，江西主要栽培珍贵树种。1888年命名。

[形态特征]

落叶乔木，高8~20m。树皮灰白色，浅纵裂。小枝紫色，有皮孔。无顶芽，侧芽卵形，无毛。叶片厚纸质，圆形或宽圆形，长5~10cm，宽4~9cm，先端骤锐尾尖，基部歪心形，下面脉腋有灰白色丛毛，叶缘有大小不等之细锯齿；叶柄细。聚伞花序长5~7cm，有花20~40朵，下垂，淡黄色。核果，卵圆形，有星状柔毛，无棱突。花期6~7月，果期7~10月。

主要识别特征：叶片厚纸质，先端尖锐，基部歪心形，叶侧脉6~7对；苞片宽1~1.5cm。

[资源分布]

分布于山东、安徽、江苏、湖北、浙江等省份。江西武宁、修水、铜鼓婺源有分布。

[生物生态特性]

生于海拔1000m以上的山坡杂木林中。

[景观价值与开发利用]

参照椴树。

[保护建议]

现已广泛栽植，对野生种群和古树应加强保护，做好种质资源的保护和收集工作。

[繁殖方法]

华东椴可用播种、分株、扦插、压条繁殖。种子后熟，需沙藏一年。

本节作者：宋迎旭（江西省林业科技实验中心）

摄影：李晓东、吴棣飞

119 椴树 Tilia tuan Szyszyl.

俗名：云山椴、矩圆叶椴、淡灰椴、全缘椴、峨眉椴、湖北毛椴、帽峰椴、滇南椴。锦葵科椴属植物。1890年命名。

[形态特征]

落叶乔木，高15~20m。树皮灰色，粗糙，直裂。小枝初时有星状短柔毛，后无毛。叶厚纸质，互生，斜卵形，长7~14cm，宽6~9cm，基部单侧偏斜，边缘上半部有疏小齿突，下面初时有星状柔毛，后变无毛，脉腋有丛毛；叶柄圆管形，无毛。聚伞花序，腋生，有花6~16 朵，下垂，浅黄色。核果球形，无棱，表面有小突起及星状柔毛。花期6~7月，果期9~10月。

主要识别特征：叶片斜卵形，单叶互生，基部单侧偏斜。

主要变种毛芽椴（Tilia tuan var. Chinen Rehd. et wils）sis，嫩枝、顶芽有茸毛；叶阔卵形，长10~12cm，宽7~10cm，下面有灰色星状茸毛；边缘有锯齿；花有16~22朵，苞片长8~12cm，无柄。

[资源分布]

主要分布于北温带和亚热带，全世界有50种，我国有35种，南北各地均有分布，以黑龙江省小兴安岭、张广才岭、完达山一带分布最多。江西修水、庐山、宜丰、铜鼓、武夷山、三清山、井冈山、永新、安福、石城等地有分布。

[生物生态特性]

生于海拔750~1100m的山坡、山谷阔叶林中。喜肥沃、排水良好的湿润土壤，耐寒，不耐水湿沼泽地，抗毒性强，虫害少。

[景观价值与开发利用]

椴树树体高大，枝叶翠绿，叶大荫浓，花芳香馥郁，对有害气体抗性强，可把椴树作为绿化环境的主要目的树种进行推广种植。也可作为行道树、庭院树营造城市景观。

木材质软，白色，可用于制胶

合板、家具等。椴树是国家重要的珍贵经济树种之一，是珍贵用材树种和重要蜜源植物。椴花有蜜腺，是优质的蜜源植物。花可以晒干作茶饮，能起到安神入眠的作用。

[树木生态文化]

椴树冠幅巨大，树高可达30m，树冠蓬松，枝条繁茂，椭圆形的叶片绿得发亮，在树下走过宛如在森林中穿行一般，是世界五大行道树树种之一。椴树开花时满树黄白，细枝上挂满了一串串淡黄色的小花，有着独一无二的芳香，就算不站在椴树下，也总会闻到一阵阵若有若无的香气。作家张抗抗曾在《椴树花开》一文中这样描写："拢一拢头发，它落在头发上；拂一拂裙角，衣服犹如被香熏过。"

椴树蜜与我国南方的龙眼蜜、荔枝蜜并称"三大名蜜"，可谓蜂蜜中的顶级珍品。椴树蜜色泽晶莹，醇厚甘甜，结晶后凝如脂、白如雪，素有白蜜之称。明清以来，椴树蜜被列为皇家的贡品。椴树是优良的蜜源树种。古代称椴树为"糖树"，现代称椴树林为"绿色糖厂"。东北林区每年春夏时节吸引大量省内外蜂群来采椴树蜜，素来享有"国家蜜库"之美称。

自唐朝以来，中原地区佛教盛传，因椴树叶子的形状与佛教中的菩提树树叶相似，也被民间误以"菩提树"之名称呼。至明清两代，都城北京气候寒冷，不适宜菩提树生长，皇帝也干脆将错就错，用外形相似的蒙椴（一种椴树，又名小叶椴）冒菩提树之名，栽了两株在故宫英华殿旁。乾隆皇帝还专门为此作诗，其中有"我闻菩提种，物物皆具领，此树独擅名，无乃非平等"之句。相传这两株椴树成熟的果实，也被称为"五线菩提子"，所制佛珠价格颇贵。

椴树受益于菩提树的文化，浙江天台山的"菩提树"也是椴树。日本、韩国将椴树奉为菩提树。虽然不同地域也有拿其他树种代替菩提树的习俗，但椴树因树叶与菩提树最相近及其优良的特性被称为"北方菩提树"，影响最为广泛。

椴树叶是东北传统美食的玻璃叶饼的包裹原料。面糊抹在树叶上，然后包上馅，蒸出来的饼子便有了椴树叶的清香，从中也体现了劳动人民的智慧。玻璃叶饼是满族食物，吉林市农民曾举办玻璃叶饼节，传承"虫王节"祭祀文化，用玻璃叶饼祭拜虫王，祈福避免虫患。玻璃叶饼节既享受美食、感恩劳动，也传承了历史文化。

瑞典著名博物学家、"植物学之父"林奈（Carlvon Linné），其姓氏也是来自瑞典语的椴树（lind）。

[保护建议]

现已广泛栽植，对野生种群和古树应加强保护，做好种质资源的保护和收集工作。

[繁殖方法]

椴树繁殖方法多采用播种育苗和扦插繁殖。

本节作者：刘良源（江西省林业有害生物防治检疫中心）

（三十）叠珠树科 Akaniaceae

120 伯乐树 **Bretschneidera sinensis** Hemsl.

别名：钟萼木。叠珠树科伯乐树属植物。中国二级重点保护野生植物；国家一级珍稀濒危保护植物。江西I级珍贵稀有濒危树种。中国第三纪孑遗单属科单种属植物。1901年命名。

[形态特征]

落叶乔木，高10~20m，胸径80cm。树皮灰褐色至暗灰色。小枝粗壮，有椭圆形叶痕，疏生圆形明显皮孔。奇数羽状复叶，小叶7~15对，纸质，对生，长圆状卵形或狭椭圆形，长6~20cm，宽3~9cm，全缘，基部有时偏斜，中脉凹下，下面粉白色或粉绿色，脉腋有锈色柔毛。总状花序长，被锈色柔毛，花萼钟状，粉红色，宽卵形或倒卵状楔形，花瓣5，内面有红色纵条纹。蒴果椭圆球形、近球形或阔卵形，红色，3~5瓣裂，木质，外被柔毛。种子近球形，外种皮鲜红色，干后灰白色。花期4月下旬至6月中旬，果期6~10月。

主要识别特征：奇数羽状复叶，长80cm，小叶7~15对，纸质，对生，长圆状卵形或狭椭圆形，长6~20cm，宽3~9cm，全缘，上面深绿色，下面粉白色或粉绿色，脉腋被锈色柔毛；花粉红色；蒴果椭圆球形、近球形或阔卵形，红色。

[资源分布]

分布于浙江、福建、湖南、湖北、广东、广西、四川、云南、贵州、台湾等省份。江西铜钹山、武夷山、永修云居山、宜丰官山、靖安九岭山、黎川岩泉、泰和天湖山、井冈山长牯岭、宁都灵华山等地有分布。在井冈山长牯岭海拔750~900m燕子湖阔叶混交林中，有伯乐树15株，树高20m，胸径20~30cm，伴生树种为柯、多脉青冈、银木荷、黄丹木姜子、大叶新木姜子、灯台树等。在海拔700m的石垅常绿阔叶林中，有伯乐树4株，其中1株高30m，胸径50cm，干形通直，居林冠第一层。在武宁县罗溪乡尧山村海拔950m的高山上发现一株伯乐树，高16m，胸径36cm左右。在官山大西坑上游，海拔680m处有数株分布，其中最大一株高20m，胸径40cm。

[生物生态特性]

生于海拔500~1000m的平缓山洼阔叶林中，稀有种。喜亚热带温暖湿润的季风气候，常长在阔叶林下，土壤为黄红壤，有机质4.8%以上，幼年耐阴，深根性，抗风力强，稍耐寒，不耐高温。生长速度非常缓慢，属中性偏喜光树种。

[景观价值与开发利用]

树干通直挺拔，枝繁叶茂，花淡红色转粉白色，吊钟状，红色果实艳丽，可供珍贵园林树种观赏用。亦可人工修剪矮化成盆栽用，但要符合其生境条件。

木材淡黄褐色，心材与边材区别不明显，纹理直，结构细匀，重量、硬度、干缩及强度中等，易干燥，稍翘裂，易切割，供各种器具和建筑、胶合板材用。伯乐树皮性味甘、辛、平，入肝、脾、胃三经，夏、秋采收，可治筋骨痛。果、叶均含杏仁酣，可入药。果肉清津味甘，除生食外亦可制干食品、罐头。

[树木生态文化]

模式标本来自云南勐遮和思茅。因其开花时，花萼像倒吊的钟又得名为钟萼木，而伯乐树是从*Bretschneidera*音译而来。以单属科单种属闻名于世，世代单传而且分布数量十分稀少，列入濒危植物，它在研究被子植物的系统发育和古地理、古气候、植物基因和物种起源等方面都有重要科学价值，有植物界“大熊猫”之称。

在湖南省宁远县九凝山国家自然保护区有4株野生伯乐树，树高12~18m，胸径17~36cm，长势良好。该保护区地处南岭山脉萌诸岭中段北麓，湘江源头区域，是全球生物多样性保护区的关键地区，保存有湖南省南部面积最大、最完整的原生型常绿阔叶林，生物多样异常丰富。

浙江省仙霞岭自然保护区目前已发现伯乐树2000株以上，其中，最大一株胸径51.6cm，树高26m，是浙江省伯乐树最集中的分布区，也是在我国分布北缘发现的最大群种之一。

[保护建议]

伯乐树是中国特有的、古老的单种属植物和残遗种。它在研究被子植物系统发育和古地理、古气候等方面都有科学价值。凡有野生伯乐树生长之地，应设立自然保护地（区），严加管理，并进行人工繁殖。树木园、植物园应开展组织培养试验，加以大量繁殖培育。

[繁殖方法]

伯乐树的繁殖方法为种子繁殖。

本节作者：欧阳天林（江西省林业科技实验中心）

（三十一）蓝果树科（Nyssaceae）

121 喜树 *Camptotheca acuminata* Decne.

俗名：千丈树、旱莲木、薄叶喜树。蓝果树科喜树属植物。江西各地主要栽培绿化树种。中国特有种。1873年命名。

［形态特征］

落叶乔木，高达30m。树干通直。树皮灰色，浅纵裂。小枝髓心片状分隔，一年生枝被灰色柔毛，2年生枝无毛，疏生皮孔。叶纸质，叶椭圆状卵形或椭圆形，长12~28cm，宽6~12cm，先端突渐尖，基部圆或宽楔形，全缘或具粗锯齿，幼树粗锯齿粗大；叶柄长1.5~3cm。头状花序顶生或腋生，常数个组成总状花序，上部为雌花序，下部为雄花序，总梗长4~6cm。翅果矩圆形，长2~3cm，具2~3纵脊。花期5~7月，果期9~11月。

主要识别特征：小枝髓心片状分隔；叶片大，全缘或具粗锯齿；头状花序，由2-9个再排列组成总状花序；翅果矩圆形，组成近球形的头状果序。

［资源分布］

分布于江苏（南部）、浙江、福建、湖北、湖南、广东、江西等省份。

［生物生态特性］

常生于海拔1000m以下的低山、谷地、林缘小溪边。喜温暖湿润气候，不耐干燥，不耐寒冷。深根性，喜肥沃湿润土壤，不耐干旱瘠薄，在酸性、中性、弱碱性土上均能生长，幼苗、幼树耐阴，在阴湿谷地，天然更新良好。萌芽性强，可进行萌芽更新，病虫害较少，不耐烟尘及有毒气体，不宜在工旷区作绿化树种。在石灰岩风化土壤及冲积土上均生长良好。

[景观价值与开发利用]

喜树在20世纪60年代就为我国优良的行道树和庭荫树。树干挺直，枝繁叶茂，郁郁葱葱，花开时，如一个个白色的小绒球挂在碧绿宽大的叶片中，玲珑可爱；果实如球，一根根聚集在一起的小翅果犹如一根根小香蕉，奇特而美观。较耐水湿，在河滩、沙地、河岸、溪边生长都很旺盛，可在沿鄱阳湖长江带河岸作绿化、美化树种。

木材黄白色或浅黄褐色，心材与边材区别不明显，光泽，纹理略斜，结构细、均匀，轻软，干燥快，易翘裂，不耐腐，易加工，供包装箱、手风琴音箱、绘图板、木尺、家具、胶合板等用。种子、树皮含喜树碱，可用于提取抗癌药。中国单种属植物，对探讨蓝果树科植物演化有科研价值。

[树木生态文化]

喜树，名字跟喜鹊一样，寓意美好，门口种上一棵，预示着开门见喜，如能引来喜鹊筑巢那就更添喜气。初见喜树，好像有很多熟透的小香蕉长在果序轴上，聚成球状，有如莲花，这也许就是“旱莲木”别名的由来。

喜树自然分布仅限于中国长江以南地区。喜树发现较早，目前已被引种至美国、新西兰等国。喜树算是历史悠久的传统药材，最早的药用记载是20世纪60~70年代的《浙江民间常用草药》。经现代科学研究，喜树是帮助人们战胜病魔的重要药材。

相传，很久以前有一位州官膝下无子，只有一个女儿，名喜，州官有一个外甥，叫树，自小投靠姨母，在州官家里长大。州官常对人说：“等喜长大后，我就把她嫁给树。”日月如梭，几年过去，喜长得美如天仙。州官经不住一位富商大献殷勤和媒人甜言蜜语的诱惑，竟鬼迷心窍把喜许配给富商。树愁眉苦脸，只好离开州官家到京城读书。而喜进入富商家门宛如掉入冰窖，如风前残烛，身子一天天衰弱后去世了。树得知喜的死讯，直奔喜的坟墓，心碎肠断，一脸血和泪，十个手指插进坟地至死。善良的人们将树与喜合葬一起。次年，坟上长出两株一模一样的树来，人们亲切地唤它们为喜树。

[保护建议]

喜树在园林景观中广泛栽植，应加强野生喜树原产地生态环境的保护，不准去原产地采伐喜树，大力开展人工喜树林、苗圃基地建设，禁止对野生资源的破坏。

[繁殖方法]

喜树一般用种子繁殖。

本节作者：赖建斌（江西省林业科技实验中心）

摄影：奚建伟、徐晔春

122 珙桐 Davidia involucrata Baill.

俗名：中国鸽子树、空桐、柩梨子。蓝果树科珙桐属植物。国家一级重点保护野生植物。中国特有种。1871年命名。

[形态特征]

落叶乔木，高达20m，胸径达1m。树皮灰褐色，不规则薄片剥落。叶互生，纸质，宽卵形，长9~15cm，宽7~12cm，先端渐尖，基部心形，边缘粗锯齿，幼时上面有柔毛，后脱落，下面密被黄色或淡白色粗丝毛；叶柄长4~10cm。花杂性，由多数雄花和一朵两性花组成顶生的头状花序，花下有2片白色的大苞片，矩圆形或卵形。核果，肉质长卵形，紫绿色，有黄色斑点。种子3~5粒。花期4~5月，果期9~10月。

主要识别特征：顶芽大，芽鳞数片，亮红色，小叶枝上簇生；花基部两片大苞片白色，形似白鸽，故名中国鸽子树。

[资源分布]

中国特产，分布于四川、重庆、云南、陕西、湖北、贵州、湖南等省份，其中，四川珙县王家镇分布着全国数量众多的珙桐群落，有“珙桐之乡”的美誉。

[生物生态特性]

常生于海拔1200~2500m的常绿、落叶阔叶树混交林中，与丝栗、木荷、槭树、连香树等混生。喜湿潮多雨，夏凉冬温的气候。土壤多为山地黄壤和山地黄棕壤，pH 4.5~6.0，土层较厚，土壤中多含有大量砾石碎片的坡积物，基岩为沙岩、板岩和页岩。

[景观价值与开发利用]

珙桐树高20~25m，雄伟挺拔，花序美丽，两片白色苞片奇特，形似白鸽，蔚为壮观，被西方植物学家命名为“中国鸽子树”，是著名的珍稀观赏树种。珙桐常栽在通道、溪旁、池边、疗养院、宾馆、学校、公园等地，具较高的园林观赏价值。

珙桐木材黄白色或浅黄褐色，心材与边材区别不明显，纹理通直，木材沉重，有光泽，结构细密均匀、轻软，干燥时不翘裂，不易腐烂，是优质用材，供雕刻、玩具及美术工艺品用材。珙桐果皮可供榨油，果肉供提炼香粉，经济价值极高。

[树木生态文化]

珙桐作为和平的象征，早在1869年法国传教士大卫在四川宝兴县穆平发现后，被英、美等国前来采摘种子回国繁育，之后成为外国公园中最美丽的景观树之一。1904年，珙桐引入欧洲和北美洲，成为有名的观赏树。1933年，美国总统罗斯福发现白宫一株“中国鸽子树”开始枯萎，他十分着急，向世人宣告，愿以重金相求。后来，中国四川一位教授电告他中国四川峨眉山有很多，总统得知后，即派他儿子远涉重洋前往峨眉山移植一株，从此，中国特有的鸽子树便在美洲大陆开花结果繁衍。以珙桐作“媒介”与世界各国建立友好往来，推动了全球自然、人文

旅游事业的高水平发展。

周恩来总理1954年到瑞士日内瓦参加国际会议时，在日内瓦植物园旁边的巴尔顿别墅公园发现正在开放的“中国鸽子树”，得知其原产于中国。回国后，周总理立即组织有关植物研究人员开展珙桐树的科研和繁育工作，使得珙桐从寂静的深山迈向繁华的都市，彰显其稀有的美学、文化底蕴。江西庐山植物园开展了珙桐的引种驯化工作。2007年，庐山植物园将播种育苗成功的珙桐树苗栽在庐山三宝树景区、花径景区、若那塔院、庐山中学，引种工作非常成功，有的已开花结实。这为江西的三清山、武夷山、黄龙山、武功山等高山保护区引种珙桐打下了基础。北京植物园也引种驯化成功，这是珙桐人工引种最北之处。

和平与发展已成为世界的主题。珙桐美誉“中国鸽子树”，白鸽象征和平、美好、祝福的使节身份走遍大江南北和全世界。汶川大地震后，四川人民为了感谢台湾同胞给灾区的真情援助，转赠送给台湾人民17株“绿色大熊猫”珙桐树和国宝大熊猫一同飞向宝岛台湾，既传递血浓于水的同胞手足之情，又带去祖国人民向往和平、祝福台湾人民的殷切希望。2008年，绵阳北川16万羌族人民向29届北京奥运会赠送29株珙桐树，向全国、全世界人民传递“人文奥运”的理念，透过第四纪冰川孑遗物种珙桐至今仍顽强保持在古生物原有的特征，折射出中华民族历经磨难、百折不挠、团结自强、热爱和平的高贵品格和民族精神，向世界人民传递中国人民向往和平、渴望和平、主张和平、拥抱和平、维护和平的美好愿望。

珙桐树民间传说：很久以前，一位君主只有一位独生女儿，名叫“白鸽公主”，视为掌上明珠。她品味出奇，不爱金银珠宝，也不嫁王侯公卿，却十分爱好骑射，追求一种男子汉的气概。一天，公主在森林中打猎时被一条狠毒的蟒蛇死死缠住。正值危急关头，一位名叫珙桐的青年猎手，用刀斩断蟒蛇，救回公主的性命。公主十分敬慕青年猎手的机智和勇敢。二人一见钟情，山盟海誓，公主取下头上的玉钗，从中间割断，彼此各执一半，作为信物。公主回宫后，将此事告知父王，并恳请父王将自己许配给珙桐，父王坚决反对，还连夜派侍卫将珙桐射杀在深山老林中。公主知道后，哭得死去活来。在一个雷雨交加的夜晚，她卸去豪华的宫妆，穿上洁白的衣裙，踉踉跄跄逃出了高墙紧闭的后宫，来到珙桐遇难的地方，放声大哭，一直哭到泪珠成血，染红了洁白的素装。忽然雷声大作，暴雨倾盆，一棵小树破土而出，恰像竖立着的半截玉钗，瞬间，长成了参天大树。公主情不自禁地伸开双臂扑向大树。霎时间，大雨停了，雷声息了，哭声也听不见了，只见数不尽的洁白花朵挂满了大树的枝头，清香美丽，让人不能不想起白鸽公主与青年珙桐的凄美爱情故事。此树就称为珙桐树。

[保护建议]

珙桐原产于中国，属第三纪孑遗植物。第四纪冰川时期，大部分地方的珙桐相继灭绝，只有在中国的西南部分山区幸存下来，成为今天植物界的“植物的活化石”“绿色大熊猫”“林海中的珍珠”。应对其研究保护，它在研究古地理地质、古气候及古植物区系和系统发育方面均有科研价值。

[繁殖方法]

珙桐自然掉落的果实自行萌发的极少，常用人工播种和扦插、嫁接繁殖。

本节作者：刘平（南昌市第三职业学校）

摄影：魏泽、刘翔、宋鼎

123 蓝果树 **Nyssa sinensis** Oliv.

俗名：柅萨木、紫树。蓝果树科蓝果树属植物。江西Ⅲ级珍贵稀有濒危树种；江西Ⅲ级重点保护野生植物。1891年命名。

[形态特征]

落叶乔木，高30m，胸径1m。树皮灰褐色，粗糙，浅纵裂。幼枝圆柱形，紫绿色；老枝褐色，有皮孔。叶互生，纸质，椭圆形或长卵形，长6~15cm，宽4~8cm，先端急尖至渐尖，边缘波状，沿脉疏生丝状柔毛；叶柄长1.5~2cm。花单性，伞形或短总状花序，雌雄异株，雄花生于落叶后老枝上。核果椭圆形或倒卵形，紫绿色至暗褐色，常3~4簇生。种皮坚硬，有5~7条纵沟纹。花期4~5月，果期9~10月。

主要识别特征：小枝、叶柄及花梗幼时疏被紧贴柔毛，后脱落，近无毛。

[资源分布]

分布于华东、中南、西南等地区。江西婺源、宜丰、永丰、安远、乐安等全省各地有分布。婺源县段莘乡阆山村坦里组海拔800m处森林中有蓝果树小片群落，平均树龄80年，平均高20m，平均胸径80cm，混交树种有枹栎、枫香、木荷、马尾松。

[生物生态特性]

生于海拔500~1300m的山坡或潮湿山谷向阳林中，喜光，速生，耐干旱瘠薄，耐寒性强，抗雪压能力强，−18℃仍生长旺盛。喜温暖湿润气候及深厚肥沃、排水良好的酸性土壤。根系发达，能穿入石缝中生长，根的萌芽能力强。混交林中常为上层林木。

[景观价值与开发利用]

蓝果树干形挺直，叶茂荫浓，春有紫红色嫩叶，秋叶绯红，分外艳丽，被誉为园林中的“童话树”，是彩化树之一。适作庭园、通道美化、彩化树，供观赏，也可矮化盆栽。在园林中，可与常绿阔叶林混植，作为上层树，构成丛林。

木材为散孔材，黄白色或浅黄褐色，有光泽，纹理交错或斜，结构甚细，均匀，易干燥但不耐腐，材质轻软适中，宜作各种器具用，特别是宜作茶叶、香烟的包装材料，不会有气味感染食品。

[树木生态文化]

蓝果树于4~5月开花，花虽小但量大，一树白花，颇为壮观。春季嫩芽为鲜亮的紫红色，夏季叶片呈油亮的深绿色，整个树体呈浓密的深绿色，遮阴效果良好。秋季落叶前，整个植株树叶有金黄色、橘黄色，都微微泛着明亮的光泽，相互之间对比鲜明，非常壮观。9月果实开始成熟，由紫变蓝，最后变成深褐色，故称蓝果树。果肉甘甜，是鸟类的最爱，所以每当果实成熟时候，总能招来五色斑斓的小鸟栖息其中，谱写一派鸟语花香的意境。此外，它还是优良的滨水树种。其属名*Nyssa*源于希腊神语中水中仙子的名字，以形容它在自然环境中照水而生的美丽景观。在园林设计中，可利用其树体较高、树冠轮廓线优美的特点，作为水边倒影树种，显示其高远幽深，增加水体空间的层次感，又形成自然、亲切的气氛。

[保护建议]

蓝果树分布较广，应加强该树种野生种群的保护，减少人为干扰，保护其生长环境。

[繁殖方法]

蓝果树主要用播种繁殖。

本节作者：邵齐飞（江西省林业科技实验中心）

（三十二）五列木科 Pentaphylacaceae

124 杨桐 **Adinandra millettii**（Hook. et Arn.）Benth. et Hook. f. ex Hance

俗名：黄瑞木。五列木科杨桐属植物。江西Ⅲ级重点保护野生植物。1878年命名。

[形态特征]

常绿小乔木，高3~6m，胸径20cm。树皮灰褐色。小枝密生短柔毛，顶芽显著。叶革质，互生，长椭圆形，长4.5~9cm，宽2~3cm，全缘，稀上半部有稀齿，上面光亮，先端钝尖，中脉上面微凸；叶柄长3~5mm。花白色，单生或簇生于叶腋。浆果近球形，直径约1cm，熟时黑色，花萼宿存，种子多数，深褐色。花期5~6月，果期9~10月。

主要识别特征：树皮灰褐色；小枝有短柔毛；叶革质，稀上半部有稀齿；花白色，单生叶腋，花柄长约2cm，花萼5片，卵状三角形，缘有腺齿和纤毛；花瓣5片，卵状长圆形，基部连合，较萼片长，无毛；浆果近球形，宿存花柱长7~8mm，紫色，可食，味甜。

[资源分布]

分布于长江以南各省份。江西井冈山、九连山、龙虎山等各山区均有分布。

[生物生态特性]

生于海拔200~1200m的山地、沟谷林中或溪边、路旁灌丛中。

[景观价值与开发利用]

树冠浓密，叶片浓绿，厚实、光泽，有观赏价值，可作为小径行道树。

木材细密，可作玩具、笔杆、木尺等用材。其果熟可食用，酸甜味，含多种维生素，具有理气、开胃、健脾、助消化等功效。

[树木生态文化]

杨桐叶片正面深绿色，背面浅绿色，稍有点硬，顺滑有光泽，看上去十分清晰。日本和韩国人把新鲜的杨桐叶

用作民间的供奉、祭祖和插花，等同于我们拜佛用的“香”。日本人称其为“神木”认为可以保佑家宅，每年用量很大，都是从中国进口。

熟时浆果紫黑色，花萼宿存，有观赏价值，故可开发为盆栽，点缀阳台、窗台、写字台，增添绿意和温馨感。

[保护建议]

杨桐为常绿小乔木，受人类活动影响大，应加强该树种野生种群的保护，减少人为干扰，保护其生长环境。

[繁殖方法]

杨桐的繁殖方法为扦插繁殖和种子繁殖。

本节作者：朱小明（江西省林业科技实验中心）

125 厚皮香 Ternstroemia gymnanthera（Wight et Arn.）Beddome

五列木科厚皮香属植物。江西Ⅲ级重点保护野生植物。1871年命名。

[形态特征]

常绿小乔木或灌木，高3~8m，有时达15m，胸径30~40cm。树皮灰褐色，平滑。嫩枝浅红褐色或灰褐色。叶革质，常聚生于枝顶，互生，光泽，倒卵状椭圆形，长5~8cm，宽2.0~3.5cm，全缘，稀有上半部疏齿；叶柄7~13mm。花两性或单性，淡黄白色，单腋生或簇生小枝顶，花瓣淡黄白色。浆果圆球形，径1.2~1.5cm，熟时肉质假种皮红色、紫色。花期5~7月，果期8~10月。

主要识别特征：嫩枝浅红褐色；叶革质，聚生枝顶，新叶浅红褐色，老叶墨绿色、光泽；花单生上部叶腋，花瓣淡黄白色，芳香；浆果熟时红色转紫色。

[资源分布]

分布于湖北、湖南、浙江、安徽、广东、广西、福建等省份。江西井冈山、三清山、九连山等全省各地都有分布。

[生物生态特性]

生于海拔200~1200m山地林中、林缘、路边或近山顶疏林中。喜温暖湿润气候，耐阴，较耐寒，能耐-10℃低温。根系发达，在酸性、中性及微碱性土壤上均能生长。对大气污染有很强的抗性。

[景观价值与开发利用]

厚皮香树冠浓绿，枝平展成层，叶厚光亮，色彩多变，是优良的观叶树种。早春时节，嫩叶呈现紫红、绛红、橙红、黄绿等颜色，五彩缤纷；初冬部分叶片颜色由墨绿转绯红，远看疑是红花满枝，分外鲜艳。果实成熟时，圆球形红色果实挂满枝头，也颇具观赏效果。适宜栽植于森林公园、道路角隅、草坪边缘和林缘，能达到丰富色彩的效果，呈现一派靓丽景观。

木材红色，坚硬致密，结构细致，可供雕刻、家具等用。种子可用于榨油供工业用。树皮可供提栲胶。

[树木生态文化]

厚皮香为五列木科植物，叶片厚革质，可吸收有毒气体，为抗污染植物和防火植物。适宜配置门厅两侧、道路角隅、草坪边缘。在林缘树丛下成片种植，能达到丰富色彩，增加层次的效果。近年，江西上饶市林业科学研究所开展厚皮香盆栽技术研究，成果丰硕，具有市场拓展实力。

[保护建议]

厚皮香分布广泛，景观价值高，应当加强对野生资源的保护，保护生物遗传多样性。同时，加大人工繁育，减少对野生资源的挖掘。

[繁殖方法]

厚皮香的繁殖方法为种子和扦插繁殖。

本节作者：陈东安（江西省林业科技实验中心）

（三十三）杜英科 Elaeocarpaceae

126 中华杜英 **Elaeocarpus chinensis**（Gardn. et Chanp.）Hook. f. ex Benth.

杜英科杜英属植物。江西II级重点保护野生植物。1903年命名。

[形态特征]

常绿乔木，高达7m。树皮灰褐色，平滑。叶多簇生于小枝先端，薄革质，卵状披针形，长4~8cm，宽1.5~3.0cm，先端尾尖，下面有细小黑腺点，侧脉4~6对，边缘有波状小钝齿；叶柄长1~2cm，纤细，顶端稍膨大。总状花序腋生于去年枝条上，花杂性，白色，稍有香气。核果椭圆形，长1.0cm以下，蓝黑色。花期5~6月，果期9~10月。

主要识别特征：小枝纤细有柔毛，老枝秃净；叶小，短于10cm，叶背面淡绿色，有细小黑腺点；果实长1.0cm以下，直径6~8mm，种子有2条直沟。

[资源分布]

该树是亚热带中性树种，分布于长江以南各省份。江西省各林区有分布。

[生物生态特性]

生于海拔200~900m的山坡常绿阔叶林内。喜温湿环境，根系发达，树干坚实挺直，抗风力强。在排水良好的酸性黄壤中生长迅速，病虫害少，砍伐后，萌芽能力极强，经过二三年后又可成树。

[景观价值与开发利用]

中华杜英树形通直优雅，树冠层次分明，疏密有致，霜后部分叶变为红色，红绿相间，颇为美丽，花为蜜源，可作风景林或生态、防护造林速生树的树种。也适于园林及行道树种植，植于草坪、坡地、林缘等处与其他植物营造城市景观，或列植成绿墙起荫蔽遮挡及隔声作用，也可作庭荫树。该树对二氧化硫等有毒气体抗性强，亦可作为工矿区绿化和防护林带树种。亦可人工矮化作盆景观赏用。

[树木生态文化]

杜英属的拉丁属名“*Elaeocarpus*”由拉丁词“*elaion*”与“*carpus*”组合而成，两词分别为“橄榄”与“果实”之意，表明其果形似“橄榄”。中华杜英是亚热带次生林中建群种类之一，分布广泛，是山林中常见的异色叶植物。其树形通直优雅，树冠层次分明，四季皆有可观之景：春季，新叶长出，光鲜艳丽，引人夺目；盛夏季节，枝头群花旺盛开放，色彩淡白素雅多姿，花感绚丽；秋季，红绿交错，老叶在脱落前呈现鲜艳夺目的红色，煞是美观；秋末果实成熟后，形如珍珠，色如翡翠，呈碧绿或蓝紫色，十分可爱。因此，中华杜英是非常适合于园林开发建设的乡土树种。

中华杜英的花语是顽强和朴实，首先是其生命力非常顽强，基本上在南方地区的土地上都能够生长，就是将其砍断，也能在树根处长出新芽，而且其生长速度快速，故中华杜英有着顽强的生命和朴实之意。

[保护建议]

现已广泛栽植，对野生种群和古树应加强保护，做好种质资源的保护和收集工作。

[繁殖方法]

中华杜英可用种子繁殖和扦插繁殖。

本节作者：钟明（江西省林业科技实验中心）

127 杜英 **Elaeocarpus decipiens** Hemsl.

杜英科杜英属植物。江西II级重点保护野生植物。1886年命名。

[形态特征]

常绿乔木，高5~15m。叶革质，披针形或长圆状矩形，长7~12cm，宽1.6~3cm，先端渐尖，基部下延成楔形，叶缘有小锯齿；叶柄初时有微毛，结实时变秃净。总状花序腋生于上年枝叶痕的腋部，被微毛；花白色，下垂，两面有毛；花瓣倒卵形，丝状。核果椭圆形，长2~3cm，径1.3~1.5cm。花期5~6月，果期9~10月。

主要识别特征：嫩枝被柔毛；叶片下面无毛，叶革质，叶缘有齿，叶柄长约1cm；萼片两面被微毛；外果皮无毛，内果皮坚骨质，表面有多数沟纹，果直径约1.5cm。

[资源分布]

分布于湖南、浙江、福建、台湾、广东、广西、贵州、云南等省份。江西省各地林区有分布。

[生物生态特性]

生于海拔400~1000m的山谷林中、溪沟旁。喜温湿环境，耐寒性稍差，稍耐阴，根系发达，速生，萌蘖力强，耐修剪。喜排水良好、湿润肥沃之微酸性的黄壤和红黄壤山区。

[景观价值与开发利用]

杜英是庭院观赏和四旁绿化的优良品种。花朵白色素雅，成簇状下垂，像一串串风铃，很具观赏性；最具特色的是叶片在掉落前，部分叶片转绯红色，红绿相间，鲜艳悦目，是观叶赏树时值得驻足停留欣赏的植物。加之生长迅速，材质优良，适应性强，病虫害少，是城镇改善环境、绿化美化家园的优良乡土树种。杜英分枝低、叶色浓艳、分枝紧凑，也可作行道树。

[树木生态文化]

浙江宁波青雷寺外有一株约500年的杜英古树。每当秋天来临时，人们可欣赏到杜英叶片由绿色变成红色的过

程。为什么会变红呢？那是因为叶子里有三种元素，即叶绿素、叶黄素、胡萝卜素。其中，叶绿素负责杜英的光合作用，以供应杜英的生长。夏天是杜英光合作用最强的时期，这时候的叶绿素也是浓度最高的时候，所以植物的叶子是绿色的。当夏天过去，秋天来临的时候，天气变冷，光照时间减少，叶绿素的合成受到阻碍而衰减却与日俱增，叶绿素因此消失得很快，这就为其他色素在叶片中显露颜色创造了条件。于是，叶片开始变黄，这就是叶黄素在发挥作用。但最后为什么会从黄色变成红色呢？因为红色素（胡萝卜素）是杜英的“降压灵”，它们能让脆弱、精细的细胞结构免遭破坏，而这种破坏严重威胁着面临巨大压力的杜英。杜英一旦出现缺乏水分、光照过强、缺少养分、遭遇食草动物和病菌袭击等情况，都会产生危险的自由基。自由基会攻击细胞膜，破坏DNA，而红色素能清除自由基，对维持杜英叶片的生存非常重要。

[保护建议]

现已广泛栽植，对野生种群和古树应加强保护，做好种质资源的保护和收集工作。

[繁殖方法]

杜英的繁殖方法为种子繁殖和扦插繁殖。

本节作者：段聪毅（江西省林业科技实验中心）

128 猴欢喜 Sloanea sinensis（Hance）Hemsl.

杜英科猴欢喜属植物。江西III级重点保护野生植物；江西III级珍贵稀有濒危树种。1900年命名。

[形态特征]

常绿乔木，高达20m，胸径80cm。树皮灰褐色，有小斑，不裂。叶聚生小枝上部，薄革质，长圆形或椭圆状倒卵形，长5～12cm，宽2～5cm，先端急尖，全缘或上部具疏齿，无毛；叶柄长1～4cm，先端变粗。花数朵簇生于小枝先端叶腋，浅绿色，花瓣4片，白色，外侧有毛，先端有齿刻。蒴果木质，大小不一，卵球形，外被细长刺毛，5~6瓣裂，果爿长短不一，熟时红色，内果皮紫红色。种子黑色，光泽，有黄色假种皮。花期9~11月，果期翌年6~7月。

主要识别特征：叶薄革质，最下一对侧脉纤细，全缘或上部具疏齿，叶柄顶端节状膨大；花白色，生叶腋，花具短芒刺；果针刺长1~2cm。

[资源分布]

分布于广东、海南、广西、贵州、湖南、福建、浙江、台湾等省份。江西省各地林区均有分布。

[生物生态特性]

生于海拔700~1000m的常绿林里。伴生植物有毛竹、华东润楠、枫香、青冈等。喜温湿凉爽气候，在天然林中居于林冠中下层或林缘。不耐干燥，在深厚、肥沃排水良好的酸性或偏酸性土壤上生长良好。深根性，侧根发达，萌蘖力强。偏喜光树种。

[景观价值与开发利用]

猴欢喜树姿端正，果形奇特，红色蒴果，外被长而密的红色刺毛（外形似板栗壳斗）鲜艳，在绿树丛中，满树红果，生机盎然，非常可爱；当果实开裂后，露出黄色假种皮的种子，更增添了色彩美，是以观果为主，观叶、观花为辅的常绿观赏树种。可作为阔叶树种造林的混交种类，以及用于次生林改造或营造生态公益林，提升森林景观。也可作河岸、通道、城乡庭院园林绿化观赏树种，孤植、丛植、片植均可，亦可与其他观赏树种混植，栽植于假山、台地或池塘边。

其木材光泽美丽，强韧硬重，易加工，不变形，耐水湿，供建筑和胶合板材及器具用。生长速度较快，是优良的硬阔叶树种。树皮、果壳含鞣质，可供提制栲胶。种子含油脂，榨油供工业润滑油用。亦是栽培香菇等食用菌的优良用材。

[树木生态文化]

据说山里的猴子看见其果，以为是能吃的栗子，结果剥开一看，并不能吃，只得空欢喜一场，故名。还有一种说法是，其果实色彩鲜艳，表面有一层如同猴毛的刺毛，成熟的果实自然开裂5至6瓣，显露出深黄色的种皮及黑色的种子，形似猴子的面孔，因而被命名为猴欢喜。2016年，在宜丰洞山寺附近山上发现有猴欢喜古树多株。

[保护建议]

猴欢喜生在中低山地湿润环境，所以要严格保护其周边环境。建档立卡，开展定期观察，做好记录，如果发现异常，及时科学处理。

[繁殖方法]

猴欢喜的繁殖方法为种子繁殖。

本节作者：欧阳天林（江西省林业科技实验中心）

（三十四）古柯科 Erythroxylaceae

129 东方古柯 Erythroxylum sinense C. Y. Wu

俗名：木豇豆、猫脷木、大茶树。古柯科古柯属植物。江西珍贵稀有濒危III级树种；江西III级重点保护野生植物。1940年命名。

［形态特征］

灌木或小乔木，高1~7m。树皮暗褐色，密被小瘤点。叶互生，纸质，长圆形或椭圆状披针形，长4~10cm，宽1.5~3cm，全缘，幼叶带红色，干后带红褐色，干时叶背稍有粉白色。花小，常1~3朵簇生于叶腋内。核果具3纵棱，长矩圆形，稍弯，枣红色，顶端钝。花期4~5月，果期10月。

主要识别特征：灌木或小乔木；树皮暗褐色密被小瘤点；叶全缘；有长、短花柱之分，花萼5裂，花瓣5，白色或黄绿色，内具2个舌状体；果枣红色。

［资源分布］

分布于云南、贵州、广东、广西、海南、湖南、浙江、福建等地。江西的广丰、玉山和武夷山有少量分布，石城、瑞金、会昌、寻乌、大余等地也有分布。

［生物生态特性］

多生于海拔400~1700m山地阔叶林中。喜温暖湿润，耐阴，对土壤适应性强，抗性强。

［景观价值与开发利用］

其叶片幼小时呈红色，干后带红褐色，且叶背带粉白色，视觉效果良好，故可作为园林绿化树种，开发驯化成微盆景树种，置于案头，更能吸引人们的眼球。

木材红褐色至紫褐色，心材与边材区别明显，致密均匀，硬重，难加工，可作佛珠手串等装饰品。因其树皮、叶、果含有少量咖啡因，可人工栽培试验生产咖啡因之类药物。据监测，其叶微苦、涩、温，具提神、麻醉、止痛之功效，可消除疲劳，主治哮喘、咳嗽、疟疾、骨折等症。

[保护建议]

定期开展监测，观察是否有异样长势或病虫害发生，做好记录，发现异样则分析原因，及时上报，做好科学防治。定期处理枝干腐烂等。科学合理采取营林措施，保证树木生长所需的养分和水分。保证树木地面透水通气；控制周边区域除草剂的使用。合理控制人为干预，减少人为因素对树木的伤害。

[繁殖方法]

东方古柯的繁殖方法为种子、扦插及移植野生苗繁殖，亦可采取组织培养繁殖。

本节作者：曾昱锦（江西省林业科技实验中心）

摄影：吴棣飞、朱鑫鑫、陈炳华

（三十五）叶下珠科 Phyllanthaceae

130 重阳木 Bischofia polycarpa（Levl.）Airy Shaw

俗名：红桐、茄冬树、乌杨。叶下珠科秋枫属植物。江西Ⅲ级重点保护野生植物。1972年命名。

[形态特征]

落叶乔木，高10~20m，胸径达80cm。树皮褐色或灰褐色，纵裂。三出复叶，小叶3片，卵圆形或椭圆状卵形，长5~10cm，宽4~6.5cm，先端尾状渐尖，基部圆形或稍心形，叶缘锯齿较密，每厘米有锯齿4~5个。花小，单性，雌雄异株，无花瓣，排列成总状花序腋生，时有下垂。果实球形或略扁，淡褐色。春季花与叶同时绽放。花期4~5月，果期10~11月。

主要识别特征：树皮褐色或灰褐色，纵裂；掌状复叶，小叶3片，卵圆形或椭圆状卵形，叶缘锯齿密。

[资源分布]

分布于我国秦岭—淮河以南至广东、广西及长江中下游平原。江西各地有栽培。

[生物生态特性]

常生在低山或平地林中或沟谷溪边海拔1000m以下，暖温带、亚热带树种。喜光，稍耐阴，对土壤要求不严，耐旱，耐瘠薄，耐水湿，抗风。生长快速，根系发达，属喜光树种。

[景观价值与开发利用]

树枝优美，冠如伞盖，花叶同放，花色淡绿，秋叶转红，艳丽夺目，抗风耐湿，生长快速，是良好的庭院、行道树种，用于堤岸、溪流、湖畔和草坪周围作为点缀树种，有观赏价值。重阳木具较强的空气污染物吸收转化能力、光合作用能力、释放负氧离子能力。叶片多且大，可吸滞尘埃。

重阳木木材属散孔材，心材与边材明显且美观，边材淡红色，光泽美观，质重而坚韧，结构细而匀，供器具用。果肉可酿酒。种子含油量达30%，有香味，可食用，也可作工业润滑油和肥皂油。落叶量大，可倍增地力，也

可作能源树种开发。

[树木生态文化]

在明万历元年（公元1573）《沅州志》（今湖南芷江）提到“沅州八景”，千年重阳木就是其中一景。这种落叶乔木，身经千年雷雨风霜，仍然生机勃勃挺立大地，焕发“古树”的魅力，装点江山，述说历史，生出无限感叹。

1958年12月，彭德怀参加在湖北武昌召开的党的八届六中全会，回到湖南做调查。1958年12月17日，他从黄荆坪出来看见一群人正围着一株树龄500余年，树高22m，胸径1.2m，平均冠幅12m^{2}的重阳木古树，吵吵嚷嚷要砍这棵树。他说：“这么好的树，长成这个样子不容易啊，你们舍得砍掉它？让它留下来在这桥边给过路人遮点阴凉不好吗？”这时的大树根颈处已被斧子砍进一道深沟，木质部已被剁出一个深窝，雪白的木渣片飞满一地。而在桥的另一头，一株大槐树已被砍倒。陪同调查的湖南省委书记周小舟见状连忙吩咐干部停止砍树。这株古重阳木才得以保存至今。“给老百姓留一点阴凉！”彭德怀元帅这句话迄今还留在人民心中。

南昌市昌北青岚大道有株1964年栽培的重阳木，树高15m左右，胸径80cm，生长较快，起到很好的行道树作用。上饶市横峰县有株600年的重阳木古树横跨小溪两边，形成一座天然木桥奇观。

在莲花县荷塘乡文塘村有一株重阳木，树龄800多年，树高逾20m，树围要六七位成人才能抱住，是江西省十大重阳木古树之一。传说，该树很有灵性，多方庇佑村民，所在的村民寿命较长，身体健康，无病灾；对于附近的庄稼保护也好，该村从来没有发生过洪灾、旱灾、虫灾。2015年7月，陈六如乡贤，曾写《树之脉 · 重阳木》的诗“独处庄前八百春，栉风沐雨问无人。文身伟岸冠幅阔，磊石番根傍地墩”赞美这棵800多岁的重阳木“树王”。迄今，这株重阳木仍枝繁叶茂，树根盘结似假山。

岁岁重阳，今又重阳，人们年复一年地讲述着重阳木的故事。

[保护建议]

现已广泛栽植，对野生种群和古树应加强保护，做好种质资源的保护和收集工作。

[繁殖方法]

重阳木采用种子繁殖。

本节作者：刘志金（江西省林业科技实验中心）

（三十六）山茶科 Theaceae

131 浙江红山茶 *Camellia chekiangoleosa* Hu

俗名：离蕊红山茶、闪光红山茶、厚叶红山茶、红花油茶。山茶科山茶属。江西III级珍贵稀有濒危树种；江西III级重点保护野生植物。中国特有种。1965年命名。

［形态特征］

常绿小乔木，高达10m。小枝灰白色。叶革质，椭圆形，长8~12cm，宽2.5~6cm，光亮，叶缘3/4具细锯齿；叶柄长1~1.5cm。花红色，单生枝顶或腋生，直径8~12cm，苞片宿存，被白色绢毛，花瓣7片。蒴果木质，卵球形，直径5~7cm，比白花油茶大。种子黑褐色，半球形。花期2~4月，果期9~10月。

主要识别特征：叶厚革质，光亮；花大，红色，球果大。在山茶组里，其明显特征是花大，红色，有苞片及萼片14~16片，子房3~5室，而山茶苞片及萼片仅9~10片。

［资源分布］

分布于浙江、安徽、江西、湖南、福建。江西婺源、德兴、玉山、浮梁有分布。怀玉山有小片天然林。婺源江湾的大潋、小潋、篁岭有成片的人工栽培。

[生物生态特性]

喜温暖湿润气候，酸性黄壤，不耐寒冷。生长速度较油茶慢，10年结实，萌芽及抗病能力强。

[景观价值与开发利用]

浙江红山茶是中国特有树种，植株形态优美，叶色翠绿，冬春开花，婷立枝头，花色鲜红艳丽，是蜚声中外的园林观赏植物珍品。叶革质、厚实、不易燃，可吸收有毒气体，净化空气，绿化环境，也是森林防火隔离带的主要防火树种，具有较高的生态效益。可庭院栽植，也可用于花丛、绿篱、阳台绿化和屋顶花园。

浙江红山茶干籽出油率35%，干茶仁出油率54%，比白花油茶产油高5倍以上。其不饱和脂肪含量达88%，并富含人体所必需的17种氨基酸及锌、硒等微量元素。

[保护建议]

20世纪50年代，浙江红山茶多有片状分布，随后因山体开发利用过度，如砍薪柴、改种用材林、茶叶、引种为城市园林绿化树种等原因，导致天然野生群落越来越少，故应严禁商业移栽，建立保护区，禁止人为干扰砍伐，开展就地保护，建立种质资源库，选育良种繁育，开展其种内的遗传性和变异类型等多方位多层次研究。还需对浙江红山茶的食用、医药用等用途进行深入研究，提升其经济价值，引起公众的关注，从而让民众自觉主动保护、开发利用。

[繁殖方法]

浙江红山茶的繁殖方法有种子繁殖、扦插繁殖和嫁接繁殖。

本节作者：田承清（江西省林业科技实验中心）

132 山茶 Camellia japonica L.

俗名：茶花、山茶花、晚山茶、耐冬、野山茶。山茶科山茶属植物。江西III级重点保护野生植物。1753年命名。

[形态特征]

常绿小乔木或灌木，高达15m。枝干光滑，皮黄褐色。叶互生，革质，光泽，椭圆形或宽卵形，长5~10cm，宽2.5~6cm，尖端短钝渐尖，边缘有细锯齿；叶柄长0.8~1.5cm。花单生或2~3朵并生于叶腋或枝顶，花萼呈覆瓦状排列，被绒毛，花瓣大红色，花柄极短或不明显。园艺品种花瓣有白、淡红、粉红、玫瑰花等色，多重瓣，顶端微凹缺。蒴果近球形，径3cm，栽培种果扁球形。花期1~4月，果期9~10月。

主要识别特征：苞被片9~10，叶短于10cm。

[资源分布]

山茶原产我国江南各省份，尤其是江西、四川、广西、广东、浙江、云南等地保留有1000年以上的成林野生山茶的自然分布。

[生物生态特性]

生于海拔700~1200m的山地林缘、路旁，喜凉爽湿润气候，怕高温，忌烈日。土壤pH 5~6为宜。属半喜阴植物。

[景观价值与开发利用]

山茶成片栽植于公园，可以点缀花坛。城市主干道行植、街头绿化丛植、草坪孤植均宜，也可植于湖滨、河旁。植池边、假山石旁更显山水之秀丽。若植城市建筑物周围，则显得落落大方，相映成辉，更可盆栽或切花，点缀室内场所，红花与绿叶相配，显得和谐雅致。山茶具吸收二氧化硫和抗烟尘的能力，对硫化氢、氯气、氟化氢和铬酸烟雾也有明显的抗性，是优良的环保树种。

种子含油率45%以上，可供食用及工业用。花为收敛止血、散瘀消肿、润肺养阴之药。花具蜜源和美容养颜之功用。山茶花去雌雄蕊的花瓣无毒，含有多种维生素、蛋白质、脂肪、淀粉和微量的矿物质及高效的生物活性物质。还可以点缀食品、菜肴和沙拉点心、茶花饼等。

[树木生态文化]

江西东乡区愉悦石坑坳，有一株600年生的古山茶树，高7m，胸径39cm。

山茶花的花语有着理想的爱、谦让、天真可爱、纯洁无瑕等寓意。山茶花的代表意义则象征着高洁孤傲、深沉谨

慎、了不起的魅力，等等。在家种植山茶花，不仅观赏性非常高，还能够散发清香，给人带来好的心情。

1. 花语

（1）理想的爱：茶花凋谢的时候不是整朵花一下子枯萎凋落，而是花瓣一片片慢慢凋谢，直到生命结束。无论是亲情、友情还是爱情，当中包含着一个人对另一个人的爱是无价的。最为理想的爱意表达是，我在关心爱护着你，而你也正好用同样的方式在爱着我。如果确定对方是想守护一生的人就可以用茶花来表示。

（2）谦让：山茶花盛开在百花凋谢的深秋寒冬、早春时节，让寒冷的天气多了一点生机，有着不和百花争艳的品格，让人感受到谦让。加之红色的山茶花代表的是谦让、谦逊的美德。每一位炎黄子孙需要有一颗具有敬畏和谦让美德的心灵，才能够具有高洁的品质，立足于世界。

（3）天真可爱：山茶花本身颜色清秀，花型饱满，显得十分可爱和时髦。而且山茶花在开花的过程中，还有非常明显的清香气息，让人感到沁人心脾的舒畅。将山茶花养在家中，会给人带来好的心情。

（4）纯洁无瑕：白色一向可以给人一种纯洁的感觉，白色的山茶花花语含义是纯洁无瑕，人们往往觉得最神圣的爱情是纯洁无瑕的，可以用山茶花来表示这份美好的情感。

2. 茶花代表意义

在寒冬盛开的山茶花有着独特的魅力，在庭院中独自盛开的山茶花还能让人感受到高洁孤傲的气息，所以人们常常在家中种植几株美丽的山茶花来装饰庭院，寓意自己是个高洁孤傲、深沉谨慎的人。

山茶在长江以南各地多有栽培，是名贵花木，供庭院观赏。山茶花栽培品种几乎遍布我国园林，且栽培历史悠久，是我国十大名花之一。早在隋唐时代，山茶就已进入庭院种植。有隋炀帝杨广的《晏东堂》诗："海榴舒欲尽，山樱开未飞。"苏轼《邵伯梵行寺山茶》诗曰："山茶相对花谁栽？细雨无人我独来。说似与君君不见，烂红如火雪中开"，描写了山茶盛开的热烈场面。到了宋朝，栽培山茶花的风气日盛，江西籍北宋诗人黄庭坚赞美白山茶花："百紫妖红，争春取宠，然后知白，山茶之韵胜也。"还有唐代刘灏的"凌寒强比松筠秀，吐艳空惊岁月非。冰雪纷纭真性在，根株老大众园稀。"还有2010年《山茶花》电影，等等。茶花文化在我国根深叶茂，层出不穷。

[保护建议]

现已广泛栽植，对野生种群和大树、古树应加强保护，做好种质资源的保护和收集工作。

[繁殖方法]

山茶的繁殖方法为扦插、嫁接、压条、种子和组织培养繁殖。

本节作者：刘志金（江西省林业科技实验中心）

133 木荷 Schima superba Gardn. et Champ

俗名：荷树、荷木、信宜木荷。山茶科木荷属植物。长江流域各地荒山造林主要栽培树种。1849年命名。

[形态特征]

常绿乔木，高达30m，胸径1m。树皮灰褐色，纵裂。叶互生，革质，卵状椭圆形至长圆形，长7~12cm，宽2.5~5.0cm，先端钝尖，基部楔形，边缘有钝锯齿。花两性，白色，单生叶腋或顶生成短总状花序。蒴果球形或扁球形，有疏毛，5裂。花期6~8月，果期9~10月。

主要识别特征：树皮灰褐色，纵裂；叶革质，有光泽；边缘有钝锯齿，叶柄长1.2~2cm；花萼外面基部有毛，子房密生丝状毛；蒴果5裂。

[资源分布]

分布于浙江、福建、台湾、湖南、广东、海南、广西、贵州。江西全省各山区均有分布。

[生物生态特性]

多生于海拔150~1500m的山谷、林地，常与马尾松、青冈栎、麻栎、苦槠、樟等混生。喜生于温暖湿润气候，性喜光，但幼树能耐阴，对土壤的适应性强，能耐干旱瘠薄土地，但在深厚、肥沃的酸性沙质土壤上生长较快。具深根性，生长速度中等，寿命可至200年以上。

[景观价值与开发利用]

木荷树高大端直，树冠浓密，初发新叶及入秋老叶均呈红色。夏季花开似荷花，花香浓溢，可作庭荫树、风景林。是亚热带常绿林建群树种。

其木材浅黄褐色，坚韧致密，不开裂，易加工，栽培容易，早期速生，易与杉木、马尾松等混交培育大径阶优质用材，是杉木、马尾松迹地更新的优良混交造林或替代

树种，可结合低质低效林改造、营造木荷人工林，提升森林的生态防护和生态景观功能。

[树木生态文化]

据专家在广东怀集县大坑山点火试验，因木荷叶含水量高达45%，即使烈火烧烤，也只焦而不燃，依然能在第二年发新芽，继续生长。福建省闽清县有条长达30km，宽10m的木荷林带，保护着2万多亩森林，曾在两次山火中阻挡蔓延的人火。事后，群众授予木荷“森林防火卫士”称号。

因其木材纹理细嫩、光滑厚重，有的不法商人常用木荷家具替代红木、楠木家具，欺骗消费者。红木、楠木的木材纹理比木荷稍粗糙，这是油漆后家具最明显的区别之一。

[保护建议]

现已广泛栽植，对野生种群和古树应加强保护，做好种质资源的保护、收集和优良树种选育工作。

[繁殖方法]

木荷的繁殖方法为种子繁殖。

本节作者：欧阳天林（江西省林业科技实验中心）

134 紫茎 **Stewartia sinensis** Rehd. et Wils

俗名：天目紫茎、南岭紫茎。山茶科紫茎属植物。江西Ⅲ级稀有珍贵濒危树种；江西Ⅲ级重点保护野生植物。1915年命名。

[形态特征]

落叶小乔木，高达10m。树皮黄褐色或红褐色，呈片状剥落。小枝红褐色或灰褐色。叶互生，卵状椭圆形，厚纸质，长6~10cm，宽2~4cm，先端渐尖，嫩叶两面被灰白色绢毛，老叶除脉腋有簇生粗毛，其余无毛；叶缘具粗齿；叶柄带紫色。花白色，单生叶腋。蒴果木质，略为球形，顶端微尖，径约2cm。种子长1cm，有窄翅。花期6~7月，果期翌年霜降前后。

主要识别特征：树皮黄褐色或红褐色，片状剥落；叶片厚纸质，叶缘粗锯齿，叶柄带紫色，故名紫茎；花白色。近似种天目紫茎（*S. gemmata*），蒴果卵圆形，顶端喙状，径约1.5cm。

[资源分布]

星散分布于浙江、安徽、湖南、湖北、贵州、云南、四川。江西庐山、武宁、修水、浮梁、乐安、遂川、崇义和三清山、武夷山及婺源县境内山地多有分布。

[生物生态特性]

生于海拔600~1800m的山区常绿阔叶林或常绿落叶混交林的疏林中或林缘。为中性喜光的深根性树种，喜高海拔凉爽湿润气候及肥沃红黄壤、黄壤，不耐阴。生长缓慢，天然更新能力差，林下幼苗、幼树稀少。

[景观价值与开发利用]

紫茎树皮片状脱落，剥落后的树皮非常光滑红润，斑驳绮丽；白花黄蕊，清秀淡雅，配置厅堂之前，或草坪一角，颇为悦目，可种植在森林公园、城乡通道、流域岸线、风景区等处。

其木材红褐色，有光泽，纹理清晰，结构紧密，硬重，为雕刻、秤杆、美工装饰和家具等用材。种子含油率40%，可食用，并可供制肥皂、润滑油等用。

[树木生态文化]

因树皮剥落后非常光滑红润，故又称“没脸没皮树”。2007年3月23日，湖北《恩施日报》报道，生长于巴东县茶店子镇长腰岭村一株千年紫茎，高16m，胸围4.3m，是目前我国顶级的紫茎古树。

[保护建议]

紫茎分布星散，大面积野生群落少。对保护区内的群落应该加强监测和管护。对其他地区零星分布的植株，建议林业科研机构和植物园与当地有关部门联合采取措施，保护野生种源，积极开展人工繁殖栽培，扩大种群。

[繁殖方法]

紫茎的繁殖一般采用种子繁殖和组织培养繁殖。

本节作者：段聪毅（江西省林业科技实验中心）

（三十七）安息香科 Styracaceae

135 银钟花 **Halesia macgregorii** Chun

俗名：银钟树、山杨桃、假杨桃。安息香科银钟花属植物。世界自然保护联盟濒危物种红色名录：易危（VU）。江西III级珍贵稀有濒危树种；江西II级重点保护野生植物。1925年命名。

［形态特征］

落叶乔木，高7~20m。树皮光滑。小枝有棱。叶互生，薄纸质，长圆形或椭圆披针形，长7~11.5cm，宽2.5~4cm，先端渐尖或尾尖，叶缘具细齿，侧脉12~24对，纤细，网脉细密，两面隆起，叶脉常呈紫红色；叶柄长5~10cm。花2~7簇，生成总状花序，白色，下垂，清香，先叶开放或与叶同时开放；花梗细而下弯。核果奇特，椭圆形，具4宽翅，熟后褐红色，顶端宿有花柱尖头状。花期4月，果期9~10月。

主要识别特征：花梗与花萼间具关节，萼筒具4棱3齿；花冠肉白色，钟形，4深裂至基部，花柱钻形，较雄蕊长；种子有休眠期，隔年发芽。

［资源分布］

在中国东部，间断分布于浙江、湖南、福建、广东、贵州及广西（北部）。江西东北部三清山、武夷山、铜鼓山有分布。德兴大茅山中的平顶山西北坡海拔650m处2000m^{2}内有银钟花40株，最大一株树高15m，胸径27cm。

[生物生态特性]

生于海拔700~1200m山谷疏林中。银钟花喜温和湿润气候，多分布于中亚热带中山地带，夏无酷热，冬无严寒之地。土壤为黄棕壤、黄壤至赤红壤，酸性pH 4.5~5.5，有机质丰富。属中性偏喜光树种。幼树能在荫蔽下生长，成年树喜光，花先叶开放或与叶同时开放。速生，根系发达，具抗风、耐旱等特性。在瘠薄陡坡处，常从根基部抽生多枝，呈灌木状。3月底至4月初开花展叶。

[景观价值与开发利用]

银钟花树干通直，花洁白而芳香，果形钟状，树叶入秋呈红色，是优良的绿化观赏树种。可作风景树，植于森林公园、庭园中，与其他植物配置，可起到丰富庭园色彩的作用。其木材淡黄褐色或浅褐色，心材淡红色，纹理致密，有工艺价值。

[保护建议]

该树种寿命长，但因其种子发芽率低，天然更新差。尤其在20世纪70年代以后，由于过度砍伐林木，修筑林区公路，分布区生境日渐恶化，种壳坚硬厚实等原因，导致种子发芽率低，天然更新能力差，野生植株越来越少，大树更为罕见。故应开展人工辅助栽培，促其更新。在武夷山、井冈山保护区，应列为保护对象，加强管护，开展人工繁育，增加群落数量。

[繁殖方法]

银钟花的繁殖方法有扦插、水插和种子繁殖。

本节作者：陈东安（江西省林业科技实验中心）

（三十八）杜鹃花科Ericaceae

136 江西杜鹃 Rhododendron kiangsiense Fang

杜鹃花科杜鹃花属植物。国家二级重点野生保护植物。江西II级珍贵稀有濒危树种；江西III级重点保护野生植物。1958年命名。

[形态特征]

常绿灌木，高1m。幼枝绿色，被鳞片。叶革质，长4~5cm，宽2~2.5cm，长圆状椭圆形，顶端钝尖具小短尖头，边缘略反卷，下面灰色，被鳞片；叶柄长3~5mm，被鳞片。花常2朵生于枝顶端，密被鳞片；花白色，边缘波状，有浓香味；花萼5裂，卵形，外面被鳞片；蒴果锥形。花期4月，果期8~9月。

主要识别特征：枝、叶柄、叶上下两面、花梗、花萼、花柱、子房均被鳞片；一枝顶端花仅2朵，且白色。相近种百合花杜鹃（*R. liliiflorum*），花3朵以上。

[资源分布]

分布于福建、湖南等省份。江西井冈山、上犹五指峰、武夷山及萍乡武功山紫极宫等地有分布。

[生物生态特性]

一般生于海拔600~1500m的山地、山坡、岩石旁。江西杜鹃不宜在阳光下暴晒。以夏季凉爽湿润环境为宜。在酸性土壤和黏性排水不良土壤及碱性土壤上生长极差，甚至死亡。

[景观价值与开发利用]

江西杜鹃，花大洁白，素雅质朴，馨香馥郁，清艳宜人。花常2朵并生枝顶，犹如一对孪生姊妹，可植于山崖之麓、怪石之旁，亦可盆栽观赏，是名贵的观赏植物。

[树木生态文化]

杜鹃花科在中国有22个属1065种（含种以下等级），世界上有127属5586种（含种以下等级）。其中，中国杜鹃属中有960种杜鹃花。

在我国有关杜鹃花的记载，最早见于汉代《神农本草经》，书中将“羊踯躅”列为有毒植物。其栽培历史至少已有一千多年，到唐代，出现了观赏的杜鹃花。此时，因要观赏已移栽至庭园，唐代白居易（772—846年）第一次移植未成活，写下了“争奈结根深石底，无因移得到人家”；在他48岁那年，于820年终于移植成活，写下了“忠州洲里今日花，庐山山头去年树，已怜根损斩新栽，还喜花开依旧数”。据记载，唐贞观元年（627年）已有人收集杜鹃栽培品种，有名的是江苏镇江鹤林寺所栽培的杜鹃花。南宋诗人王十朋曾移植杜鹃花于庭院并赋诗：“造物私我小园林，此花大胜金腰带。”南

宋《咸淳临安志》中有：“杜鹃，钱塘门处菩提寺有此花，甚盛。”明代，对杜鹃花又有了进一步的深入了解，如志凉《水昌二芳记》。1563年《大理府志》、1587年李时珍《本草纲目》和《徐霞客游记》等刻本中都有不同程度关于杜鹃花的品种、习性、分布、应用、育种、盆栽等记载。1563年《大理府志》中记载杜鹃花有47个品种，并育成五色复瓣品种。《草花谱》记有“杜鹃花出蜀中者佳，谓之川鹃，花内数十层，色红甚；出四明（浙江四明山）者，花可二三层，色淡。”清代，已有了杜鹃花的盆景造型，朱国桢《涌幢小品》总结出栽培经验。《花镜》《广群芳谱》《滇南新语》《盆玩偶录》《苏灵录》对杜鹃花都有记载。道光年间（1821—1850）《桐桥倚棹》中提到“洋茶、洋鹃、山茶、山鹃”的记载，说明此时国内已引入国外杜鹃栽培了。

正因杜鹃花在园林上的价值，早在19世纪末，西方多国就多次派人前往中国云南，采走了大量的杜鹃花标本和树苗。其中，英国的傅利斯曾先后七八次，发现并采走了309种杜鹃花新种，引入英国爱丁堡皇家植物园。1919年他发现了被誉为“杜鹃巨人”的大树杜鹃，树龄280年，树高25m，胸径87cm，砍倒并锯下一个圆盘带回英国，陈列在伦敦大英博物馆里，公开展出，一时轰动世界。大树杜鹃已经受到国家保护，它是云南的骄傲，中国的国宝。

在欧洲众多国家中，英国推动了研究杜鹃花的历史进程。因为英国的园艺师网罗了来自中国、意大利、土耳其、荷兰和比利时等众多温带国家的优良杜鹃花品种，进行杂交，培育了花容秀丽、香味奇特的杜鹃花，取了芭蕾舞女、粉色欣喜、浆果玫瑰、金色号角等英式浪漫的名字。杜鹃花已从我国古时候传说的“血色”变得斑斓绚丽了。而后各地的园艺师对杜鹃花的观赏价值开发和生地土壤气候环境研究做出了贡献。现在一年四季都能看到不同品种的杜鹃花，使其占据花艺世界里的半壁江山。

[保护建议]

江西杜鹃现已列入国家二级重点保护野生植物。对野生种群要加强保护，坚决杜绝人为破坏和采挖。加快推进江西杜鹃人工繁育研究，提高繁育效率和规模，不断培育新品种，减少对野生资源的破坏。

[繁殖方法]

江西杜鹃可用种子繁殖。

本节作者：欧阳天林（江西省林业科技实验中心）

摄影：杨成华、唐忠炳

137 毛果杜鹃 Rhododendron seniavinii Maxim.

俗名：照山白、孙礼文杜鹃、福建杜鹃。杜鹃花科杜鹃花属植物。江西Ⅲ级珍贵稀有濒危树种。1870年命名。

[形态特征]

半常绿灌木，高2m。幼枝圆柱形，被灰棕色平伏糙毛，老枝近无毛。叶革质，聚生枝端，二型；叶卵形至矩圆状披针形，长1~6.5cm，宽0.8~2.5cm，顶端渐尖，有尖头，下面密生红棕色糙毛；夏叶较小，卵形，顶端急尖或钝；叶柄长4~8mm，密被平伏糙毛。伞形花序，花4~10朵，顶生；花冠漏斗形，外面有稀刚毛；花梗长3~5mm，密被红褐色平伏糙毛。蒴果密被毛，长卵形。花期5月，果期8~11月。

主要识别特征：半常绿灌木，嫩枝叶背、叶柄、蒴果被灰棕色糙毛，伞形花序，顶生，白色，具紫色斑点；蒴果，长卵形。本种与亮毛杜鹃（*R.microphyton*）相似，但后者叶较小，被亮红褐色扁平伏糙毛；花冠、花柱均无毛。

[资源分布]

福建、贵州、湖南、云南有分布。江西东北部武夷山雷公岭和资溪马头山有分布。

[生物生态特性]

生于海拔300~1400m的疏林内和灌丛中。喜凉润气候，相对光强度达到60%左右时，其生长、发育、开花状态达到最佳。作阳台盆栽时要注意夏冬季节交替摆放地点。宜酸性土壤，属半阴偏喜光植物。

[景观价值与开发利用]

毛果杜鹃枝繁叶茂，绮丽多姿，萌发力强，耐修剪，是优良的盆景材料。园林中最宜在林缘、溪边、池畔及岩石旁成丛成片栽植，也可在疏林下散植，是花篱的良好材料，可经修剪培育成各种形态。

毛果杜鹃性辛、凉，通肺经，具化痰止咳之功效，主治肺虚之咳，痰少咽燥，外感风热咳嗽等疾状。

[树木生态文化]

杜鹃花属*Rhododendron*是林奈（1753年）用希腊文*Rhodo*（意为蔷薇色）和*dendron*（意为树木）两词合成，中译为红色的树木，即通称杜鹃花属。

杜鹃花是我国传统名花之一，历来为人们所喜爱。杜鹃的红色有时被比喻为革命先烈用鲜血染红的，也可在许多公共场合重大节日的时候用杜鹃花来进行装饰，以此来赞颂伟大祖国母亲的繁荣昌盛。

杜鹃花有一个非常浪漫的花语，那就是永远属于你，所以用它来赠送爱人，既能表达你对她的那份真挚的爱情，也不会过于俗套。

用杜鹃花赠给海外同胞，可表达对他们的关怀和思念。将此花赠友人，可表达对他的关心和祝福。将此花赠给将要远游的人，可传递对故乡的思念。

[保护建议]

对野生种群和古树应加强保护，做好种质资源的保护和收集工作，对景观应用的毛果杜鹃要加强日常管护，注意水肥管理和病虫害防治。

[繁殖方法]

毛果杜鹃一般用嫁接繁殖和嫩枝扦插繁殖。

本节作者：赖建斌（江西省林业科技实验中心）

摄影：陈炳华、吴棣飞、武晶

（三十九）茜草科 Rubiaceae

138 香果树 **Emmenopterys henryi** Oliv.

俗名：茄子树、水冬瓜、大叶水桐子、丁木。茜草科香果树属植物。国家二级珍稀濒危保护植物，国家二级重点保护野生植物。江西Ⅰ级珍贵稀有濒危保护植物。江西主要栽培珍贵树种。中国特有种。1889年命名。

[形态特征]

落叶大乔木，高达30m，胸径达1m。树皮灰褐色，鳞片状，小枝粗糙，有皮孔。叶对生，纸质，宽卵形，长6~30cm，宽3.5~13.5cm，顶端急尖或渐尖，全缘，下面被疏毛，沿脉毛较密；侧脉5~9对，在下面凸起；叶柄长2~8cm。聚伞花序排成顶生圆锥花序状，花大，白色，芳香，5枚；花萼近陀螺状，裂片近圆形，有的花其中一裂片扩大成叶片状（花叶），具长柄，宿存于果上。蒴果长椭圆状卵形或近纺锤形，无毛或有短柔毛，有直线纵棱，熟时红色，室间开裂为2果瓣。种子小，有阔翅，借风力传播。花期6~8月，果期9~11月。

主要识别特征：树皮灰褐色，鳞片状；叶片全缘，侧脉5~9对，在下面凸起；花白色，芳香，花萼中有1片变态成白色叶片状。蒴果长椭圆状卵形或近纺锤形，长3~5cm，径1~1.5cm。

[资源分布]

分布于长江流域和西南及西北陕西、甘肃一带。江西井冈山、武夷山、武功山、九连山、马头山、黄龙山、九岭山等山地有分布。景德镇市、乐平市力居山有小片状分布，生长在海拔500m左右的山溪边的天然林中。

[生物生态特性]

生于海拔430~1630m的山谷以壳斗科为主的常绿混交林中。喜温凉爽气候和肥沃湿润山地黄壤或沙质黄棕壤。稍耐阴，10龄以内幼树耐阴，10龄以上多不耐阴，30龄以上才开花结果。种子有翅，靠风力传播。

[景观价值与开发利用]

可与壳斗科等常绿树种混植营造风景林，可植于中山或低山丘陵地区，也可引种栽培为园林观赏树种或庭荫树。其树姿雄伟，春夏翠绿浓密，秋季满树红叶；花期为盛夏酷暑少花时节，白色花冠，还有一片白色似叶片的假花萼，花量大，满树皆是，芳香四溢，远看如朵朵祥云，煞是好看；果形也奇特，成熟后为红色，一个一个似纺锤，倒挂枝头，是理想的景观树种。

香果树是优良的速生用材树种，其木材纹理通直，结构细致，是建筑、家具等优良用材。树皮、根性辛味苦，微温，具湿中和胃，降逆止呕之功效。枝皮纤维细柔，是制作蜡纸及人工棉的好原料。

[树木生态文化]

香果树特产于中国，起源于距今约1亿年的中生代白垩纪。最初发现于湖北宜昌地区海拔670~1340m的森林中。

湖北神农架自然保护区内海拔850m的板仓电站后山，生长着当今世界上最大的一株香果树，树龄600余年，比1987年12月日本出版的《世界奇闻、趣闻、珍闻》中称的“世界之最”的刚果人民共和国古老植物园的香果树还大，神农架的香果树树高36m，胸围6.2m，直径2m，要四人合抱，冠幅2000m^2；迄今仍年年开花，树干上还寄生着许多槲寄生植物和青苔，显示出大树的古老。

安徽黄山市清凉峰自然保护区朱家舍附近有一株高25m，胸径2.3m，树龄300年的香果树。

6~8月为香果树繁华盛开季节，聚伞花序排成顶生，大型圆锥花序状。花大，白色，花冠漏斗状，甚有观赏价值。每朵小花均生有一片大而长的白色叶片状假花萼，直到果熟，此花萼变红仍宿存不落。微风吹过，假花萼如同蝴蝶随风上下舞动，极为显目美丽。英国植物学家威尔逊（E. H. Wilson）在他的《华西植物志》中把香果树誉为“中国森林中最美丽动人的树”。

[保护建议]

香果树是我国起源古老的孑遗树种，单种属植物。一是对自然群落分布之地，要建立自然保护区进行保护；二是要加强对本地原居民的宣传教育，禁止采伐，保护环境；三是开展组织培养试验，加快繁殖速度，培育扩展造林所需苗木数量和质量；四是对个别古树因地制宜制定专门的保护措施。

[繁殖方法]

香果树采用种子繁殖和扦插繁殖。

本节作者：汤玉莲（江西省林业科技实验中心）

（四十）桃金娘科 Myrtaceae

139 赤楠 **Syzygium buxifolium** Hook. et Arn.

俗名：鱼鳞木、牛金子、黄杨叶蒲桃。桃金娘科蒲桃属植物。江西Ⅲ级重点保护野生植物。1833年命名。

[形态特征]

常绿灌木或小乔木，高0.5~5m。树皮褐灰色，夹有灰白色斑块。分枝多，小枝4棱。叶革质，光泽，嫩叶红色，对生，宽椭圆形，无毛，长1.5~3cm，宽1.5~2cm，先端圆或钝，基部成宽楔形，叶下面有腺点，侧脉多而密；叶柄长2mm。聚伞花序顶生，有花数朵，花白色。浆果卵球形，熟时紫黑色，顶端有圆形口状。花期5~6月，果期9~10月。

主要识别特征：小枝4棱，叶革质，椭圆形，嫩叶红色，对生叶长1.5~3cm，宽1~2cm，侧脉斜向上至边缘合成边脉；花白色；浆果紫黑色。

与本种相近似的三叶赤楠，叶密3片轮生；嫩枝红褐色，红芽。江西铜鼓2001年发现该种，引种繁殖，市场认可，系赤楠名贵稀有品种。

[资源分布]

分布于安徽、浙江、台湾、福建、湖南、贵州、广东、广西等省份。赣东北的婺源、宜丰、三清山等地有分布。生于低山疏林或灌丛中。

[生物生态特性]

适宜海拔170~1000m温暖湿润气候。喜光，但也耐阴，耐湿，耐高温，但不耐严寒。喜酸性，深厚且富含有机质的土壤，忌施浓肥，生长速度较慢。

[景观价值与开发利用]

赤楠树姿秀雅，枝干苍劲，四季常青，叶片革质，富有光泽，春季萌发的嫩叶微红色，夏季满枝有花，如繁星点点；秋季果实累累，秋末冬初转为紫红色，有较高的观赏价值。可配植于庭园、假山、草坪和林缘以供观赏，亦可修剪造型为球形灌木，或作观叶绿篱片植，也常作盆景树种。

[保护建议]

赤楠分布广泛，应加强野生种群和古树名木的保护，减少人为干扰，保护其生长环境。

[繁殖方法]

赤楠的繁殖方法为种子繁殖。

本节作者：张祥海（江西省林业科技实验中心）

（四十一）省沽油科 Staphyleaceae

140 野鸦椿 *Euscaphis japonica*（Thunb.）Dippel

俗名：红椋、芽子木要、山海椒、小山辣子、鸡眼睛、鸡肾蚵、酒药花、福建野鸦椿。省沽油科野鸦椿属植物。长江流域各地景观绿化、美化植物。1784年命名。

［形态特征］

落叶小乔木或灌木，高2~8m。树皮灰褐色，具纵条纹。小枝及芽红紫色，皮孔灰白色。叶对生，奇数羽状复叶，小叶5~9对，长卵形或卵状披针形，厚纸质，长4~6cm，宽2.5~4cm，先端渐尖，基部圆，边缘有疏短锯齿，齿尖有腺体，幼叶下面有白色小柔毛，老叶无毛，主脉在上面明显，在下面突起；小托叶线状锥形。圆锥花序顶生，花黄白色。蓇葖果卵状椭圆形，紫红色。种子球形，黑色。花期5~6月，果期8~9月。

主要识别特征：小枝及芽红紫色，皮孔灰白色，奇数羽状复叶，小叶片5~9，卵状披针形，边缘有短锯齿，齿尖有腺体；花繁多，密集，浅黄色；蓇葖果紫红色，开裂可见黑色种子。

[资源分布]

分布于淮河以南，长江流域各地，东至台湾，南至广东和广西的北部，西南至四川、贵州、云南（东北部）。江西全省各地均有分布。

[生物生态特性]

生于海拔1300m以下低丘陵地带林缘、路边灌丛中，而在云南高原生于海拔2300m以下。喜光，耐干旱瘠薄土壤，生长较快。枝叶揉碎有恶臭味。

[景观价值与开发利用]

野鸦椿树形优美，冠形舒展、叶色浓绿，花黄白色，花量繁多，如满树银花；秋季果实红艳，挂果期长，可达半年，果实成熟后果荚开裂，黑色的种子粘挂在果皮上，犹如点缀着颗颗黑珍珠，极具观赏性。可栽培观赏，列植、丛植、片植都可起到景观效果，为通道良好的景观植物。种子含油量25%~30%，可供榨油制肥皂。

[树木生态文化]

崇义县分布一种圆齿野鸦椿（*Euscaphis konishii Hayata*），是我国特有常绿树种，树高1~5m，树皮暗灰色，具纵裂纹，奇数羽状复叶，对生，小叶片5~11片，纸质，椭圆形，叶缘具圆钝锯齿，叶下面黄绿色。花黄白色。蓇葖果红色。花期5~6月，果期9~12月。因其果熟时，果裂开似花瓣，远看似花椒，近看像鸡眼睛，可看见里面近圆形、黑色油亮的种子，可作为通道绿化、美化、彩化树种。列植、丛植、片植，都可起到景观效果。

[保护建议]

野鸦椿用作景观绿化、美化、彩化树种，还是20世纪初才开始被人们认可，所以，各交通便利之地的野生野鸦椿常被苗贩子盗挖，故应加大宣传保护力度，保护野生物种资源。作为景观造林需求的野鸦椿，应通过采集种子繁殖苗木，不要挖野生苗。

[繁殖方法]

野鸦椿一般用种子繁殖。

本节作者：曾昱锦（江西省林业科技实验中心）

141 省沽油 Staphylea bumalda DC.

别名：珍珠花、水条、双蝴蝶。省沽油科省沽油属植物。江西Ⅲ级珍贵稀有濒危树种；江西Ⅲ级重点保护野生植物。1825年命名。

[形态特征]

落叶灌木，高2~4m。树皮紫红色，有纵棱。三出复叶，对生，长叶柄，2.5~3cm。小叶片椭圆形或卵状披针形，长3.5~8cm，宽2~5cm，先端钝尖或尾尖，边缘细锯齿，有尖头，下面青白色，主脉及侧脉有短毛。圆锥花序顶生，萼片浅黄色，花瓣白色，5片，较萼片稍大。种子2粒，先端2裂，扁椭圆形，黄色，有光泽，先端一侧有孔。花期4月下旬至5月，果期8~9月。

[资源分布]

分布于东北、华北、华东及四川等省份。江西北部庐山、幕阜山、九岭山和武夷山山地有分布。

[生物生态特性]

生于海拔1000~1300m的沟谷溪边落叶阔叶林下或灌木丛中。喜湿润气候且耐寒，属中性偏阴树种。

[景观价值与开发利用]

叶、花、果均具观赏价值，宜在路旁、林缘、池边角隅种植。

省沽油是中国稀有的可食用灌木，自身含有多种维生素和人体所需要的矿物质营养元素。果实入药可治干咳；根可治妇科病。种子含油量17.52%，可供制皂、油漆。茎皮可作纤维原料。

[树木生态文化]

在《救荒本草》中记载，因省沽油的白色小花似珍珠，故名珍珠花。有的地方也称其为雨花菜，经过加工可以做菜，在安徽等地较为流行。

[保护建议]

该种植物喜生于中低山地，中性偏阴的湿润之地。所以保护其适生环境是首要条件。虽富有极大的经济价值，但不能“杀鸡取卵”，提倡适量采摘叶片和花供大众享用。

[繁殖方法]

省沽油一般采用种子繁殖。

本节作者：赖建斌（江西省林业科技实验中心）

摄影：朱仁斌、吴棣飞、朱鑫鑫

（四十二）瘿椒树科 Tapisciaceae

142 瘿椒树 *Tapiscia sinensis* Oliv.

俗名：丹树、瘿漆树、银雀树、皮巴风、泡花、大果瘿椒树。瘿椒树科瘿椒树属植物。江西Ⅲ级珍贵稀有濒危树种；江西Ⅲ级重点保护野生植物。1963年命名。

[形态特征]

落叶乔木，高8~15m，胸径1.3m。幼树皮灰白色至灰色，老树皮深灰色，浅纵裂。奇数羽状复叶，叶轴常带红色，1~2年生苗有二回奇数羽状复叶；小叶长卵状披针形，长6~14cm，宽3~6cm，先端渐尖，基部圆心形，边缘有锯齿，下面密被乳头状白粉点。圆锥花序腋生，雄花与两性花异株。核果椭圆形或近球形，果序长10cm，由红色熟至黑色，稍有白粉。花期6~7月，果期9~10月。

主要识别特征：奇数羽状复叶，互生；花萼多少连成管状；花盘小或缺；子房每室仅有1~2粒胚珠。

[资源分布]

原产于鄂西神农架自然保护区。星散分布于我国长江以南和西南各省份。宜丰官山大西坑香菇棚海拔518m处有15株瘿椒树，其中，最大一株高28m，胸径达85cm，树龄约400年。

[生物生态特性]

生于海拔350~1000m的沟谷阔叶树混交林中。喜光，喜温暖湿润气候，为湿性树种，生长较快。幼树阶段较耐阴，不耐高温与干旱。20龄前生长较快，年平均树高增长60cm，直径增长0.8cm，冬芽3月萌发，4月上旬展叶，10月下旬叶变黄，至下旬始落叶，至11月中旬全部脱落。

[景观价值与开发利用]

该树树姿美观，花白色，花序大且香，大型奇数羽状复叶，秋叶色黄，极为美观，可作观赏园林植物。速生，干通直，可作山区造林树种。

木材为散孔材，白色，纹理直，轻软，刨面光滑，不翘不裂，易加工，供作器具、火柴杆、牙签、胶合板、造纸等用材。全属3种全在中国产区，母树稀少，果实常被虫瘿侵袭，故名瘿椒树。

[树木生态文化]

瘿椒树有性生殖周期超长，天然更新困难。瘿椒树在群落中常以大量的壮树、老树的形态出现，体现出了该树群落发展演替时间的久远性。

秋天的瘿椒树会呈现出色彩基因的极度饱和，时间把那些树的枝叶根系积攒下来的能量定格到了植物的筋骨上，所以说瘿椒树即将告别晚秋的色彩是固执的、富有力度的，浓缩了雾雨风雪的精华，呈现出黄色的花和秋末冬初飘零的黄色、红色叶片。

[保护建议]

瘿椒树为中国特有树种，由于雄株和两性异株的授粉率低，加之果实结实相隔期间长，天然更新能力弱，以及自然林木累遭砍伐，导致植株日益减少，故应在当地建立保护区加强保护，定期开展监测，观察是否异常，做好记录，满足其正常生长所需的水、热、肥、气。控制人为过度干扰，以免伤害而绝种。积极开展人工繁殖，引种栽培。

[繁殖方法]

瘿椒树以种子繁殖为主。

本节作者：钟志鸿（江西省林业科技实验中心）

（四十三）木犀科Oleaceae

143 木犀 **Osmanthus fragrans**（Thunb.）Lour.

俗名：丹桂、刺桂、桂花、四季桂、银桂、桂、彩桂。木犀科木犀属植物。江西省II级重点保护野生植物。中国特有种。1790年命名。

[形态特征]

常绿灌木或小乔木，最高可达18m。叶革质，椭圆形至椭圆状披针形，长4~12cm，宽2~4cm，顶端渐尖或突尖，全缘或上部疏生细锯齿，有腺点在两面连成小水泡状突起，侧脉6~9对；叶柄长0.8~1.5cm。花序2~3枚簇生于叶腋，每枝有5~9朵小花，极香；花冠白色，黄白、淡黄、橙黄、橘红色为其栽培种。核果歪斜椭圆形，熟时紫黑色。花期9~10月，果期翌年3月。

主要识别特征：叶脉非网状，上面侧脉凹下；花冠裂片比冠筒长2倍以上。

[资源分布]

原产于我国西南地区海拔400~1200m的山坡下或溪沟边。有2500年的栽培历史，黄河以南各地广为栽培，广西桂林盛产。江苏苏州、安徽六安、湖北咸宁、武汉、四川成都、湖南桃源、浙江杭州等是全国有名的桂花商品生产基地。品种有长势较强，叶表光滑、叶缘疏稀锯齿或全缘，花朵稀疏、淡香、橙黄色的‘金桂’；有长势中等，叶表光滑，叶缘具锯齿，花淡黄白色且花朵茂密，香味甜郁的‘银桂’；有长势强，枝干粗壮，叶形较大，叶表粗糙，叶色墨绿，雌雄异株，花橘红色的‘丹桂’。以上这3种花极香，秋高气爽的日子，香气可传数里。由于园林植物的开发，栽培品种还有‘四季桂’‘月桂’，作为绿篱用，常开淡黄色的花，微香。长江以南各山区还有一种野生桂花（*O. yunanensis*）长在山地溪沟边，高2~3m，叶片常绿亮丽，且多成斑块状分布，常可引种下山驯化栽在房屋东北边或西北边，作为挡北风的绿篱和庭院观赏用。

[生物生态特性]

木犀适宜亚热带气候地区。性喜温暖湿润环境，对土壤要求不严，除碱性土和低洼地积水及过于黏重、排水不畅的土壤外，均可生长。但以土层深厚、疏松肥沃、排水良好的微酸性沙质壤土为宜。因其生长到30年后，树势生长缓慢，但生命力极强，pH 0.55~6.5均可生长良好。重病虫害较少发生，寿命极长。

[景观价值与开发利用]

桂花为我国十大名花之一，木犀是我国特有的园林树种，其树姿典雅、树冠圆整、枝叶茂密、四季常青。每当花开时节，金粟银粟簇簇点缀在枝头、叶腋，风送清香数里，沁人心脾真是“独占三秋压众芳，何夸橘绿与橙黄”，因此备受人们青睐。在古今园林中，种植桂花非常普遍，常与建筑物、山、石相配，以丛生灌木植于亭台、楼、榭附近。在宅园、公园或园路转角处可散植或丛植。城市街道、街心花园、花坛中心植桂花，观叶、观花、闻香均很理想。也常把玉兰、海棠、牡丹、桂花四种传统名花同植庭前，以取玉堂富贵之谐音，喻吉祥之意。常有孤植、对植、丛植、条植等栽植方式。

木犀对二氧化硫、氟化氢等有害气体有一定的抗性，还有很强的吸滞粉尘能力，也是工矿区绿化的好花木。栽植庭院常用对植，古称“双桂当庭”或“双桂留芳”。

木犀木材材质致密，纹理美观，是良好的雕刻用材。2000多年前，木犀主要用途有二：一是作为花木用来观赏，二是用其花酿制桂花酒。花可熏茶、食用及提取芳香油。上饶市弋阳民间还将其花的浸提液制桂花糖、桂花年糕、桂花茶，深得民众喜爱，市场经久不衰。木犀以花、果、根入药，花辛、温；果辛、甘、温；根甘、微涩，平。可用于散寒破结、化痰止咳、暖胃平肝等用。种子出油率20%，可食用，亦可作润滑油。

[树木生态文化]

在福建省蒲城县临江镇水东村林场柳尖村，有一株樨树，地围约5m，树高27m，平均冠幅37.5m^2，树龄约1100年，年均产花量约240kg。此树由基部分出九枝，有“九龙桂”之誉。

木犀俗称桂，“桂”同音字是“贵”，有富贵之意，据说还有助于聚集室内阳气。古代的桂树还象征着胜利、高贵、友善和吉祥。在古代，那些取得功名的人被称为蟾富折桂。

屈原《楚辞·九歌·东君》中“操余弧兮反沦降，援北斗兮酌桂浆”记载了2000多年前的桂花酒。

相传，嫦娥久居清冷的月宫，思慕繁华的人间。于是，在一个桂花盛开的夜晚，她与七仙女各折桂枝飞到人间，刚好看到蒲城这片大地，山清水秀人和，阡陌相连成片，祥云瑞气环绕，于是喜盈飘然地落地，顺手将桂枝插到地上，四处游玩。夜深，众仙欲拔枝而归，却发现桂枝已生根。仙女归月去，月桂落人间开花结果。为何又称

“九龙桂”呢？据说，嫦娥当时降临蒲城时，手持两支月桂，加上七仙女人手一枝，便成了九龙桂——蒲城‘丹桂’的始祖。

福建省武夷山曲溪大王峰下的武夷宫中有两株木犀树，约植于唐天宝年间建宫之时，树龄为1200年左右。武夷宫是历代帝王祭祀山神武夷君的地方，设有专门官员管理，朱熹、陆游、辛弃疾都曾担任过武夷宫的提举官。现武夷宫为武夷山的管理中心。

湖北省咸安区桂花镇素称“桂花之乡”，2000年国家林业局、中国花卉协会正式命名为“中华桂苑”。有‘金桂’‘银桂’‘丹桂’‘铁桂’‘四季桂’‘月桂’等9个品种。桂花镇有三四百年的种桂历史，桂花制品畅销国内外，誉满全球。集中产地在桂花乡，那里的山梁、田边地角，到处是木犀，满目葱翠，四季常青。每到金秋，树树黄花，无处不香，迄今约有木犀150万株（百年以上古桂有3000多株），每年产花30万斤以上。

木犀花采收更是一绝，别的地方是在地上铺布单，然后用木棍敲打枝叶，这会损伤枝叶，而且费时费力。而咸安花农是在桂花成熟时，先一天黄昏时用湿稻草将桂花树齐腰以下密密地捆绑一层，第二天早晨桂花便自动下落于布单之上，纷纷扬扬，落尽为止。

2019年，江西省的桂花王位于鄱阳县莲花山乡潘村，高18m，胸围4m，树龄约660年。

[保护建议]

木犀现已广泛栽植，人工繁育品种众多，但对野生种群和古树应加强保护，做好种质资源的保护和收集工作。对人工栽植的，加强日常管护，注重水肥管理和病虫害防治。

[繁殖方法]

桂花的繁殖有播种、扦插、嫁接和压条等方法，生产上以扦插繁殖为最多。

本节作者：欧阳天林（江西省林业科技实验中心）

摄影：安娉

（四十四）唇形科 Lamiaceae

144 山牡荆 Vitex quinata（Lour.）Will.

俗名：薄姜木、乌甜、莺歌。唇形科牡荆属植物。1905年命名。

［形态特征］

常绿乔木，高4~12m。树皮灰褐色至深褐色，嫩枝四棱形，有柔毛和腺点。掌状复叶，对生，小叶通常5片，少有3片；小叶片倒卵状披针形或椭圆状披针形，先端短尾尖或渐尖，常全缘，两面绿色仅中脉被微柔毛，上面有灰白色小窝点，下面有金黄色腺点；中间小叶长5~9cm，宽2~4cm，两侧叶较小。聚伞圆锥花序，对生于花轴上组成圆锥状，顶生于枝上端，密被棕黄色细毛；花冠淡黄色。核果球形，熟时黑色。花期6~7月，果期8~9月。

主要识别特征：树皮灰褐色至深褐色；嫩枝四棱形，密被柔毛和腺点，掌状复叶，有3~5片小叶，先端渐尖，基部楔形，全缘，下面有被黄腺点。花冠淡黄色。

［资源分布］

分布于长江以南各省份，江西东北部武夷山有大树残留。赣县发现2株珍稀巨型山牡荆，树高25m，胸径1.2m，树龄约500年。江西莲花县高天岩村落分布有山牡荆古树。

［生物生态特性］

多生于海拔180~1200m的山坡林中、溪边、沟谷。

[景观价值与开发利用]

山牡荆苍劲古朴，花序大，花色美，可在庭院中作夏季时令花配置，也是较好的蜜源植物。

其木材适合作樑、桶、门、窗、文具、胶合板等用材。山牡荆是药材树种，民间用山牡荆子煮水当茶饮，治感冒头痛、脑热等症状；捣烂外敷，治毒蛇咬伤。现代分析研究表明，山牡荆子富含黄酮类天然化合物，对油脂有抗氧化作用，常饮山牡荆子茶能起到调节和平衡人体机能的保健功效。山牡荆子提取液可降血脂、降血压，治疗脂肪肝，有保肝利胆的作用。

[树木生态文化]

在遂川县肖家原本有3株山牡荆，当年红军在此整训，由于缺医少药，当战士遇到风寒感冒、腹痛腹泻或在训练中意外受伤流血时，都会采一些枝叶，或服或敷，一般可以痊愈。在部队即将开拔与红军主力会师前，肖氏族人为支持革命事业，砍倒其中一棵山牡荆，将树皮与稻米同煮，制成不易腐败的军粮赠予红军部队，并将山牡荆劈成小片，分别送给红军战士，以备行军中煮水煮饭之需。现存2株山牡荆，平均树高30m，胸围2.5m以上。

[保护建议]

山牡荆大树和古树数量较少，对野生种群和古树应加强保护，做好种质资源的保护和收集工作，加快推进人工繁育技术研发，减少对野生资源的破坏。

[繁殖方法]

山牡荆一般采用种子繁殖。

本节作者：周思来（江西省林业科技实验中心）

（四十五）冬青科 Aquifoliaceae

145 冬青 Ilex chinensis sims

冬青科冬青属植物。中国主要栽培珍贵树种；江西主要栽培珍贵树种。1819年命名。

[形态特征]

常绿乔木。树皮灰白色，不裂。小枝浅绿色，各部无毛。叶革质，互生，椭圆形或长椭圆状圆形，长5~12cm，宽2~4cm，先端渐尖，基部楔形，叶缘圆锯齿，中脉上面扁平，下面凸起，上面光泽；叶柄长0.5~1.5cm。复聚伞花序单生叶腋，雌雄异株，排列成聚伞花序，着生枝端叶腋；花淡紫色或紫红色，有清香气。核果椭圆形，深红色，经久不落，干后变栗褐色。花期5月，果期11~12月。

主要识别特征：果椭圆形长1cm，径6~8mm，紫红色至栗褐色；叶柄长0.5~1.5cm。

[资源分布]

广布于长江以南、华南、西南各省份。江西婺源、铅山（武夷山）等全省各地有分布。江西永新县江口文家坊有2株古冬青，约700年，高32m，胸径1.2m。

[生物生态特性]

生于海拔800m以下常绿阔叶林中或林缘。喜温湿环境，有一定耐寒力。喜生于肥沃湿润、排水良好的酸性壤土，较耐阴、萌芽力强，耐修剪。

[景观价值与开发利用]

冬青枝繁叶茂、四季常青，红果经冬不落，赏心悦目，寓意喜庆吉祥。对二氧化硫等有毒气体抗性强，历来就是我国园林绿化树种，耐修剪，也可矮化成盆栽观赏植物。

冬青树心材黄白色带灰色，边材暗灰红色，纹理直，结构细，材质坚韧，易加工，切面光滑，油漆胶黏性能良好，供各种器具用。冬青的根、皮、叶，性寒，味苦涩，供药用，有清热解毒、活血凉血之功效。种子为强壮剂，冬至日采冬青果浸酒，去风虚、治痔疮。

[树木生态文化]

冬青顾名思义是冬天也有绿叶的植物。冬青科冬青属植物有100多种。在西方人眼中，冬青是一种神圣的植物，在圣诞节，叶片带刺的欧洲冬青是必不可少的植物。在中国，冬青一般栽在屋宅门的两边，为看门树，但不要将两棵冬青树夹住房宅，且选中小型的冬青树，不要选大型的冬青树，以防阻挡大门通道通风，避免空气流动受阻。因其四季常青，生命力旺盛，可以强壮人的筋骨，利于主人的身体健康。

冬天，冬青果实是食果鸟类的食物来源之一，特别是雪天，一片白色的世界中，只有冬青的浆果还挂在树梢上，八哥、麻雀、喜鹊等食果鸟类都会来啄食，补充冬天的口粮。故冬青是森林生态系统中联系鸟类与其他木本植物的纽带，成为调节森林生物多样性的重要一环，又是鸟类的生命花语。

[保护建议]

现已广泛栽植，对野生种群和古树应加强保护，做好种质资源的保护和收集工作。

[繁殖方法]

冬青一般采用种子播种和扦插繁殖。

本节作者：徐伟红（江西省林业科技实验中心）

146 大叶冬青 **Ilex latifolia** Thunb.

俗名：苦丁茶。冬青科冬青属植物。江西II级重点保护野生植物。1784年命名。

[形态特征]

常绿大乔木，高达20m，胸径达60cm。全体无毛。小枝粗壮，黄褐色，有纵棱。叶片厚革质，长椭圆形，长8~17cm，宽4.5~7.5cm，先端渐尖，基部楔形，边缘疏锯齿，上面深绿色，光泽；叶柄粗，近圆柱形，有皱纹。雌雄异株，花多数排列成假圆锥花序，生于二年生枝的叶腋，黄绿色。果球形，红色，外果皮厚，平滑，宿存柱头盘状；分核4个，长圆状椭圆形，背部有3条纵脊，内果皮骨质。花期4~5月，果期9~11月。

主要识别特征：小枝有纵棱，叶边缘疏锯齿，齿尖黑色，叶片侧脉15~17对，两面侧脉网脉不明显；雄花序每枝具3~8朵花；果实红色。

另有一种苦丁茶（*Ilex kudingcha* C. J. Tseng.），叶革质（比大叶冬青薄），长12~35cm，宽6~11cm（比大叶冬青大、长），基部下延（大叶冬青无），网脉微隆起（大叶冬青无）。主产于广东、广西、云南、湖南、湖北等地。江西全南桃江源保护区、寻乌项山有分布。

[资源分布]

分布于华东、中南地区。江西上饶及全省山地有分布。

[生物生态特性]

生于海拔250~1500m的山坡、山谷、溪流边的常绿阔叶林中或竹林中。喜凉、温、湿环境，适生在阴坡的山坡陡坡上，常与豹皮樟、红楠、紫楠、毛竹混生，喜土层肥厚的土壤，干旱瘠薄之地难生长，属喜阴树种。

[景观价值与开发利用]

大叶冬青木材黄白色，细密，抗压，光滑，可作器具用。其叶性寒味苦、甘，用叶片做的苦丁茶，具消炎解暑、生津解渴、消食化积、清脾肺、活血脉之功效，对软化血管、降血压、降血脂、促进全身代谢功能有独特功效。

大叶冬青树形优美，枝繁叶茂，四季常青，一年中芽、叶、花、果色变相丰富，对二氧化硫等有毒气体有较强的抗性，也可用作观赏树种。

[保护建议]

加强对野生种群和古树的保护，人工栽植的要定期观察，做好记录，发现异常或病虫害，应及时上报，科学防治；在各森林公园、乡村旅游景点，要防止人为采摘树皮、树叶和果实，以免伤害树木。

[繁殖方法]

大叶冬青采用种子繁殖和扦插繁殖。

本节作者：林千里（江西省林业科技实验中心）

147 铁冬青 **Ilex rotunda** Thunb.

俗名：救必应、红果冬青。冬青科冬青属植物。江西Ⅲ级重点保护野生植物。1784年命名。

[形态特征]

常绿乔木，高20m，胸径1m。树皮淡灰色，各部无毛。小枝有棱角。叶片薄革质，宽椭圆形或长椭圆形，长4~10cm，宽2~4cm，先端短渐尖，全缘，中脉上面稍凹，下面凸起；叶柄长1~2cm。聚伞花序，雌雄异株，单生叶腋；花小，浅黄色，芳香。果球形，直径6~8mm，熟时红色，内果皮近木质。花期3~4月，果期翌年2~3月。

主要识别特征：叶上面中脉稍凹下，下面凸起；果实成熟时红色，具3线纹及2槽，近木质，花梗无毛。

还有一种毛梗铁冬青（*llex micrococca* f. *micrococca*）、微果铁冬青*llex micrococca* f. *micrococca* [var. *microcarpa*（Lindl. ex pant）S. Y. Hu.] 花梗被柔毛。果球形，稀椭圆形，径5~7mm，分核5~7个，长4mm。分布与铁冬青大致相同。

[资源分布]

分布于长江流域以南和台湾等省份。江西上饶、抚州、宜春、赣州等全省各地均有分布。

[生物生态特性]

生于海拔900m以下的山林中或溪旁。喜温湿气候和肥沃、排水良好的酸性土壤。适应性较强，耐阴、耐瘠、耐旱、耐霜冻，具有向较高纬度的亚热带北缘和暖温带南缘引种的潜力。

[景观价值与开发利用]

铁冬青四季常青，枝繁叶茂，果红若丹朱，赏心悦目，是理想的园林绿化、庭院观赏树种。园林应用习惯称之为“万子千红树”，有多子多孙、兴旺发达之意。宜植于草坪、土丘、山坡，适孤植或群植，亦可混植于其他树种，尤其是色叶树群落中。可在郊区山地、水库周围营造大面积的观叶、观果风景林。以铁冬青为上木，配常绿花木于其下，效果更好。若混交配置在秋色叶树中，则能增添独特的季相变化。人工修剪矮化，可作盆栽观赏；因其叶片革质，不易燃烧，亦可作防火隔离带树种。

铁冬青木材纹理清晰，结构紧密，黄白色，有香气，供器具用。枝叶作造纸原料。树皮可供提制染料和栲胶。

[树木生态文化]

湖南省桃江县牛田株树山，有一棵树龄300多年，树高9.5m，胸径2.55m，冠幅13.7m^{2}的铁冬青古树。树下有口井称梅兰古井，古井上方石壁上写有“辉增天禄”四字。相传，清嘉庆十五年（1810年）四月，两江总督陶澍来株树山村（原郭家塘村）刘家湾访友，被村口一古井吸引，井边有一株两人合围的树，冠如伞盖。陶澍饮井水，满口生津，水质绝佳。井建于明朝初年，是刘家湾祖上梅兰公所挖，故名“梅兰古井”，树的历史更是悠久。陶澍题词“辉增天禄”，天禄乃酒的别称，此地称井泉为美酒，辉增意即树绿意葱茏为井增辉。后嘉庆十八年春（1813年）陶澍同事陈雅琛也慕名来此，题写“梅兰揽胜”一诗。胜即此井此树之景；盛大佳妙。1958年，村里打算将古树砍去炼钢铁，就在砍树的前一晚，突然风雨交加，雷电将古树一大枝丫劈掉，村民拿去烧水，竟不燃。村民当时顿觉事有蹊跷，认为此树不能砍。其实，冬青树本身不易燃，可作防火树种，故而保留至今。每年4月，这棵树开出黄色的小花，芳香浓郁，但只开花不结果，实为铁冬青树属雌雄异株，此地仅此1株，当然仅开花不结果了。

在福州市中岗山公园栽有9株铁冬青，它们的挂果期为10月至翌年3月，期间整个树冠上都是红若丹朱的果实。

[保护建议]

现已广泛栽植，对野生种群和古树应加强保护，做好种质资源的保护和收集工作。

[繁殖方法]

铁冬青的繁殖方法主要是种子播种育苗。

本节作者：赖建斌（江西省林业科技实验中心）

（四十六）五福花科 Adoxaceae

148 粉团 Viburnum plicatum Thunb.

俗名：雪球荚迷。古时经常称为“琼花”。五福花科荚蒾属植物。中国主要栽培花卉植物。1794年命名。

［形态特征］

落叶灌木，高达3m。小枝、叶柄、叶及花序被星状毛。叶宽卵形、倒卵形，稀近圆形，长4~10cm，宽4~5cm，先端尖或渐尖，基部宽楔形，稀微心形，叶缘具锯齿，侧脉5~7对，直达齿端，其间有平行的横脉，叶柄长1~2cm。复伞形花序，直径6~10cm，第一级辐枝常7条，白色，大型不孕边花，稍芳香，萼筒长约1.5mm，5萼齿微小，花冠全白色，故名雪球荚蒾。花期4~5月，不结果。

主要识别特征：叶片侧脉间有平行的横脉；花冠全白色，花萼小瓣是5瓣，全是不孕花，不结果。

［资源分布］

贵州（中部）、湖北（西部）、安徽、江苏、浙江、山东、河北等地有栽培。

［生物生态特性］

生于海拔300~500m的杉木疏林，或郁闭度为0.3~0.4的杉阔混交林中，要求湿润、富含腐殖质、pH 0.7的中性肥沃土壤，稍耐阴。林内通风透光，在林缘或林中天窗处生长尤佳。

［景观价值与开发利用］

为艳丽花灌木。主要供观赏用，也可通过人工修剪矮化成盆花栽培。摆放于室内会场、住宅，满树银花，怡目怡神。也可丛植于假山、山坡之间，或列植成花篱、花境，更觉得花团锦簇。对二氧化硫等有毒气体的抗性较强，可用作工矿区绿化、美化、彩化花卉。总之，是庭院、堂前、亭际、墙边、林缘种植的好花卉。

［树木生态文化］

江西婺源中云镇龙山村柳溪组潘爱音家传承潘荥的一株粉团，迄今千年，此花仍生长尤盛。

宋仁宗庆历五年（1045年），琼花这种稀世的异卉，从扬州琼花观移栽到开封，后逐渐枯萎。仁宗皇帝密令大臣潘荥送回扬州，潘荥返回京城时发现船舱里还有一株琼花，顿时内心惊惧，怕犯欺君之罪，便向仁宗皇帝辞官，告老还乡。仁宗皇帝准许了，还赏赐他神竹两株，木本牡丹一株，玫瑰一株等。潘荥把琼花藏在长褂下，连夜回家乡。潘荥把神竹种在桃源

观大门两旁，白雪陈松种在观内，把牡丹、玫瑰、琼花种在上岸山，叫琼花的别名“雪球花”。后来，潘荥在上岸山创建了上岸书院。院内有亭台、楼阁、小桥流水、假山石、名贵花木等，书院如同仙境，有诗赞曰：“春赏牡丹国色，夏观玉树琼花，秋赏芙蓉出水，冬可踏雪寻梅。”院内有一口清池，名曰青草塘，诗赞曰：“春草青云三月间，塘明水清上云天，谁家女子把妆照，顺着明镜舞翩翩。”

潘潢（1521年前后在世）任兵部尚书时，农民师尚诏在安徽亳州与河南之间起事，潘潢派兵镇压不能取胜，皇帝怪罪，遂辞官归里。他就带着九个儿子隐居到桃溪山背村，他非常喜欢琼花，就将琼花从上岸书院移栽到里硖村。

琼花象征忠贞、永恒、洁白无瑕，它的美独具风格，不以花色鲜艳迷人、香醉人。每当春夏之交，自然界姹紫嫣红，而琼花却洁白如玉，风姿绰约，格外清馨。宋朝的张问在《琼花赋》中描述它是：“俪靓容于茉莉，笑玫瑰于尘凡，惟水仙可并其幽闲，而江梅似同其清淑。”北宋王禹偁所作的《后土庙琼花诗序》中有：“扬州后土庙有花一株，洁白可爱，且其树大而花繁，不知实何木也，俗谓之琼花，因赋诗以状其异。”北宋杨巽斋对琼花的赞美是“琢玉英标不染尘，光涵月影念清新。青皇宴罢呈馀技，抛向东风辗转频”。还有朱文长诗赞：“春残应恨无花采，翠碧枝头雪作球。”北宋之后，后人题咏越来越多，也越写越奇。韩琦作诗：“淮扬一枝花，四海无同类。”有诗云：“东方万木竟芳华，天下无双独此花。”欧阳修也作诗赞曰：“琼花芍药世无伦，偶不提诗便怨人。”琼花以它典雅的风姿和独特的风情，更有关于琼花的种种传奇浪漫的传说和迷人的轶闻轶事，博得了世人的厚爱和文人墨客的不绝赞赏，被称作我国的千古名花。

[保护建议]

粉团是古老的园艺品种，只开花不结实，应建立保护档案，定期开展监测，实行动态管理，改善光照条件，透水通气，早春施速效肥，6月中旬施复合肥，花谢时施有机肥。采取环形沟施法，施后盖土。防治病虫害，防止人为旅游观光触摸。

[繁殖方法]

粉团可以采用扦插、压条繁殖。

本节作者：潘爱音、俞根旺（婺源县龙山学校）

摄影：刘冰、周建军、吴棣飞、叶喜阳

参考文献

白居易. 木莲树图诗并序[N]. 忠州日报, 2021-08-10（01）.

曹季贤, 曹曙红. 古树名木趣谈[M]. 南京: 江苏科学技术出版社, 1989.

曹鹏飞. 山核桃外壳单宁提取的工艺条件研究[J]. 江西林业科技, 2011（04）: 60.

曹申全, 张茂增, 罗也, 等. 紫红秋叶色木槭优良观赏种质源调查分析[J]. 中国城市林业, 2013, 11（04）: 20-23.

曹铁如. 亮叶青冈简介[J]. 湖南林业科技, 1986（03）: 32-33.

曹晓平. 赣东北珍稀树种资源[M]. 北京: 中国林业出版社, 2018.

曹展波, 李小平, 林洪, 等. 江西九连山银钟花生长过程分析[J]. 农学学报, 2015（6）: 92-95.

曹展波, 王文辉, 曾宪荣. 紫花含笑扦插繁殖技术研究[J]. 江西林业科技, 2012（04）: 26-28.

曾庆文, 刑福武, 王发国, 等. 南岭珍稀植物[M]. 武汉: 华中科技大学出版社, 2013.

陈海生, 徐一新, 杨先启, 等. 中药黄檀木根皮化学成分研究[J]. 第二军医大学学报, 2002, 23(11):1274-1275.

陈家法, 田开惠, 余格非, 等. 秃瓣杜英开花与结实物候期的研究[J]. 湖南林业科技. 2006（01）: 33-34.

陈俊文, 宗德欢, 毛旭军, 等. 庐山“三宝树”之古柳杉衰退原因及复壮措施[J]. 江西林业科技, 2012（2）: 40.

陈谦海, 李永贵. 贵州植物志编纂委员会. 贵州植物志[M]. 贵阳: 贵州科技出版社, 1982.

陈世品. 天宝岩原生药用植物[M]. 福州: 福建科学技术出版社, 2011.

陈树青, 陈俊文, 刘建军, 等. 濒危珍稀植物珙桐在庐山开发利用价值[J]. 江西林业科技, 2012（01）: 62-64.

陈养. 钩栲人工育苗技术研究[J]. 林业科技开发, 2007, 21（3）: 89-90.

陈照勇. 乳源木莲的栽培技术探究[J]. 绿色科技, 2013（11）: 27-29.

陈植. 观赏树木学[M]. 北京: 中国林业出版社, 1966.

程千木. 彩叶树红枫价值及其繁殖栽培技术[J]. 现代园艺, 2013（14）: 33.

辞海编辑委员会. 辞海[M]. 上海: 上海辞书出版社, 1980.

邓炎熙, 邹湛基. 中国树木文化大观[M]. 南昌: 百花洲出版社, 1995.

樊二齐, 王云华, 郭叶, 等. 6种木兰科叶片精油的气质联用（GC-MS）分析[J]. 浙江农林大学学报, 2012, 29（2）: 303-312.

龚德海, 陈英, 夏敏娟, 等. 华木莲在赣北适应性初报[J]. 江西林业科技, 2011（06）: 24-25.

龚麟. 银杏常见病害[J]. 湖南农机学术报, 2010, 37（6）: 255-256.

顾雪梁. 中外花语花趣辞典[M]. 杭州: 浙江人民出版社, 2000.

管康林, 吴家森, 蔡建国. 世界上最美的100种花[M]. 北京: 中国农业出版社, 2010.

贵州森林编辑委员会. 贵州森林[M]. 北京: 中国林业出版社, 1992.

郭赋英, 刘蕾, 楼浙辉. 饭甑青冈营养杯育苗技术[J]. 南方林业科学, 2017（06）: 52-53.

郭仁. 古人爱种哪些树[J]. 老友, 2019（3）: 66.

郭尚彬, 陈钧, 王妍, 等. 金钱松内生真菌JJ18杀螺作用实验研究[J]. 中国中药杂志, 2008（4）: 389-392.

郭香凤. 豫西伏牛山区槲树资源的综合利用. [J]. 中国林副特产, 2001（03）: 50.

国家林业局森林病虫害防治总站. 中华人文古树[M]. 北京: 中国林业出版社, 2016: 11.

国家林业局油茶产业发展办公室, 国家林业局科技司, 国家油茶科学中心. 茶油营养与健康[M]. 杭州: 浙江科技出版社, 2010.

国家药典委员会. 中国药典[M]. 北京: 中国医药科技出版社, 1975.

国家药典委员会. 中华人民共和国药典[M]. 北京: 中国医药科技出版社, 2010.

国家中医药管理局,《中华本草》编委会. 中华本草[M]. 上海: 上海科学技术出版社, 1999.

国家林业局, 农业部，国家重点保护野生植物名录（第一批）[J]. 中华人民共和国国务院公报, 2000（13）: 39-47.

何慎, 雷正菊, 曹学良, 等. 麻栎播种育苗及造林技术[J]. 林业实用技术, 2013（09）: 71-72.

候伯鑫. 湖南永顺县落叶木莲资源考察研究[J]. 中国野生植物资源, 2007（2）: 25-27.

胡冬初, 邓树波, 刘小艳, 等. 厚皮香繁殖与培育技术[J]. 江西林业科技, 2002（03）: 63-64.

胡清波, 张玲, 陈红思, 等. 椴树及育苗技术要点[J]. 农业科技通讯, 2012（02）: 170-171.

胡琼. 珙桐特征特性及其育苗移栽技术[J]. 现代农业科技, 2013（17）: 192+197.

胡绍庆, 陈征海, 孙孟军. 浙江省白豆杉资源调查研究[J]. 浙江大学学报, 2003, 29（1）: 97-102.

胡婉仪, 涂炳坤, 栓皮栗. 麻栎、小叶栎、苦槠、石栎扦插繁殖简报[J]. 湖北林业科技, 1992（02）: 35-36.

胡文杰, 杨书斌. 山蜡梅化学成分及其药用研究进展[J]. 江西林业科技, 2008（6）: 60.

黄林海, 卜明生, 蔡清平. 赣南木本植物图志[M]. 南昌: 江西人民出版社, 2009.

纪德佳. 毛红椿扦插繁殖技术及生根机理研究[D]. 南昌: 江西农业大学, 2012.

江纪武. 药用植物辞典[M]. 天津: 天津科学技术出版社, 2005.

江伦祥. 皂荚育苗与栽培技术[J]. 农技服务, 2013, 30（01）: 62.

江西省水文局. 江西水系[M]. 武汉: 长江出版社, 2007.

江西婺源县林业局. 婺源古树[M]. 上海: 解放日报, 1986.

江西植物志编委会. 江西植物志（第二卷）[M]. 北京: 中国科学技术出版社, 2004.

江香梅, 吴晟, 万娜娜, 等. 红楠物候观测及采种、育苗技术[J]. 江西林业科技, 2005（05）: 1-4.

江永清, 苏宏斌, 王存禄, 等. 银杏嫁接苗育苗试验[J]. 甘肃农业大学学报, 2006, 35（03）: 331-334.

江灶发. 乐昌含笑的生物学特性与芽苗移栽育苗技术[J]. 江西林业科技, 2002（05）: 12-13.

江灶发. 银钟花更新调查与种子育苗试验初报[J]. 江西林业科技, 1991（3）: 21-22.

姜德成. 保护椴树资源迫在眉睫[J]. 中国蜂业, 2007（08）: 22.

康婧. 赣浙边玉山桂花坡石头上“长”出一片森林[N]. 南昌: 江西晨报, 2020-1-15（16）.

黎祖尧, 陈尚. 江西樟树[M]. 南昌: 江西科学技术出版社, 2015.

李纯教. 皖南山区钩栲特征特性及播种育苗技术[J]. 现代农业科技, 2012（13）: 185+187.

李俊. 连香树的培育与利用[J]. 安徽林业科技, 2013, 39（3）: 68-70.

李令, 郑道爽. 栓皮栎的特征特性及栽培技术[J]. 现代农业科技, 2010（05）: 189.

李彦连. 新型行道树种——深山含笑及其栽培技术[J]. 农村实用技术, 2009（01）: 40.

李艳目. 皂荚树的利用价值与栽培技术[J]. 现代农业科技, 2008（13）: 85-86.

李以镔. 江西野生观赏植物[M]. 北京: 中国林业出版社, 1995.

李以镔. 江西野生观赏植物的研究[J]. 江西教育学院学报, 1994（6）: 29-33.

李英建. 东盟红木鉴赏[M]. 北京: 中国轻工业出版社, 2010.

李玉洪. 珍贵树种闽楠栽培技术与发展前景探讨[J]. 农业与技术, 2019, 39（03）: 74-75.

李作文, 刘家桢. 园林彩叶植物的选择与应用[M]. 吉林: 辽宁科学技术出版社, 2010.

李作文, 汤天鹏. 中国园林树木[M]. 沈阳市: 辽宁科学技术出版社, 2008.

林英. 江西植物志[M]. 南昌: 江西科学技术出版社, 1993.

刘昉勋. 紫楠[J]. 生物学通报, 1957（10）: 11-16.

刘桂湘. 黄连木大田育苗技术[J]. 现代农业科技, 2009（04）: 43.

刘化桐. 乐昌含笑栽培技术[J]. 林业科技开发, 2005（06）: 75-76.

刘鹏, 何万存, 黄小春, 等. 花榈木研究现状及保护对策[J]. 南方林业科技, 2017, 45（03）: 45-48.

刘仁林. 篦子三尖杉[J]. 江西林业科技, 2011（05）: 70.

刘伟强, 侯伯鑫, 林峰, 等. 福建柏栽培技术[J]. 湖南林业科技, 2013, 40（13）: 65-67.

刘信中, 傅清. 江西马头山自然保护区科学考察与稀有植物群落研究[M]. 北京: 中国林业出版社, 2006.

刘秀丽, 张启翔. 中国玉兰花文化及其园林应用浅析[J]. 北京林业大学学报, 2009，8（03）: 54-58.

刘雪梅, 杨传贵, 汤巧香. 榔榆雾插技术的研究[J]. 山东林业科技, 2005（6）: 48-49.

刘勇, 罗光明. 野生药用植物原色图鉴[M]. 南昌: 江西科学技术出版社, 2014.

刘玉波, 成向荣, 覃江江, 等. 毛红椿的化学成分（英）[J]. 中国天然药物, 2011, 9（02）: 115-119.

刘玉波. 树木传奇｜椴树：名蜜之源 与佛结缘[N]. 中国绿色时报, 2020-12-21（03）.

柳闽生, 陈晔, 徐常龙. 银杏叶有效成分的研究与资源的开发利用[J]. 江西林业科技, 2006（02）: 28-31.

柳新红, 何小勇, 袁德义. 中国翅荚木[M]. 北京: 中国林业出版社, 2009.

龙春林, 宋洪川. 中国柴油植物[M]. 北京: 科学出版社, 2012.

娄江辉, 黄志明, 刘小军, 等. 涩肠固脱的苦槠与生态文化启示[J]. 现代园艺, 2020, 43(15):123-124.

罗建华. 抚州古树名木[M]. 南昌: 江西教育出版社, 2014.

罗祖筠, 杨成华, 伍平澜，等. 贵州珍稀树种调查研究[Z]. 贵阳: 贵州省林业科学研究所. 2005.

马晓. 高黎贡山生物多样性研究— II 印度木荷、硬斗石栎林主要树种生态位研究[J]. 西南林业大学学报, 2007（01）: 15-19.

毛根松, 高樟贵, 吴恒祝, 等. 香榧大砧嫁接技术试验[J]. 华东森林经理, 2017, 31（03）: 1-3+6.

毛玮卿, 朱祥福, 林宝珠, 等. 九连山伞花木群落结构特征分析[J]. 江西林业科技, 2009（02）: 6-10.

梅象信. 黄连木实生苗培育技术[J]. 河南林业科技, 2010, 30（04）: 77-78.

孟庆法, 田朝阳. 河南省珍稀树种引种与栽培[M]. 北京: 中国林业出版社, 2009.

缪勉之, 张仲卿, 方荫才. 湖南主要经济树种[M]. 长沙: 湖南科学技术出版, 1982.

木子. 银杏档案[N]. 中国绿色时报, 2000-05-22（3）.

倪方六. 古人最喜欢种植哪几种树[J]. 作文通讯, 2018(5):1.

倪荣新, 刘本同, 秦玉川, 等. 10个木兰科树种北移引种试验初报[J]. 江西林业科技, 2010（3）: 5-6.

欧斌, 廖锡周. 苦槠栲育苗初探[J]. 江西林业科技, 2001（3）: 17.

欧阳园兰, 温开德, 王国兵, 等. 官山长柄双花木群落特征与群落更新的定位研究[J]. 江西科学, 2018, 36（01）: 47-53.

彭艳. 论重阳木的园林特性与开发应用[J]. 现代园艺, 2013（14）: 169.

齐国辉. 河北省黄连木病虫害发生现状及防治技术[J]. 河北林果研究, 2009（03）: 321-322.

钱又宇, 薛隽. 世界著名观赏树木100种[M]. 武汉: 武汉工业大学出版社, 2006.

冉先德. 中华药海[M]. 哈尔滨: 哈尔滨出版社, 1993.

茹雷鸣, 张燕雯, 姜卫兵. 榉树在园林绿化中的应用[J]. 广东园林, 2007（06）: 54-56.

山东树木编写组. 山东树木志[M]. 济南: 山东科学技术出版社, 1984

邵金良, 袁唯, 董文明, 等. 皂荚的功能成分及其综合利用[J]. 中国食物与营养, 2005（04）: 23-25.

沈伟兴, 吴道圣. 毛红椿种子育苗[J]. 林业科技开发, 2006（04）: 24.

石怀国. 刨花润楠的特性及育苗栽培技术[J]. 农业与技术, 2013, 28（02）: 41.

司倩倩, 藏德奎, 傅剑波, 等. 粗榧种子休眠原因及其解除方法研究[J]. 山东农业科学, 2016, 48（05）: 42-44.

宋雅倩. 都昌神奇千年野生紫薇树竟会“怕痒痒”[N]. 江西晨报. 2020-1-15（12）.

苏丕林. 园林观赏树木[M]. 武汉: 湖北科学技术出版社, 1987.

孙景洲, 季余金, 李玉晏. 白玉兰栽培技术[J]. 中国林业, 2010（19）: 44.

孙秋芳. 槲栎育苗及造林技术[J]. 现代园艺, 2010（11）: 45.

唐黎标. 玉兰的病虫害防治[J]. 科学种养, 2008（10）: 29.

王军峰, 吴棣飞. 中国树木[M]. 广州: 南方日报出版社, 2016.

王兰英. 南方铁杉播种育苗[J]. 安徽林业科技, 2008（1）: 28.

王丽芳. 黄连木的利用价值与发展建议[J]. 甘肃农业, 2008（09）: 74-77.

王彦玲, 陆帅, 牛若琳. 紫荆的栽培技术及应用[J]. 陕西农业科学, 2010, 56（04）: 233-234.

魏德福, 彭崇国, 彭英钦, 等. 永顺县硬斗石栎林群落研究[J]. 湖南林业科技, 2008, 35（3）: 31-34.

温利载, 温晋强. 枫香树生态特性及育苗技术[J]. 现代农业科技, 2013（01）: 173+184.

文桂喜. 银杏播种苗培育技术[J]. 柑橘与亚热果树信息, 2005, 16（11）: 40-41.

翁仲原, 斯培力, 蔡天军. 香榧新造林地抚育管理现状和发展对策[J]. 江西林业科技, 2009（05）: 53-54.

吴其盛, 全尚龙, 吴振伙. 百山祖自然保护区野生经济植物资源现状及利用[J]. 现代农业科技, 2008（20）: 86-87.

吴小林, 张东北, 楚秀丽, 等. 赤皮青冈容器苗不同基质配比和缓释肥施肥量的生长效应[J]. 林业科学研究, 2014, 27（6）: 794-800.

习心军, 康真, 张建华, 等, 紫薇的繁殖和栽培管理技术研究[J]. 农村经济与科技, 2013（07）: 108.

夏爱梅, 达良俊, 朱虹霞, 等. 天目山柳杉群落结构及其更新类型[J]. 浙江林学院学报, 2004, 21(1):44-50.

肖宜安, 曾建军, 李晓红, 等. 濒危植物长柄双花木自然群落结实的花粉和资源限制[J]. 生态学报, 2006, 26（02）: 496-502.

谢云, 李纪元, 潘文英, 等. 浙江红山茶野生种质资源现状及保护对策[J]. 浙江农林大学学报, 2011（06）: 973-981.

薛婧乐, 王克, 陈小斌. 野核桃的生长特点与价值分析[J]. 现代农业科技, 2011（7）: 33.

闫敏. 柏木栽培技术及应用[J]. 现代农村科技, 2013（18）: 54.

杨亮, 郭志文, 贺珑. 杉木、蓝果树混交林林分生产力系生态效应研究[J]. 江西林业科技, 2007（01）: 8-10.

杨世先. 杉木栽培技术[J]. 中国林业, 2009（17）: 50.

杨银虎. 木莲繁育及苗期管理[J]. 中国花卉园艺, 2014（06）: 36-38.

杨玉华. 椴树和椴树蜂蜜[J]. 中国蜂业, 2013, 64（19）: 48-49.

宜春市林业局. 宜春古树名木[G]. 南昌: 江西画报社, 2014.

余梅生, 彭方有, 徐高福, 等. 柏木多目标用途在千岛湖风景区的应用实证研究[J]. 绿色科技, 2013（05）: 138-139.

余树勋, 吴应祥. 花卉词典[M]. 北京: 农业出版社, 1993.

俞志雄, 林新春, 李志强, 等. 华木莲生长过程的初步分析[J]. 江西农业大学学报, 1999, 21（1）: 95-98.

袁荣斌, 邹思成, 兰文军, 徐新宇. 江西武夷山国家级自然保护区南方铁杉资源调查初报[J]. 江西林业科技, 2012(04): 37-39+60.

詹福瑞. 李白诗诠释[M]. 石家庄: 河北人民出版社, 1997.

张奠湘, 李世晋. 南岭植物名录[M]. 北京: 科学技术出版社, 2011.

张嘉生. 钩栲群落优势植物群落竞争的研究[J]. 福建林业科技, 2005, 32（4）: 82-85.

张俊钦. 福建明溪闽楠天然林主要群落生态位研究[J]. 福建林业科技, 2005（03）: 31-35.

张丽梅, 汪树人, 汪则纯, 等. 华东楠及繁殖栽培技术[J]. 中国林副特产, 2013（04）: 41-43.

张连全. 适生上海的山茶科植物——厚皮香[J]. 园林, 2008（01）: 66.

张润生, 罗永松. 培育绿化大苗移栽试验[J]. 江西林业科技, 2013（03）: 17.

赵红梅, 胡松竹, 李勇, 等. 刨花楠的扦插繁殖[J]. 江西林业科技, 2005（04）: 8-10.

赵金光, 韦旭斌, 郭文场. 中国野菜[M]. 长春: 吉林科学技术出版社, 2004.

郑建灿, 曾华浩, 连书钗. 优良观赏树种铁冬青播种与扦插繁育技术研究[J]. 福建林业科技, 2018（06）: 46-48.

郑万钧. 中国树木志（1~4卷）[M]. 北京: 中国林业出版社, 1983.

中国科学院植物研究所. 中国高等植物图鉴（1~5册）[M]. 北京: 科学出版社, 1972.

中国林业科学研究院林业研究所怀化油茶试验站. 木本油料树种——亮叶水青冈的调查报告[J]. 林业科学, 1962（03）: 234-236.

中国树木志编委会. 中国主要树种造林技术[M]. 北京: 农业出版社, 1976.

中国药材公司. 中国中药资源志要[M]. 北京: 科学出版社, 1994.

钟秋平, 谢碧霞, 李清平, 等. 高压处理对橡实淀粉黏度特性影响的研究[J]. 中国粮油学报, 2018, 23（3）: 31-35.

周纪刚, 徐平, 舒夏竺, 等. 阴香高效栽培技术[J], 林业实用技术, 2014, 15（04）: 58-60.

周家骏, 高林. 优良阔叶树种造林技术[M]. 杭州: 浙江科学技术出版社, 1985.

周金明. 大叶冬青的栽培技术[J]. 现代农业科技, 2009（05）: 58.

周金明. 杉木丰产栽培技术[J]. 现代农业科技, 2009（04）: 43.

周祥凤, 牛树奎, 宋晓英. 福建罗卜岩保护区闽楠群落生态位的研究[J]. 三明学院学报, 2005（02）: 61-63.

周鑫伟. 赤皮青冈幼林养分特征研究[D]. 长沙: 中南林业科技大学, 2017.

周雁, 李晓铁. 重阳木育苗技术[J]. 现代农业科技, 2013（12）: 151+156.

周早弘. 竹柏育苗与栽培技术[J]. 江西林业科技, 2002（05）: 17-18.

朱棣. 救荒本草译注[M]. 上海: 上海古籍出版社, 2015.

朱宁华, 李家湘, 张斌. 武陵山区珍稀特色植物[M]. 北京: 中国林业出版社, 2015.

朱惜晨, 黄利斌. 杜英引种育苗与栽植技术[J]. 江苏林业科技, 2001（06）: 29-30.

邹思维. 汉代一次邂逅让鹰潭天师板栗成“人间仙果”[N]. 南昌: 江西晨报, 2019-9-11（13）.

中文名索引

学名索引

后　记

EPILOGUE

笔者自幼跟随父辈劳作，耳濡目染学习受益颇多，树立起克服困难、顽强不息的精神。山区脉承赣南客家文化的深厚底蕴和满山葱翠的亚热带常绿阔叶林相及逢村就有水口林、前龙山、后龙山的森林景观，在笔者心灵深处打下了以林为业的深深烙印，2006年调省林业科技实验中心工作，更是给笔者提供了一个高级平台，所有的著作文章涉及用材林与经济林的培育、森林蔬菜、森林旅游、生物多样性、森林生态效益等林业的方方面面。庆幸，在各级领导的厚爱支持下和社会大众的认可下，林学业态得到尽情发挥。

由于时代的发展，人们的物质生活已大有改观，需要一个精神层面的大提升。时代呼吁我们从绿化荒山到美化、彩化、珍贵化的生态优良、景观优美提升林相效果，促进森林质量的提升和森林游、乡村游的发展，为国家生态文明试验区建设、打造美丽中国“江西样板”作出积极贡献。

本书从构思到完稿，整整花了四年时间，编写了46个科148种江西森林景观珍贵植物的形态特征、资源分布、生物生态特性、景观价值与开发利用、树木生态文化、繁殖方法等内容，共计20多万字并配以彩图600多幅，可供森林景观建设者参考借鉴，也是在建党100周年、开启“十四五”、奋进新时代之际，一份意义重大的礼物。

整个森林景观树种分类参照最新植物分类系统和前辈们的成果《江西植物志》，书后附有树种中文名和学名的索引，以便读者查阅。2020年7月，将书稿呈送国家级教学名师、江西省农业大学杜天真教授，江西农业大学杨光耀教授、裘利洪教授，江西省林业科学研究院刘光正研究员，九江森林植物标本馆谭策铭馆长，上饶市林业科学研究所朱恒教授级高工，中国林业科学院亚热带林业实验中心王燕良高工，黄岗山垦殖场原总工邓荣麒，江西省林业局中国绿色时报社终身荣誉记者、丁贤生原副巡视员和江西省林业局科学技术与国际合作处谢利玉研究员等专家学者审稿。2020年9月至2021年11月，承有关名师、学者和专家指点，又反复斟酌修改，期间还得到江西环境工程职业学院、赣南树木园、江西马头山国家级自然保护区、江西齐云山国家级自然保护区、江西南风面国家级自然保护区、遂川县林业局、江西庐山国家级自然保护区、庐山植物园、信丰县生态园林研究院等单位的大力支持，最后于11月底定稿。故此，特向有关单位及各位领导、名师、学者、专家致礼，致谢！

书中形态特征、地理分布基本上是参照《中国树本志》（1~4卷）、《江西植物志》（1~3卷）和《中国高等植物图鉴》（1~5册）资料。同时，还参照引用了各网站、杂志公开发表报告、通讯、论文、图片等素材，并在书后列有参考文献条目，在此，向各位前辈、同行专家学者表示感谢！

由于大自然的伟力复杂和树木生态文化的底蕴深厚，虽花了四年时间，但书中难免还有遗漏之处，敬请读者批评指正。

编　者

2021年11月